情報系のための数学＝1

離散数学入門

守屋 悦朗 著

サイエンス社

サイエンス社のホームページのご案内
http://www.saiensu.co.jp
ご意見・ご要望は　rikei@saiensu.co.jp　まで.

序

　1940年代にコンピュータが誕生して以来，コンピュータの設計方法，利用方法に関する技法の開発をはじめ，プログラムとは何かとか，計算 (アルゴリズム) とは何かといった根源的な問題の理論的研究や，これこれの問題を解くためにはこれこれの方法でやればこれこれの資源 (時間やメモリ) があればできるとか，最低限これこれ以上の資源がどうしても必要であるとかいった可能性や限界・不可能性の研究に至るまで，様々な数学的手法が用いられ，それぞれの分野の発展に貢献してきた．そのようなコンピュータサイエンスやその周辺の領域において重要と思われる数学的概念や手法についての入門書たらんとして前著『コンピュータサイエンスのための離散数学』(初版 1992 年) を著わした．

　それから 10 年以上経ち，インターネットや携帯電話の普及に代表されるように，コンピュータとそれを取り巻く諸技術の発達は目覚しいものがある．本書で取りあげるような基礎的な数学概念や考え方は時代やニーズが変わっても大きくは変わるものではないが，それでもどこに重きを置くかには時代の要請とでもいうべきものがある．そのことも念頭に置き，この 10 年のコンピュータサイエンスの発展も考慮して前著を大幅に書き替えたのが本書である．前著ではページ数の制約もあって取りあげなかった関係データベースの基礎理論や代数系への入門も取りあげ，さらに，ますます発展したネットワーク社会において重要度が増した情報と符号に関する理論も取りあげることにした．

　前著を書いた 14 年前には易しすぎるとさえ思った内容も最近の大学生にはムズイらしくて「授業に使えなくなった」というご意見を多数の教員の方々からいただいたのも，前著の改訂版たる本書の出版を急ぐキッカケとなった．学生の基礎学力が落ちてきたことに鑑み，説明をやさしく丁寧に書き改め，例題や演習問題を大幅に増やした．以下に記すように，演習問題に懇切丁寧な解答を付けた演習問題集も用意することにした．

　このような方針で前著を書き直したところ，ページ数が 3 倍以上に増えてしまったので，3 分冊とせざるを得なくなった．

(1) 情報系のための数学=1『離散数学入門』
(2) 情報系のための数学=2『情報・符号・暗号の理論入門』
(3) 情報系のための数学=3『例解と演習 離散数学』

　本書『離散数学入門』は第1分冊であり，前著『コンピュータサイエンスのための離散数学』をほぼ引き継ぐ内容となっている．それでも，ページ数が350ページを超えてしまったので，重要度の低い100ページ程度を(概要だけにして)本書から外してウェブ上に置くことにして，本書自体のページ数は278ページに抑えた．本書から外した部分は以下に記したURLからダウンロードして，自由に使っていただきたい．

　http://www.edu.waseda.ac.jp/~moriya/education/books/DM/

　本書の原書となった『コンピュータサイエンスのための離散数学』は東京女子大学，早稲田大学などで行った著者の講義に基づいて小改訂を重ねてきた．したがって，著者の講義を受講した学生との遣りとりを経て本書の内容もブラッシュアップされてきたものである．学生の皆さんに感謝したい．

　前著の改訂を始めてから2年，と予想以上に時間がかかってしまった．それにもかかわらず，辛抱強く叱咤激励していただいたサイエンス社編集部長の田島伸彦氏と実務を担当していただいた渡辺はるか氏に深く感謝の意を表したい．

　最後に一言だけ書いておきたいのは，本書は数学書であって工学書ではないということである．数学をツールとして使いこなすことができるように論理的思考力を身につけることを目的としており，何故そういうことが成り立つのかといった証明を抜きにして数学的結果だけを技術のごとく使う術を教えることは意図していない．基礎理論は直ぐに結果を出すものではないが，基礎理論なくして地に足のついた研究と成果は上がらないと著者は思う．本書は入門書であるから，本書で学んだことを基礎としてさらに進んだ参考書で勉強されたい．

2005年12月25日

守屋悦朗

目　　次

＊印の付いた節/項は概要のみ，または省略した．これらの全文は次のウェブサイトからダウンロードされたい．
　　http://www.edu.waseda.ac.jp/~moriya/education/books/DM/

第1章　基本的な数学概念　　　　　　　　　　　　　　1

  1.1 集　　　合 ·· 1
    1.1.1 集合を表すための記法 ························· 1
    1.1.2 集合の間の関係，集合に関する演算 ············ 7
  1.2 関　　　数 ·· 13
    1.2.1 関　数　と　は ································· 13
    1.2.2 単射，全射，全単射 ·························· 17
    1.2.3 逆　関　数 ····································· 20
  1.3 無限集合と濃度＊ ···································· 23
    1.3.1 有限集合と無限集合＊ ························· 23
    1.3.2 濃　　　度＊ ··································· 24
  1.4 行　　　列＊ ·· 25
    1.4.1 行　列　と　は＊ ······························· 25
    1.4.2 連立1次方程式と行列＊ ······················· 26
  1.5 命 題 と 述 語 ······································· 27
    1.5.1 命　　　題 ····································· 27
    1.5.2 述　　　語 ····································· 32
  1.6 言語＝文字列の集合 ································· 38
    1.6.1 言語とは何だろう ····························· 38
    1.6.2 符号化 … 何でもかんでも文字列で表わす＊ ····· 43

第2章　数学的帰納法と再帰的定義　　46

- **2.1** 数学的帰納法 ･･････････････････････････････････････ 46
  - **2.1.1** 自然数と数学的帰納法 ･･････････････････････ 46
  - **2.1.2** いろいろな数学的帰納法 ････････････････････ 50
  - **2.1.3** 自然数に関するいろいろな性質はどうやってわかる？* ････ 53
- **2.2** 再帰的定義 ･･ 55
- **2.3** バッカス記法* ････････････････････････････････････ 61

第3章　関　　係　　62

- **3.1** 2項関係 ･･ 62
- **3.2** 同値関係 ･･ 71
- **3.3** 順　序 ･･ 80
- **3.4** 有向グラフ ･･ 88
  - **3.4.1** 2項関係の図示 ････････････････････････････ 88
  - **3.4.2** 半順序集合とハッセ図 ･･････････････････････ 96
- **3.5** 関係の閉包* ･･ 98
- **3.6** チャーチ・ロッサー関係（合流性）* ････････････････ 99
- **3.7** 関係データベース* ････････････････････････････････ 100
  - **3.7.1** データベースとは* ････････････････････････ 100
  - **3.7.2** 関係代数* ････････････････････････････････ 100

第4章　グ ラ フ　　101

- **4.1** グラフについての基本的概念 ･･････････････････････ 101
- **4.2** 連結性 ･･ 108
  - **4.2.1** 道と閉路 ････････････････････････････････ 108
  - **4.2.2** 連結グラフ ･･････････････････････････････ 114
  - **4.2.3** 連結度 ･･････････････････････････････････ 118
- **4.3** いろいろなグラフ ････････････････････････････････ 123
  - **4.3.1** グラフ上の演算* ････････････････････････････ 123

	4.3.2	オイラーグラフ	124
	4.3.3	ハミルトングラフ	126
	4.3.4	2部グラフ	129
	4.3.5	区間グラフ・弦グラフ	130
	4.3.6	木	133
	4.3.7	平面グラフ	140
4.4	ラベルつきグラフ	145
	4.4.1	情報・データをラベルとして付ける	145
	4.4.2	構文図*	147
	4.4.3	有限オートマトン*	148
	4.4.4	グラフの彩色*	149
4.5	グラフアルゴリズム	150
	4.5.1	グラフ上の巡回	150
	4.5.2	2分木の巡回	158
	4.5.3	貪欲法と最大／最小全域木	160
	4.5.4	最短経路	163
	4.5.5	優先順位キュー*	165
	4.5.6	2部グラフとマッチング*	166
	4.5.7	NP完全問題*	166

第5章　論理とその応用　168

5.1 命題論理 168
5.1.1 論理式 168
5.1.2 標準形 178
5.2 述語論理 183
5.3 論理回路 194
5.3.1 命題論理を別の観点から見ると (● リード-マラー標準形*) 194
5.3.2 論理回路設計への応用 200
5.3.3 ブール関数の簡単化* 205
5.4 束とブール代数* 205

第6章　アルゴリズムの解析　208

- **6.1** 関数の漸近的性質 ………………………… 208
- **6.2** 分割統治法 ………………………………… 218
- **6.3** 再帰方程式の解法* ………………………… 222
  - **6.3.1** 展開法* …………………………… 222
  - **6.3.2** 漸近解の公式* ……………………… 222
  - **6.3.3** 母関数と線形差分方程式* ………… 222
- **6.4** 数え上げ …………………………………… 223
  - **6.4.1** 和と積の法則 ……………………… 223
  - **6.4.2** 鳩の巣原理 ………………………… 227
  - **6.4.3** 順列 ………………………………… 228
  - **6.4.4** 組合わせ …………………………… 230
- **6.5** 確率 ………………………………………… 236
  - **6.5.1** 確率とは何か ……………………… 236
  - **6.5.2** 期待値 ……………………………… 242
  - **6.5.3** アルゴリズムの確率的解析 ……… 246

理解度確認問題解答　250

参考書案内　267

索引　271

第1章

基本的な数学概念

　本書では，コンピュータサイエンスの理論的基礎として重要なさまざまの数学的概念について学ぶ．これらを理解するためにまず必要となるのは，「集合」と「関数」という概念であり，「論理」的推論法である．これから学ぶことはこれらの概念を使って説明される．そうすることによって，正確に誤りなく，しかも簡潔に記述できるからであり，そのことを学ぶことが本書の目標の 1 つである．

1.1 集　　　合

1.1.1 集合を表すための記法

　相異なるものの集まりを**集合**という[†]．その個々の「もの」をその集合の**元**あるいは**要素**という．x が集合 X の元であることを

$$x \in X \quad \text{とか} \quad X \ni x$$

で表し，「x は X に**属す**」，「x は X に**含まれる**」とか「X は x を**含む**」とかいう．一方，x が X の元でないことは

$$x \notin X \quad \text{とか} \quad X \not\ni x$$

で表す．例えば，偶数の集合を E とすると，2 は偶数であるから $2 \in E$ であり，1 は偶数でないから $1 \notin E$ である．

　集合 X が条件 $P(x)$ を満たす元 x の集まりであるとき，

$$X = \{x \mid P(x)\}$$

と書く．特に，x を集合 Y の元に限定するときは

[†] 厳密にいうと，このような曖昧な定義からは数学的に矛盾が生じ得る (p.11 参照) のであるが，本書の扱う範囲ではこれで十分である．

$$\{x \in Y \mid P(x)\}$$

と書くこともある．また，集合 X の元すべてを $a, b, \cdots, c$ と列挙できるとき，

$$X = \{a, b, \cdots, c\}$$

と書く．元を 1 つも含まない集合を**空集合**といい，記号 $\emptyset$ で表す[†]．

例1.1 集合の表し方．
 (1) $\{x, y\} = \{y, x\}$.[††]
 (2) $\{x \mid x \in \mathbf{N}, x^2 < 10\} = \{0, 1, 2, 3\}$.
 (3) $\{x \in \mathbf{R} \mid x^2 < 0\} = \emptyset$.

ただし，記号 $\mathbf{N}, \mathbf{R}$ はそれぞれ，すべての**自然数**(本書では自然数に 0 を含める)，すべての**実数**の集合を表す．また，すべての**整数**の集合を $\mathbf{Z}$ で表し，すべての**有理数**の集合を $\mathbf{Q}$ で表す[†††]．したがって，

 (a) $\mathbf{N} = \{0, 1, 2, \cdots\}$ であり，偶数の全体は $E = \{\pm 2n \mid n \in \mathbf{N}\}$ である．
 (b) $\mathbf{Z} = \{n \mid n \in \mathbf{N} \text{ または } -n \in \mathbf{N}\}$.
 (c) $\mathbf{Q} = \left\{ \dfrac{q}{p} \,\middle|\, p \in \mathbf{Z},\ p \neq 0,\ q \in \mathbf{Z} \right\}$.

　　この例のように，条件の中に用いる「,」は「かつ」を意味する．
 (d) 実数の**区間**は普通，次のように表される．

$$(a, b) = \{x \in \mathbf{R} \mid a < x < b\}, \quad (a, b] = \{x \in \mathbf{R} \mid a < x \leqq b\}$$
$$[a, b) = \{x \in \mathbf{R} \mid a \leqq x < b\}, \quad [a, b] = \{x \in \mathbf{R} \mid a \leqq x \leqq b\}$$
$$(-\infty, b) = \{x \in \mathbf{R} \mid x < b\}, \quad [a, \infty) = \{x \in \mathbf{R} \mid a \leqq x\} \text{ など．} \quad \square$$

● **集合が等しいとは** 2 つの集合 X と Y が等しいとは，X と Y が全く同じ元を含んでいること，すなわち X の元はすべて Y の元であり，また，Y の元もすべて X の元であることである．このことは記号で書くと

[†] 記号 $\emptyset$ はギリシャ文字 ϕ (ファイ) に似ているが，実はノルウェイ文字であり，「ファイ」と読むべきではない (が，現実にはほとんどの人がファイと読んでいる)．
[††] 集合では，元に順序はない．また，集合は異なる元の集まりなので，$\{x, x\}$ という集合はありえない (ただし，このようなものも集合 (多重集合と呼ぶ) として扱うこともある)．
[†††] $\mathbf{N}, \mathbf{Z}, \mathbf{Q}, \mathbf{R}$ をそれぞれ $\mathbb{N}, \mathbb{Z}, \mathbb{Q}, \mathbb{R}$ で表すこともある．

1.1 集　　合

$$x \in X \Longrightarrow x \in Y \quad \text{かつ} \quad x \in Y \Longrightarrow x \in X$$

となることであり，このとき $X = Y$ と書く．記号 $\Longrightarrow$ は「ならば」を表す．この場合，x は任意の元を考えているので，そのことを強調して

$$\forall x \bigl[(x \in X \Longrightarrow x \in Y) \wedge (x \in Y \Longrightarrow x \in X) \bigr]$$

と書くこともある．$\forall$ は Any の頭文字 A を裏返して上下逆さにしたもので，$\forall x$ は "for any x" と読む．$\forall$ を**全称記号**といい，

$$\forall x \, P(x)$$

は「任意の (すべての) x に対して $P(x)$ が成り立つ」ことを表す．記号 $\wedge$ は「かつ」を意味する．同様な記号として，$\vee$ は「または」を表し，$\neg$ は「〜でない」を表す．また，一般に，$P \Longrightarrow Q$ であるとき P は Q の**十分条件**であるといい，Q は P の**必要条件**であるという．

$\forall x \in X$ (X に属する任意の x について) とか，$\exists x \geqq 0$ (負でない数 x が存在して) のように用いることや，$P(x)$ の部分を [ ] でくくって明示することもある．

記号のまとめ　関連する記法を以下にまとめておく．

$\forall x \, P(x)$	任意の x に対して $P(x)$ が成り立つ．$\forall$ は**全称記号**．
$\exists x \, P(x)$	$P(x)$ を成り立たせる x が存在する．$\exists$ は**存在記号**[†]．
$P \Longrightarrow Q$	P が成り立つなら Q も成り立つ．
	P は Q の**十分条件**．Q は P の**必要条件**．
$P \Longleftrightarrow Q$	$(P \Longrightarrow Q) \wedge (Q \Longrightarrow P)$ の意．P が成り立つための**必要十分条件**は Q が成り立つことである．
	P と Q は**同値**とか，P と Q は**等価**ともいう．
$\neg P$	P は成り立たない．P の**否定**．
$P \wedge Q$	P も Q も成り立つ．
$P \vee Q$	P または Q が成り立つ．「または」は P と Q の少なくともどちらか一方が成り立つという意味である．

[†]$\exists$ は Exist の頭文字 E を裏返しにしたもの．$\exists x$ は "there exists x" と読む．

例1.2 $\forall x, \exists x, \implies$ などの使用法.

（1）空集合 $\emptyset$ に対しては，$\forall x\,[\,x \notin \emptyset\,]$（どんな x も空集合の元ではない）や $\neg \exists x\,[\,x \in \emptyset\,]$（空集合に属する元 x が存在することはない）が成り立つ．また，「存在しない」ことを表す記号 $\nexists$ を使って $\nexists x\,[\,x \in \emptyset\,]$ と書いてもよい．

（2）$\forall x\,[\,x \in \boldsymbol{N} \implies x \geqq 0\,]$ は「x が自然数なら $x \geqq 0$ である」を意味する．これは，$\forall x \in \boldsymbol{N}\,[\,x \geqq 0\,]$ と書いてもよい．

（3）$\forall x \in \boldsymbol{R}\ \forall y \in \boldsymbol{R}\,[\,x+y>0 \land xy>0 \implies x>0 \land y>0\,]$ は，記号の適用順（式の評価順）についてのルール

⟨1⟩　式 $x+y=y+x,\ x \in \boldsymbol{R},\ x \geqq 0$ などを最も先に評価する．
⟨2⟩　次いで $\neg, \land, \lor$ をこの順に適用する．
⟨3⟩　最後に $\implies, \iff$ をこの順に適用する．

にしたがって

$$\forall x \in \boldsymbol{R}\ \forall y \in \boldsymbol{R}\,[\,((x+y>0) \land (xy>0)) \implies ((x>0) \land (y>0))\,]$$

から可能な限り括弧を省略した式である．この式は「和も積も正である2つの実数は，ともに正である」ことを表す．すなわち，実数 x, y について，$x+y>0$ かつ $xy>0$ であることは $x>0$ かつ $y>0$ であるための十分条件であり，$x>0$ かつ $y>0$ であることは $x+y>0$ かつ $xy>0$ であるための必要条件である．また，上式の逆

$$\forall x \in \boldsymbol{R}\ \forall y \in \boldsymbol{R}\,[\,x>0 \land y>0 \implies x+y>0 \land xy>0\,]$$

すなわち，「正の2実数の和と積はともに正である」も成り立つので，

$$\forall x \in \boldsymbol{R}\ \forall y \in \boldsymbol{R}\,[\,x>0 \land y>0 \iff x+y>0 \land xy>0\,]$$

すなわち，「2つの実数がともに正であるための必要十分条件は和も積も正であることである」が成り立つ．換言すると，任意の実数 x, y について，$x>0 \land y>0$ と $x+y>0 \land xy>0$ とは同値である．

（4）「どんな実数 x に対しても，$x+y=0$ となる実数 y が存在する」ことは

$$\forall x \in \boldsymbol{R}\,[\,x+y=0\ となる\ y \in \boldsymbol{R}\ が存在する\,]$$

と表されるから，[ ] 内を存在記号を使って表すと

$$\forall x \in \boldsymbol{R} \,[\, \exists y \in \boldsymbol{R} \,[\, x+y=0 \,]\,]$$

となる．このような場合，[ ] が重なるのを避けて

$$\forall x \in \boldsymbol{R} \ \exists y \in \boldsymbol{R} \,[\, x+y=0 \,] \qquad (1.1)$$

のように書く．したがって，

$$\exists y \in \boldsymbol{R} \ \forall x \in \boldsymbol{R} \,[\, x+y=0 \,] \qquad (1.2)$$

は $\exists y \in \boldsymbol{R} \,[\, \forall x \in \boldsymbol{R} \,[\, x+y=0 \,]\,]$ の省略形であり，「ある実数 y が存在して，どんな実数 x に対しても $x+y=0$ となる」こと (そのようなことは成り立たない) を意味し，(1.1) と (1.2) は意味が異なる． □

● **定義を表す記法**　ある事柄を定義することは，それと同値な言い換えをすることであるから，$\Longleftrightarrow$ と類似の記号 $\overset{\text{def}}{\Longleftrightarrow}$ を用いる．特に，集合や要素や後述する関数を定義する際は，$=$ の代わりに $:=$ を用いることもある．

> $P \overset{\text{def}}{\Longleftrightarrow} Q$ 　　P であることを記述 Q によって定義する．
> $X := \mathcal{Y}$ 　　集合や要素や関数 X を $\mathcal{Y}$ として定義する．

例1.3　定義の書き方．
 (1) 偶数の集合 E は次のいずれの方法でも定義できる．
　(a)　$E := \{n \in \boldsymbol{Z} \mid n は 2 で割り切れる\}$
　(b)　$n \in E \overset{\text{def}}{\Longleftrightarrow} n \in \boldsymbol{Z} \land 2 \mid n$
 ここで，$x \mid y$ は「x は y を割り切る」ことを表す．
 (2) $x, y \in \boldsymbol{Z}$ のとき，z が x と y の**最大公約数**[†]であること ($z := \gcd(x, y)$) は次のように定義することができる：

$$z = \gcd(x,y) \overset{\text{def}}{\Longleftrightarrow} z \mid x \land z \mid y \land \nexists w \in \boldsymbol{Z} \,[\, w \mid x \land w \mid y \land z < w \,]$$ 　□

[†]最大公約数：greatest common divisor の頭文字をとって gcd と表す．一方，最小公倍数は least common multiple の頭文字をとって lcm と表す．

1.1.1項 理解度確認問題

問 1.1 次の集合の元をすべて示せ.
(1) $\{n \in \boldsymbol{N} \mid n = n^2\}$　　(2) $\{n \in \boldsymbol{Z} \mid n^3 + 1 = 0\}$
(3) $\{2n+1 \mid n \text{ は } 10 \text{ 以下の素数}\}$　　(4) $\{n \in \boldsymbol{N} \mid 10 \leqq n^2 \leqq 100\}$
(5) $\{x \in \boldsymbol{Q} \mid 0 < x < 1 \wedge 10x \in \boldsymbol{N}\}$　　(6) $\{\gcd(x, x+1) \mid x \in \boldsymbol{N}\}$
(7) $\{x \in \boldsymbol{Z} \mid x \in (-1, 0) \vee x \in [0, 1)\}$　　(8) $\{x \in \boldsymbol{R} \mid \forall y \in \boldsymbol{R}\,[x \geqq y]\}$
(9) $\{x \in \{0, 2, 4, 6, 8\} \mid \exists y \in \boldsymbol{N}\,[x = 4y]\}$　　(10) $\{x \mid x \in \{\emptyset\}\}$

問 1.2 次の式の意味をいえ.
(1) $2 \mid x \wedge 3 \mid x \Longrightarrow 6 \mid x$
(2) $x \text{ が素数} \Longrightarrow \nexists y \in \boldsymbol{Z}\,[x = 4y]$
(3) $x \in \boldsymbol{R} \wedge x^3 > 0 \iff x \in \boldsymbol{R} \wedge x > 0$
(4) $\forall x \in \boldsymbol{R}\,\forall y \in \boldsymbol{R}\,[x < y \Longrightarrow \exists z \in \boldsymbol{R}\,[x < z < y]]$
(5) $x \in \boldsymbol{N} \wedge (x \geqq 2) \wedge \forall y \in \boldsymbol{N}\,\forall z \in \boldsymbol{N}\,[x = yz \Longrightarrow (y = 1 \vee z = 1)]$
(6) $a_0 \in A \subset \boldsymbol{R} \wedge \forall a\,[a \in A \Longrightarrow a \leqq a_0]$

問 1.3 次の事柄を $\forall, \exists, \Longrightarrow$ 等を使って式で表せ.
(1) 積が 0 である 2 つの実数のどちらかは 0 である.
(2) 誰からも愛される人がいる. ただし, $\text{love}(x, y) := $ 「x は y を愛する」と定義する (ヒント:「誰にも愛する人がいる」は $\forall x \exists y\,[\text{love}(x, y)]$ と表せる).
(3) いくらでも大きい自然数が存在する.
(4) z は x と y の**最小公倍数**である $(z := \text{lcm}(x, y))$.

問 1.4 $P \Longrightarrow Q$ のとき, P を Q の十分条件というのは, Q が成り立つためには P さえ成り立てば十分だからである. Q を P の必要条件というのはなぜか?

問 1.5 $x, y \in \boldsymbol{R}$ とする. 次のそれぞれは $x^2 + y^2 < 1$ であるための必要条件か, 十分条件か, 必要十分条件か, それらのいずれでもないか?
(1) $x < 1$ かつ $y < 1$
(2) $y < \sqrt{1 - x^2}$ かつ $y > -\sqrt{1 - x^2}$
(3) $|xy| < \dfrac{1}{2}$
(4) $|x| < \dfrac{1}{\sqrt{2}}$ かつ $|y| < \dfrac{1}{\sqrt{2}}$

問 1.6 x, y を実数とする. (a)〜(g) の間の関係 (必要/十分/同値) を示せ.
(a) $x = y = 0$　　(b) $xy = 0$
(c) $x = 0 \vee y = 0$　　(d) $x = 0$
(e) $x^2 + y^2 = 0$　　(f) $x + y = 0$
(g) $x \geqq 0 \wedge y \geqq 0 \wedge x + y = 0$

1.1.2 集合の間の関係,集合に関する演算

集合 X のすべての元が集合 Y の元でもあるとき,X は Y の部分集合であるとか,X は Y に含まれる(または,Y は X を含む) といい,

$$X \subseteqq Y \quad \text{とか} \quad Y \supseteqq X$$

と表す.$X \subseteqq Y$ かつ $X \neq Y$ であるとき,X は Y の真部分集合であるとか,X は Y に真に含まれる(または,Y は X を真に含む) といい,

$$X \subsetneqq Y \quad \text{とか} \quad Y \supsetneqq X$$

と表す[†].p.8 の図参照.

2 つの集合 X, Y から第 3 の集合を定義する集合演算には,p.8 に示したように,$X \cup Y$ (**和集合**),$X \cap Y$ (**共通部分**),$X - Y$ (**差集合**)[††] などがある.ある 1 つの集合 U を固定して,その部分集合のみを考える場合,$U - X$ を U に関する X の**補集合**といい,X^{c} とか $\overline{X}$ で表す[†††].

(i) $X \cup Y = Y \cup X,\ X \cap Y = Y \cap X$ (可換律)

(ii) $X \cup (Y \cup Z) = (X \cup Y) \cup Z$
$X \cap (Y \cap Z) = (X \cap Y) \cap Z$ (結合律)

(iii) $X \cup (Y \cap Z) = (X \cup Y) \cap (X \cup Z)$
$X \cap (Y \cup Z) = (X \cap Y) \cup (X \cap Z)$ (分配律)

(iv) $X \cup X = X,\ X \cap X = X$ (冪等律)

(v) $X \cup (X \cap Y) = X,\ X \cap (X \cup Y) = X$ (吸収律)

(vi) $\overline{\overline{X}} = X,\ X \cup \overline{X} = U,\ X \cap \overline{X} = \emptyset$

(vii) $X \subseteqq Y \Longrightarrow \overline{Y} \subseteqq \overline{X}$

(viii) $\overline{X \cup Y} = \overline{X} \cap \overline{Y},\ \overline{X \cap Y} = \overline{X} \cup \overline{Y}$ (ド・モルガンの法則)

[†] 記号 $\subsetneqq, \supsetneqq$ の代りに,それぞれ $\subset, \supset$ を用いることもある.$X \not\subseteqq Y$ は $X \subseteqq Y$ が成り立たないことを意味し,$X \subsetneqq Y$ とは異なる.

[††] 集合差 $X - Y$ は $X \smallsetminus Y$ と書くこともある.

[†††] c は complement の頭文字.(viii) については,問 1.10 および問 2.2 (3) も見よ.

第 1 章　基本的な数学概念

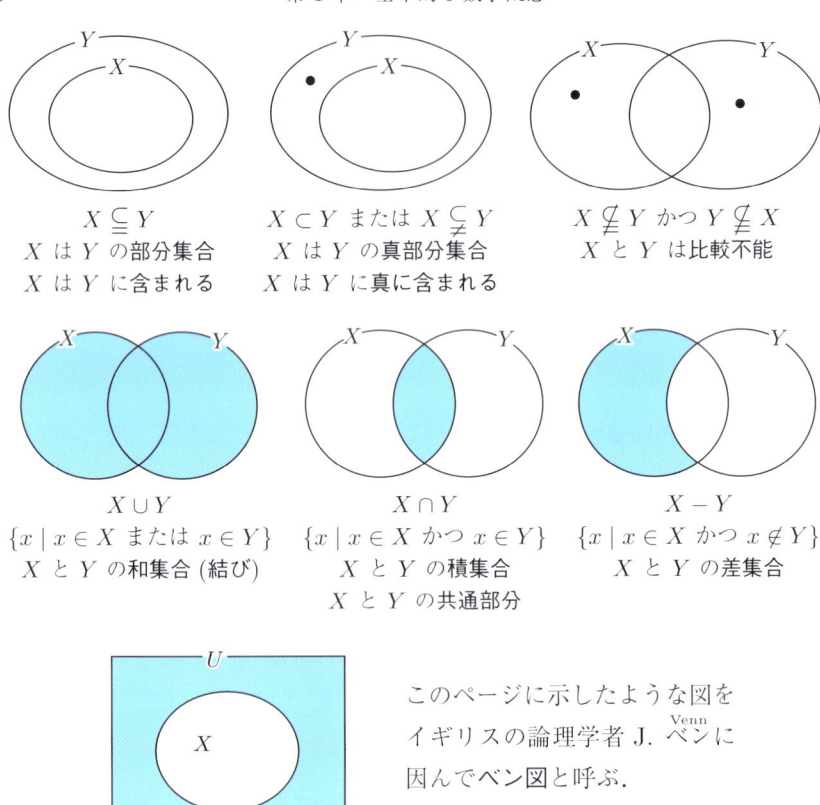

$X \subseteq Y$
X は Y の部分集合
X は Y に含まれる

$X \subset Y$ または $X \subsetneqq Y$
X は Y の真部分集合
X は Y に真に含まれる

$X \not\subseteq Y$ かつ $Y \not\subseteq X$
X と Y は比較不能

$X \cup Y$
$\{x \mid x \in X \text{ または } x \in Y\}$
X と Y の和集合 (結び)

$X \cap Y$
$\{x \mid x \in X \text{ かつ } x \in Y\}$
X と Y の積集合
X と Y の共通部分

$X - Y$
$\{x \mid x \in X \text{ かつ } x \notin Y\}$
X と Y の差集合

$\overline{X} = U - X$
$\overline{X}$ は U に関する X の補集合

このページに示したような図をイギリスの論理学者 J. ベン(Venn)に因んでベン図と呼ぶ.

$\cup, \cap$ に関する結合律は, $\cup, \cap$ のどれも結合順すなわち演算の順序は任意であることを表している. そこで, p.7 の表の (ii) の両辺をそれぞれ

$$X \cup Y \cup Z, \quad X \cap Y \cap Z$$

と書き, それぞれ X, Y, Z の和集合, 共通部分という. もっと一般に,

$$A_1 \cup A_2 \cup \cdots \cup A_n \text{ を } \bigcup_{i=1}^{n} A_i \text{ や } \bigcup_{1 \leqq i \leqq n} A_i \text{ で,}$$

$$A_1 \cup A_2 \cup \cdots \text{ を } \bigcup_{i=1}^{\infty} A_i \text{ や } \bigcup_{i \geqq 1} A_i \text{ で}$$

表す. $\cap$ についても同様である.

例1.4 集合に対する演算 $\cup, \cap, -, \oplus$.

(1) $A = \{0,1,2,3,4,5,6,7,8,9\}$, $B = \{0,2,4,6,8\}$, $C = \{1,3,5,7,9\}$ とすると, $A = B \cup C$, $B \cap C = \emptyset$. B と C は比較不能. A に関して B と C は互いに他の補集合 ($B = A - C$, $C = A - B$, $B = \overline{C}$, $C = \overline{B}$).

(2) $(-1, 0] \cup (0, 1) = (-1, 1)$, $(0, 3) \cap [2, 5] = [2, 3)$.

(3) $A_i := \{ij \mid j \in \boldsymbol{N}\}$ と定義する. A_2 と A_3 は比較不能. $A_4 \subsetneq A_2$, $A_2 \cap A_3 = A_6$, $\bigcup_{i \geq 1} A_i = \boldsymbol{N}$, $\bigcap_{i=2}^{n} A_i = A_{\mathrm{lcm}(2,\cdots,n)}$. ただし, $\mathrm{lcm}(a, \cdots, b)$ は $a, a+1, \cdots, b$ の最小公倍数を表す.

(4) 集合 A, B に対し,
$$A \oplus B := (A - B) \cup (B - A)$$
と定義し, A と B の**対称差**という[†]. (3) の A_i について, $A_2 \oplus A_3 = A_2 \cup A_3 - A_6$. 実は一般に, $A \oplus B = A \cup B - A \cap B$ が成り立つ. また, 次の各等式も成り立つ:
$$A \oplus \emptyset = A, \quad A \oplus A = \emptyset, \quad A \oplus (B \oplus C) = (A \oplus B) \oplus C.$$

● **集合族/巾集合** 集合を元とするような集合のことを集合族とかクラスということがある. 集合 X の部分集合すべてからなる集合族を X の巾集合といい, 2^X, $\mathfrak{P}(X)$, $\mathcal{P}(X)$ などで表す[††]. すなわち,
$$2^X = \{A \mid A \subseteq X\}.$$

● **有限集合/無限集合** 有限個の元しか含まない集合を有限集合といい, そうでないものを無限集合という. 有限集合の元の個数を $|A|$ で表す.

例1.5 巾集合 2^X, 元の個数 $|X|$.

(1) $|\{1,2,3,4\}| = 4$, $|\{\{1\},\{2,3\},\{3,4\}\}| = 3$.

(2) $|\emptyset| = 0$, $|2^{\emptyset}| = |\{\emptyset\}| = 1$.

(3) $|2^{\{a,b\}}| = |\{\{a,b\},\{a\},\{b\},\emptyset\}| = 4$.

(4) 任意の集合 A, B に対して $|A \cup B| = |A| + |B| - |A \cap B|$ が成り立つ (ベン図を描いて考えよ).

[†] $A \nabla B$ と書くこともある.

[††] $\mathfrak{P}$, $\mathcal{P}$ はそれぞれ独語 Potentmenge, 英語 power set に由来する.

> **定理 1.1**　A が有限集合ならば，$|2^A| = 2^{|A|}$ である．

[証明]　$A = \{a_1, a_2, \cdots, a_n\}$ とする．A の部分集合 B が $\{a_{i_1}, \cdots, a_{i_k}\}$ であるとき，これに n 桁の 2 進数

$$0\cdots 010\cdots 010\cdots 0 \ (i_1\text{番目},\cdots, i_k\text{番目だけが 1，他は 0})$$

を対応させる．A の部分集合の個数は，このような n 桁の 2 進数の個数に等しく，それは 2^n である． □

● **直積**　集合は単に要素 (元) の集まりであるから $\{x, y\} = \{y, x\}$ であるが，2 つの要素 x, y に順序を定めた一組 (x, y) を **順序対** といい，この場合，$x \neq y$ なら $(x, y) \neq (y, x)$ である．もっと一般に，n 個の要素 $x_1, x_2, \cdots, x_n$ にこの順で順序を定めた一組を

$$(x_1, x_2, \cdots, x_n)$$

で表し，このようなものを n-**タップル**(n-tuple, n-組) という．この場合，

$$(x_1, \cdots, x_n) = (y_1, \cdots, y_n) \overset{\text{def}}{\iff} x_1 = y_1 \wedge \cdots \wedge x_n = y_n$$

によって n-タップル同士の同等性を定義する．集合 $A_1, A_2, \cdots, A_n$ からそれぞれ 1 つずつ元をとってきて作った n-タップルすべてからなる集合

$$A_1 \times A_2 \times \cdots \times A_n := \{(a_1, a_2, \cdots, a_n) \mid a_i \in A_i \ (i = 1, 2, \cdots, n)\}$$

を $A_1, A_2, \cdots, A_n$ の **直積** とか **デカルト積**[†] という．特に，$A_1 = A_2 = \cdots = A_n = A$ のとき $A_1 \times A_2 \times \cdots \times A_n$ を A^n と略記する．

例1.6　直積．
 (1)　$\{a, b\} \times \{c\} = \{(a, c), (b, c)\}$．
 (2)　$\{0, 1\}^2 = \{(0, 0), (0, 1), (1, 0), (1, 1)\}$．
 (3)　人の生年月日は整数の 3-タップル (西暦年, 月, 日) で示され，これは $\mathbf{Z} \times \mathbf{N} \times \mathbf{N} = \mathbf{Z} \times \mathbf{N}^2$ の部分集合である． □

[†] 解析幾何を創始した 17 世紀フランスの数学者・哲学者の R. デカルト^{Descartes} に因む．デカルトは，平面は実数の順序対の集合 (すなわち $\mathbf{R} \times \mathbf{R}$) で表せることを初めて認識した人である．

記号のまとめ (1.1 節)　この章 (特にこの節) は本書の導入部であるため，たくさんの記号や記法が導入された．その数はとても多いが，このあとの章を理解するためには必須であるので，よく身につけておきたい．

$\emptyset$	空集合
$x \in X,\ X \ni x$	x は集合 X の元
$x \notin X,\ X \not\ni x$	x は集合 X の元でない
$\{x \mid P(x)\}$	$P(x)$ を満たす元 x からなる集合
$\{x_1, x_2, \cdots, x_n\}$	元を列挙した集合
$\boldsymbol{N},\ \boldsymbol{Z},\ \boldsymbol{Q},\ \boldsymbol{R}$	自然数，整数，有理数，実数の集合
$(a, b),\ [a, b),\ (a, b],\ [a, b]$	区間
$\forall x\, P(x),\ \forall x\, [P(x)]$	任意の x に対して $P(x)$ が成り立つ
$\exists x\, P(x),\ \exists x\, [P(x)]$	$P(x)$ を成り立たせる x が存在する
$P \Longrightarrow Q,\ P \Longleftrightarrow Q$	P ならば Q，P と Q は同値 (等価)
$\mathcal{P} \stackrel{\text{def}}{\Longleftrightarrow} \mathcal{Q}$	$\mathcal{P}$ を $\mathcal{Q}$ により定義する
$X := \mathcal{Y}$	X を $\mathcal{Y}$ と定義する
$\neg P,\ P \wedge Q,\ P \vee Q$	P でない，P かつ Q，P または Q
$\gcd(x, y),\ \mathrm{lcm}(x, y)$	x と y の最大公約数，最小公倍数
$X \subseteq Y,\ Y \supseteq X$	X は Y の部分集合
$X \subsetneq Y,\ Y \supsetneq X,\ X \subset Y$	X は Y の真部分集合
$X \nsubseteq Y$	X と Y は比較不能
$X \cup Y,\ X \cap Y,\ X - Y$	和集合，共通部分，差集合
$X \oplus Y,\ X \nabla Y$	対称差
$X^c,\ \overline{X}$	X の補集合
$\bigcup_{i \in I} X_i,\ \bigcap_{i \geqq 1} Y_i$	複数の集合の和と共通部分
$2^X,\ \mathfrak{P}(X),\ \mathcal{P}(X)$	X の巾集合
$|X|$	有限集合 X の元の個数
$(x, y),\ (x_1, \cdots, x_n)$	順序対，n-タップル
$X \times Y,\ X_1 \times \cdots \times X_n,\ X^n$	直積

● **パラドックスと集合**　自分自身を元としないような集合の全体を X とする．すなわち，$X := \{x \mid x \notin x\}$．$X \in X$ とすると，X の定義より $X \notin X$ だから矛盾．一方，$X \notin X$ とすると，やはり X の定義より $X \in X$．これも矛盾．

このようにどうしようもない矛盾に至る言明のことをパラドックス (逆理) という．集合論が建設されたばかりの 20 世紀初頭，「ものの集まりを集合という」といった素朴な定義からはこの例のような重大な矛盾が生じることがわかり，数学そのものの論理的基礎を見直すために数学基礎論という分野が起こった．

1.1.2項 理解度確認問題

問 1.7 $A := \{0,1,2,3,4,5,6,7,8\}$, $B := \{1,3,5,7\}$, $C := \{0,2,4,6,8\}$, $D := \{0,3,6,9\}$ とする．次の集合の元を具体的に示せ．
(1) $A \cup B$ (2) $A \cap D$
(3) $(B \cup C) \cap \overline{D}$ (4) $\overline{A - B}$ (ただし，A に関する補集合を考えよ)
(5) $A - (B \cup C)$ (6) $C \oplus D$
(7) $B \times (C - D)$ (8) $2^{C \cap D}$

問 1.8 次の集合の間の包含関係を示せ．
(1) $\{x \mid x$ は偶数で x^2 は奇数$\}$ (2) $\{x \in \boldsymbol{Z} \mid \exists y \in \boldsymbol{N}\,[x = 2y]\}$
(3) $\{2x \mid x \in \boldsymbol{Z}\}$ (4) $\{x - y, y - x \mid x, y \in \boldsymbol{N}\}$
(5) $\{x \in \boldsymbol{Q} \mid 2x \in \boldsymbol{N} \vee -3x \in \boldsymbol{N}\}$ (6) $\boldsymbol{R} \cap \boldsymbol{Q}$
(7) $\{x \mid x \in \boldsymbol{R},\ x^2 + x + 2 > 0\}$ (8) $\boldsymbol{R} - \{x \mid x \in \emptyset\}$

問 1.9 集合 A, B, C に対し，次のことは成り立つか？
(1) $A \cup B = A \cup C \implies B = C$ (2) $A \cap B = A \cap C \implies B = C$
(3) $A - B = A - C \implies B = C$ (4) $A \oplus B = A \oplus C \implies B = C$
(5) $\overline{A} \subseteq \overline{B} \implies A \subseteq B$ (6) $2^A \subseteq 2^B \implies A \subseteq B$

問 1.10 集合 A, B, C, D について次が成り立つことを示せ．
(1) $A \times B \subseteq C \times D \iff A \subseteq C \wedge B \subseteq D$
   特に，$A \times B = C \times D \iff A = C \wedge B = D$
(2) $(A \cap B) \times (C \cap D) = (A \times C) \cap (B \times D)$
(3) $\overline{X \cup Y} = \overline{X} \cap \overline{Y}$, $\overline{X \cap Y} = \overline{X} \cup \overline{Y}$
(4) $\overline{X \cup Y \cup Z} = \overline{X} \cap \overline{Y} \cap \overline{Z}$, $\overline{X \cap Y \cap Z} = \overline{X} \cup \overline{Y} \cup \overline{Z}$

問 1.11 次のことをベン図で確かめるとともに，定義にしたがって証明せよ．
$$X \subseteq Y \iff X \cap Y = X \iff X \cup Y = Y \iff X - Y = \emptyset$$

問 1.12 集合 A, B, C について，次のことが成り立つ場合にはその理由を説明し，成り立たない場合には反例(成り立たない具体例のこと) を挙げよ．
(1) $|A \cup B| = |A| + |B|$
(2) $|A - B| = |A| - |B|$
(3) $|A \oplus B| = |A - B| + |B - A|$
(4) $|A \times B| = |A| \times |B|$

問 1.13 A が有限集合のとき，$|2^{2^A}|$ を求めよ．また，$2^{2^{\{2\}}}$ を求めよ．

問 1.14 A が B の部分集合であるとき，$|2^{\overline{A}}|$ と $|2^{\overline{B}}|$ の大小を比較せよ．

1.2 関　　数

1.2.1 関 数 と は

　集合 X のどの元にも集合 Y のある元が 1 つだけ対応しているとき，この対応のことを X から Y への**関数**あるいは**写像**という[†]．f が X から Y への関数であることを

$$f : X \to Y \quad \text{とか} \quad X \xrightarrow{f} Y$$

のように表す．X を f の**定義域**($\mathrm{Dom}\, f$ で表す)，Y を f の**ターゲット**という．f によって X の元 x に Y の元 y が対応づけられているとき，

$$f : x \mapsto y \quad \text{とか} \quad f(x) = y$$

と書き，y を f による x の**像**という．$A \subseteq X$ に対して，f による A の元の像の集合 $\{f(a) \mid a \in A\}$ を f による A の像といい，$f(A)$ で表す：

$$f(A) := \{f(a) \mid a \in A\}$$

$f(X)$ を f の**値域**あるいは**像**といい，$\mathrm{Range}\, f$ あるいは $\mathrm{Im}\, f$ で表すこともある．一般に，$f(A) \subseteq f(X) \subseteq Y$ である (下図参照)．

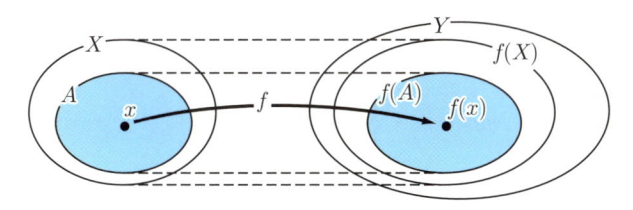

　f が X から Y への関数 (写像) であるというときには，X の任意の元 x に対してそれに対応する Y の元 $f(x)$ が存在すること (このとき，x に対して $f(x)$ は**定義されている**という) が仮定されているが，X のある元 x に対応する Y の元が存在しない場合 (このとき，$f(x)$ は**定義されていない**という) も許した方が都合のよいことがしばしばある．そのような関数を**部分関数**といい，

[†] X, Y は数の集合である必要はない．関数 (英語では function) という言葉は function を中国語に音訳した函数 (ファンスー) と同音なので使われているだけである．英語の function は機能とか作用という意味であり，数が関係する意味は持っていない．

それに対して本来の意味での関数を**全域関数**ということがある．全域関数は部分関数の特別な場合である．

Y の部分集合 B に対して，

$$f^{-1}(B) := \{x \in X \mid f(x) \in B\}$$

と定義し，f による B の**原像**あるいは**逆像**†という．特に，$B = \{y\}$ のときには $f^{-1}(\{y\})$ を $f^{-1}(y)$ と略記し，f による y の原像あるいは逆像という．

例1.7 (部分/全域) 関数になる例，ならない例．

(1) 実数 x に x の実数平方根を対応させる対応 f_1 を考えよう．$x < 0$ に対して $\sqrt{x}$ は定義されないし，$x > 0$ には2つの実数 $\sqrt{x}$ と $-\sqrt{x}$ が対応するので，この対応 f_1 は $\boldsymbol{R}$ から $\boldsymbol{R}$ への関数 (写像) ではない††．

(2) $\boldsymbol{R}_{0+} := \{x \in \boldsymbol{R} \mid x \geqq 0\}$，$\boldsymbol{R}_+ := \{x \in \boldsymbol{R} \mid x > 0\}$ と定義する．対応 $f_2 : x \mapsto \sqrt{x}$ は $\boldsymbol{R}$ から $\boldsymbol{R}_{0+}$ への部分関数であるが，$x < 0$ に対して $f_2(x)$ が定義されないので $\boldsymbol{R}$ から $\boldsymbol{R}_{0+}$ への (全域) 関数ではない (つまり，部分関数である)．しかし，f_2 の定義域を $\boldsymbol{R}_{0+}$ に制限して考えると，$f_2 : \boldsymbol{R}_{0+} \to \boldsymbol{R}_{0+}$ は全域関数である：

$$\text{Dom}\, f_2 = \boldsymbol{R}_{0+}, \quad \text{Range}\, f_2 = \boldsymbol{R}_{0+}$$

(3) 実数 x にその絶対値を対応させる対応を abs とする．すなわち，

$$abs(x) := \begin{cases} x & x \geqq 0 \text{ のとき} \\ -x & x < 0 \text{ のとき} \end{cases}$$

と定義すると，abs は $\boldsymbol{R}$ から $\boldsymbol{R}$ への関数である．$abs(x)$ を通常 $|x|$ と書く：

$$abs : \boldsymbol{R} \to \boldsymbol{R}, \quad abs : x \mapsto |x|$$

abs は $\boldsymbol{R}$ から $\boldsymbol{R}_{0+}$ への関数とみなすこともできる ($\text{Dom}\, abs = \boldsymbol{R}$ であり，$\text{Range}\, abs = \boldsymbol{R}_{0+}$ である)．$x > 0$ のとき $abs^{-1}(x) = \{x, -x\}$ であり，abs による x の逆像は x と $-x$ の2つあるから abs^{-1} は $\boldsymbol{R}$ から $\boldsymbol{R}$ への関数ではない (ただし，$\boldsymbol{R}$ から $2^{\boldsymbol{R}}$ への部分関数と見ることはできる)．

---

† the inverse of f (of B); inverse=逆
†† このように2個以上のものが対応する場合，**多価関数**ということもある．

1.2 関 数

(4) 2つの自然数 m, n にそれらの最小公倍数を対応させる

$$\mathrm{lcm} : (m, n) \mapsto \mathrm{lcm}(m, n)$$

は $\boldsymbol{N} \times \boldsymbol{N}$ から $\boldsymbol{N}$ への関数[†]である．例えば，$\mathrm{lcm}(6, 4) = 12$.

$f : X \to Y$; $A, A_1, A_2 \subseteqq X$; $B, B_1, B_2 \subseteqq Y$ のとき，次の公式が成り立つ．

> (i) $A_1 \subseteqq A_2 \implies f(A_1) \subseteqq f(A_2)$
> $B_1 \subseteqq B_2 \implies f^{-1}(B_1) \subseteqq f^{-1}(B_2)$
> (ii) $f(A_1 \cup A_2) = f(A_1) \cup f(A_2)$
> $f^{-1}(B_1 \cup B_2) = f^{-1}(B_1) \cup f^{-1}(B_2)$
> (iii) $f(A_1 \cap A_2) \subseteqq f(A_1) \cap f(A_2)$
> $f^{-1}(B_1 \cap B_2) = f^{-1}(B_1) \cap f^{-1}(B_2)$
> (iv) $f(A_1 - A_2) \supseteqq f(A_1) - f(A_2)$
> $f^{-1}(B_1 - B_2) = f^{-1}(B_1) - f^{-1}(B_2)$
> (v) $f^{-1}(f(A)) \supseteqq A, \quad f(f^{-1}(B)) = B \cap f(X)$

● **特性関数**　集合 X を固定しておいて，その部分集合 A に対する特性関数とは，次のように定義される関数 $\chi_A : X \to \{0, 1\}$ のことをいう．

$$\chi_A(x) := \begin{cases} 1 & x \in A \text{ のとき} \\ 0 & x \notin A \text{ のとき} \end{cases}$$

逆に，χ_A が与えられれば，$A = \{x \mid \chi_A(x) = 1\}$ が定まる．すなわち，X の部分集合 A とその特性関数 χ_A とは同じものと考えてよい．

● **定数関数・恒等関数**　関数 $f : X \to Y$ において，ある $y_0 \in Y$ が存在して，すべての $x \in X$ に対して $f(x) = y_0$ であるとき，f を定数関数という．また，すべての $x \in X$ に対して $f(x) = x$ である f を恒等関数とか恒等写像といい，id_X とか 1_X で表す．X が明らかな場合，添字を省略して単に id とも書く[††]．

● **射影**　直積 $X_1 \times \cdots \times X_n$ の元 $(x_1, \cdots, x_n)$ の特定の**成分** x_i を取り出す関数を射影といい，π_i で表す[†††]．つまり，$\pi_i(x_1, \cdots, x_n) = x_i$.

[†] 2 変数関数ともいう．一般に，関数 $f : X^n \to Y$ を X^n から Y への n 変数関数という．
[††] id は identity を省略した記号．
[†††] 射影：projection. π は p に相当するギリシャ文字．

1.2.1項　理解度確認問題

問 1.15 関数 $f: \mathbf{N} \to \mathbf{N}$, $g: \mathbf{N} \to \mathbf{N}$ を $f(n) = n^2$, $g(n) = f(n) - 2n + 1$ で定義する．次のものを求めよ．
(1) $f(1)$, $g(10)$, $f(100)$, $g(1000)$
(2) $f^{-1}(81)$, $g^{-1}(81)$, $f^{-1}(18)$
(3) $f(\{1, 2, 3\})$, $g(\{4, 5\})$
(4) $f^{-1}(\{0, 1, 4\})$, $g^{-1}(\{0, 1, 2\})$

問 1.16 実数 x に対し，x の床 $\lfloor x \rfloor$ および x の天井 $\lceil x \rceil$ とは，次のように定義される $\mathbf{R}$ から $\mathbf{Z}$ への関数である：

$$\lfloor x \rfloor := x \text{ 以下の最大の整数}, \quad \lceil x \rceil := x \text{ 以上の最小の整数}$$

例えば，$\lfloor 3.2 \rfloor = 3$, $\lceil 3.2 \rceil = 4$ である．次のものを求めよ．
(1) $\lfloor -3.2 \rfloor$　(2) $\lceil -3.2 \rceil$　(3) $\lfloor -5 \rfloor$　(4) $\lceil 10 \rceil$
(5) $\lfloor \frac{n}{2} \rfloor + \lfloor \frac{n+1}{2} \rfloor$　(6) $\lceil \frac{n}{2} \rceil - \lfloor \frac{n}{2} \rfloor$　(ただし，(5), (6) で $n \in \mathbf{N}$)

問 1.17 男の集合 X から女の集合 Y への対応 love, wife をそれぞれ love$(x) := $「$x$ が好きな女性」, wife$(x) := $「$x$ の妻」で定義する．love および wife は関数か？ 関数でないなら，関数となるための条件は何か？

問 1.18 f を X から Y への部分関数とする．次の (1), (2) はいずれも f が関数 (全域関数) であるための必要十分条件であることを示せ．
(1) $f^{-1}(Y) = X$　(2) $f^{-1}(f(X)) = X$

問 1.19 次の各関数はどのような種類の関数か？ (例えば，定数関数 etc.) ただし，$n \bmod m$ は，自然数 n を正整数 m で割った余りを値とする関数である．例えば，$8 \bmod 3 = 2$.
(1) $f: \mathbf{R} \to \mathbf{R}$, $x \mapsto \sin^2 x + \cos^2 x$
(2) $f: \mathbf{N} \to \{0, 1\}$, $x \mapsto x \bmod 2$
(3) $f: \mathbf{R}^3 \to \mathbf{R}$, $(x, y, z) \mapsto \pi_1(\pi_2(x, y, z), \pi_3(x, y, z))$
(4) $f: X \to X$, $x \mapsto id_X^{-1}(x)$

問 1.20 特性関数について，次のことを示せ．
(1) $\chi_{A \cup B}(x) = \chi_A(x) + \chi_B(x) - \chi_A(x) \cdot \chi_B(x)$
(2) $\chi_{A \cap B}(x) = \chi_A(x) \cdot \chi_B(x)$
(3) $\chi_{\overline{A}}(x) = 1 - \chi_A(x)$
(4) $\chi_{A - B}(x) = \chi_A(x)(1 - \chi_B(x))$

問 1.21 p.15 の公式 (i)〜(v) を証明せよ．

1.2.2 単射，全射，全単射

関数 $f: X \to Y$ を考えよう．X の任意の元 x_1, x_2 に対して
$$f(x_1) = f(x_2) \implies x_1 = x_2$$
(換言すれば，$x_1 \neq x_2 \implies f(x_1) \neq f(x_2)$) であるとき，すなわち，$X$ の異なる点には Y の異なる点が対応しているとき，f を**単射**あるいは **1 対 1 関数**という．また，任意の $y \in Y$ に対して $f(x) = y$ となる $x \in X$ が存在するとき，すなわち，$f(X) = Y$ であるとき，f を**全射**あるいは**上への関数**という．全射かつ単射である関数を**全単射**という．

例1.8 単射，全射，全単射の違い．
（1） 恒等関数は単射である．特に X から X への恒等関数は全単射である．
（2） $f(x) = x^2$ で定義された $\boldsymbol{R}$ から $\boldsymbol{R}$ への関数 f は，$x < 0$ なら $x \notin f(\boldsymbol{R})$ だから全射でないし，$x \neq 0$ なら $x \neq -x$ にもかかわらず $f(x) = f(-x)$ であるから単射でもない．f の定義域を $\boldsymbol{R}_+$ へ制限した関数 $f|_{\boldsymbol{R}_+}$ は単射だが全射ではない．$f|_{\boldsymbol{R}_+}$ の値域を $\boldsymbol{R}_+$ に制限すると全単射となる．
（3） ある小学校の生徒の集合を X，生徒の実の父親の集合を Y とする．X から Y への関数 $g: x \mapsto$ 「x の実の父親」は全射である (どの父親も，ある生徒の父親である) が単射であるとは限らない (同じ父親の子である生徒が 2 人いるかもしれない)．g の定義域を 1 人っ子の集合に制限した関数は単射である． □

● **合成** 関数 $f: X \to Y$ と $g: Y \to Z$ が与えられたとき，
$$g \circ f: x \mapsto g(f(x))$$
により定義された関数 $g \circ f: X \to Z$ を f と g の合成と呼ぶ．

例1.9 関数の合成．
$\boldsymbol{R}$ から $\boldsymbol{R}$ への関数 $f(x) = x+1$, $g(x) = 2x$, $h(x) = x^3$ を考える．
（1） $g \circ f(x) = g(f(x)) = g(x+1) = 2(x+1)$.
（2） $f \circ g(x) = f(g(x)) = f(2x) = 2x + 1$.
（3） $h \circ h(x) = h(h(x)) = h(x^3) = x^9$.
（4） $f \circ (g \circ h)(x) = f(g \circ h(x)) = f(g(h(x))) = f(g(x^3)) = f(2x^3)$
$\qquad = 2x^3 + 1 = (f \circ g) \circ h(x).$ （定理 1.2 (2) を参照）

（5）（2）より，$(f \circ g)^{-1}(x) = \frac{x-1}{2}$ が得られる．一方，
$(g^{-1} \circ f^{-1})(x) = g^{-1}(f^{-1}(x)) = g^{-1}(x-1) = \frac{x-1}{2}$.
実は一般に，$(f \circ g)^{-1} = g^{-1} \circ f^{-1}$ が成り立つ (問題 1.29). □

> **定理 1.2** 関数 $f : X \to Y$, $g : Y \to Z$, $h : Z \to W$ に対して，次のことが成り立つ．
> （1）$f \circ id_X = f = id_Y \circ f$.
> （2）$h \circ (g \circ f) = (h \circ g) \circ f$.
> ここで，定義域が同じ 2 つの関数 φ と φ' が等しい ($\varphi = \varphi'$) とは，定義域に属す任意の元 x に対して $\varphi(x) = \varphi'(x)$ であることをいう．
> （3）（a）f, g がともに全射ならば $g \circ f$ も全射である．
> 　　（b）f, g がともに単射ならば $g \circ f$ も単射である．
> 　　（c）$g \circ f$ が全射ならば g は全射である．
> 　　（d）$g \circ f$ が単射ならば f は単射である．

［証明］（1）明らか．
（2）任意の $x \in X$ に対して次のことが成り立つ：

$$h \circ (g \circ f)(x) = h(g \circ f(x))$$
$$= h(g(f(x))) = h \circ g(f(x)) = (h \circ g) \circ f(x).$$

（3）（a）f, g が全射 $\implies f(X) = Y$, $g(Y) = Z$
　　　　　　$\implies g \circ f(X) = g(f(X)) = g(Y) = Z$.
　　（b）任意の $x, x' \in X$ に対して
　　　　$g \circ f(x) = g \circ f(x') \implies g(f(x)) = g(f(x'))$
　　　　　　　　　　　　　　　$\implies f(x) = f(x')$　　　　(g の単射性より)
　　　　　　　　　　　　　　　$\implies x = x'$.　　　　　　(f の単射性より)
　　（c）$g \circ f$ が全射 $\implies Z = g \circ f(X) = g(f(X)) \subseteqq g(Y) \subseteqq Z$
　　　　　　　　　　　　$\implies g(Y) = Z$.
　　（d）任意の $x, x' \in X$ に対して
　　　　$f(x) = f(x') \implies g \circ f(x) = g(f(x)) = g(f(x')) = g \circ f(x')$
　　　　　　　　　　　$\implies g \circ f$ の単射性より $x = x'$.　　□

1.2 関数

定理 1.2 の (2) を関数の合成に関する**結合律**という．これは，合成がどのような順序で行なわれても得られる結果が同じであることをいっている．

● **2 変数以上の関数の合成** $f_i : X^m \to Y$ $(1 \leqq i \leqq n)$, $g : Y^n \to Z$ のとき，これらの関数の合成 $g(f_1, \cdots, f_n) : X^m \to Z$ を次のように定義する：
$$g(f_1, \cdots, f_n)(x) := g(f_1(x), \cdots, f_n(x))$$

例1.10 多変数関数の合成．
(1) f が 1 変数関数の場合には，$f(g)$ は $f \circ g$ に他ならない．
(2) $\otimes (x,y) := xy$, $f(x) := x^3$, $g(x) := 2x+1$ のとき，
$\otimes (f,g)(x) = \otimes (f(x), g(x)) = \otimes (x^3, 2x+1) = x^3(2x+1)$.
(3) $\oslash (x,y) := \frac{x}{y}$ のとき，$\tan x = \oslash (\sin, \cos)(x)$ である．
(4) $\otimes (\mathrm{lcm}, \gcd)(x,y) = xy$, $\mathrm{lcm}(x,y) = \oslash (\otimes (\pi_1, \pi_2), \gcd)(x,y)$
が成り立つ（つまり，$\mathrm{lcm}(x,y) \cdot \gcd(x,y) = xy$, $\mathrm{lcm}(x,y) = \frac{xy}{\gcd(x,y)}$）. □

● **単調関数** 実数関数 $f : \boldsymbol{R} \to \boldsymbol{R}$ は，区間 I 内の任意の実数 x, y に対して $x < y$ ならば $f(x) \leqq f(y)$ が成り立つとき I で**単調増加**であるといい，I 内の任意の x, y に対して $x < y$ ならば $f(x) < f(y)$ が成り立つとき I で**狭義単調増加**であるという[†]．$\leqq, <$ をそれぞれ $\geqq, >$ に置き換えて，**単調減少**，**狭義単調減少**が定義される．f, g がともに (狭義) 単調増加 (減少) ならば，任意の x, y に対して

$$x \leqq y \implies f \text{ の単調性より } f(x) \leqq f(y)$$
$$\implies g \text{ の単調性より } g(f(x)) \leqq g(f(y))$$

が成り立つから，f と g の合成関数も (狭義) 単調増加 (減少) である．

例1.11 単調関数．
(1) 放物線 $f(x) = x^2$ $(x \in \boldsymbol{R})$ は区間 $(-\infty, 0]$ で狭義単調減少，区間 $[0, \infty)$ で狭義単調増加である．
(2) 実数 x に対して $\mathrm{ladder}(x) := \lfloor x \rfloor$ と定義された関数 (**階段関数**) は，n を整数とする区間 $[n, n+1)$ で定数関数 (広義の単調増加でもある)，区間 $(-\infty, \infty)$ では単調増加である (狭義単調増加ではない)． □

[†]単調関数は，もっと一般の定義域 (全順序集合) 上の関数にまで拡張される (3.3 節)．

1.2.3 逆関数

定義より，関数 $f: X \to Y$ が単射であるとは任意の $y \in Y$ に対して $|f^{-1}(y)| \leq 1$ となることであり，f が全射であるとは任意の $y \in Y$ に対して $|f^{-1}(y)| \geq 1$ となることである．よって，f が全単射であるとは任意の $y \in Y$ に対して $|f^{-1}(y)| = 1$ となることである．また，f が単射であれば f^{-1} は Y から X への部分関数となり，さらに全射でもあれば Y から X への関数 (全域関数) となり，したがって全単射である．このような f^{-1} を f の**逆関数**とか**逆写像**という．逆関数 f^{-1} について

$$(f^{-1})^{-1} = f, \quad f^{-1} \circ f = id_X, \quad f \circ f^{-1} = id_Y$$

が成り立つことは明らかであろう．

定理 1.3 関数 $f: X \to Y$ に関する次の 4 つは同値である．
(1) f は全単射である．
(2) 任意の $y \in Y$ に対して $|f^{-1}(y)| = 1$．
(3) $f^{-1}: Y \to X$ は全単射である．
(4) $g \circ f = id_X$, $f \circ g = id_Y$ を満たす関数 $g: Y \to X$ が存在する (このとき，g は f の逆関数 f^{-1} である)．

[証明] (1)〜(3) が同値であることは上の議論による．(1) と (4) が同値であることを示そう．f が全単射なら (3) より $f^{-1}: Y \to X$ が存在し，この f^{-1} が求める g である．逆に，$g \circ f = id_X$ とすると id_X が単射であることより f は単射であり (定理 1.2 (3)(d))，また，$f \circ g = id_Y$ とすると id_Y が全射であることより f は全射である (定理 1.2 (3)(c))．□

例 1.12 逆関数．
(1) $\mathbf{R}$ の上の 3 次関数 $f(x) = (x-1)^3 + 2$ は全単射なので定理 1.3 より逆関数 $f^{-1}: \mathbf{R} \to \mathbf{R}$ が存在し，$f^{-1}(x) = \sqrt[3]{x-2} + 1$ である．
(2) $f: \mathbf{R}_+ \to \mathbf{R}_+$ および $g: \mathbf{R}_+ \to \mathbf{R}_+$ が $f(x) = (x$ の正の平方根$)$, $g(x) = x^2$ であるとき，$g \circ f$ は $\mathbf{R}_+$ から $\mathbf{R}_+$ への関数で $g \circ f(x) = g(f(x)) = (\sqrt{x})^2 = x$．よって，恒等関数である．一方，$f \circ g(x) = f(g(x)) = \sqrt{x^2} = x$ であり，これも恒等関数．f と g は互いに他の逆関数である (定理 1.3 (4))．■

1.2.2〜1.2.3項　理解度確認問題

問 1.22 次の関数は単射か？全射か？そのいずれでもないか？
(1) $\boldsymbol{R}$ から $\boldsymbol{R}$ への関数 $x \mapsto x+1$ (これを $\boldsymbol{R} \to \boldsymbol{R}, x \mapsto x+1$ と書く)
(2) $\boldsymbol{N} \to \boldsymbol{N}, n \mapsto n+1$
(3) $\boldsymbol{Z} \to \boldsymbol{N}, n \mapsto n^2$
(4) $(-\frac{\pi}{2}, \frac{\pi}{2}) \to \boldsymbol{R}, x \mapsto \tan x$
(5) $\boldsymbol{R} \times \boldsymbol{R} \to \boldsymbol{R}, (x,y) \mapsto xy$
(6) 日本人すべての集合 $\to \{0, 1, 2, \cdots, 1000\}, x \mapsto x$ の年令

問 1.23 全単射でない恒等関数の例を挙げよ．

問 1.24 次の各関数について，(i)〜(iv) を答えよ．
  (i) (狭義) 単調増加か，(狭義) 単調減少か，そのいずれでもないか？
  (ii) $f(X)$
  (iii) $f^{-1}(Y)$
  (iv) 全単射の場合は $f^{-1}(x)$　$(x \in Y)$
(1) $f : \boldsymbol{Z} \to \boldsymbol{N}, x \mapsto |x|; X = \boldsymbol{N}, Y = \{1\}$
(2) $f : \boldsymbol{R} \to \boldsymbol{R}_+, x \mapsto 2^x; X = (-\infty, 0], Y = \{x \mid x \geqq 1\}$
(3) $f : \boldsymbol{R} \to \boldsymbol{R}, x \mapsto 3; X = \boldsymbol{N}, Y = \boldsymbol{Z}$
(4) $f : \boldsymbol{Z} \times \boldsymbol{Z} \to \boldsymbol{Q}, (x,y) \mapsto x/y; X = \boldsymbol{Z} \times \{1\}, Y = \{1\}$
(5) $f : (0,1) \to \boldsymbol{R}, x \mapsto (\frac{1}{2} - x)/(x(1-x)); X = (0, \frac{1}{2}], Y = \boldsymbol{R}$

問 1.25 関数 f の定義域が有限集合である場合，f を集合 $\{(x, f(x)) \mid x \in \mathrm{Dom}\, f\}$ によって表すことがある．$A := \{1,2,3,4,5\}, f : A \to A$ で $f := \{(1,1), (2,3), (3,4), (4,1), (5,2)\}$ であるとき，次のそれぞれを求めよ．
(1) $\mathrm{Dom}\, f$　(2) $\mathrm{Range}\, f$　(3) $f(1), f(\{2\}), f(\{3,4\})$
(4) $f^{-1}(5), f^{-1}(\{4\}), f^{-1}(\{3,2,1\})$　(5) $f^{-1}(f(A))$
(6) $(f \circ f)(5)$　(7) $(f^{-1} \circ f^{-1})(1)$　(8) $(f \circ f \circ f \circ f \circ f)(A)$

問 1.26 $f : X \to Y, A \subseteq X, B \subseteq Y$ とする．次のことを示せ．
(1) $f^{-1}(f(A)) \supseteq A$. f が単射なら $f^{-1}(f(A)) = A$.
(2) $f(f^{-1}(B)) \subseteq B$. f が全射なら $f(f^{-1}(B)) = B$.

問 1.27 関数 $f : X \to Y, g : Y \to Z$ の合成 $g \circ f$ が単射で f が全射なら，f も g も単射であることを示せ (定理 1.2 (3) 参照).

問 1.28 次のことを示せ．
(1) $f : Y \to Z$ が単射で $g, h : X \to Y$ のとき，$f \circ g = f \circ h$ ならば $g = h$.
(2) $f : X \to Y$ が全射で $g, h : Y \to Z$ のとき，$g \circ f = h \circ f$ ならば $g = h$.

問 1.29 $f: X \to Y$, $g: Y \to Z$ が全単射ならそれらの合成 $g \circ f: X \to Z$ も全単射で, $(g \circ f)^{-1} = f^{-1} \circ g^{-1}$ であることを示せ.

問 1.30 有限集合 A から A への関数 f について, 単射であること, 全射であること, 全単射であることは同値であることを示せ. 一般に, A から A への全単射 f のことを A の**置換**といい, $A = \{a_1, \cdots, a_n\}$ のとき

$$f = \begin{pmatrix} a_1 & \cdots & a_n \\ f(a_1) & \cdots & f(a_n) \end{pmatrix}$$

で表す.

問 1.31 関数 $f: \boldsymbol{R} \to (1, \infty)$, $g: (1, \infty) \to \boldsymbol{R}$ を

$$f(x) := 3^{2x} + 1, \quad g(x) = \frac{1}{2} \log_3 (x - 1)$$

と定義する. f と g は互いに他の逆関数であることを示せ.

問 1.32 関数 $f: X \to Y$ に対して, $g \circ f = id_X$ を満たす関数 $g: Y \to X$ があれば, g を f の**左逆関数**という. 同様に, $f \circ g = id_Y$ を満たす g を f の**右逆関数**という. 次のことを示せ.
(1) f が単射 $\iff$ f の左逆関数が存在する.
(2) f が全射 $\iff$ f の右逆関数が存在する.

問 1.33 集合 A から集合 B への写像 (関数) 全体の集合を B^A で表す. A, B が有限集合なら $|B^A| = |B|^{|A|}$ であることを証明せよ.

記号のまとめ (1.2 節)

$f: X \to Y$, $X \xrightarrow{f} Y$	X から Y への関数
$f: x \mapsto y$, $f(x) = y$	x を y へ写像する
$f(A)$	f による集合 A の像
$f^{-1}(B)$	逆関数, f による B の逆像 (原像)
$\mathrm{Dom}\, f$, $\mathrm{Range}\, f$	f の定義域, f の値域
$\boldsymbol{R}_{0+}$, $\boldsymbol{R}_+$	負でない実数の集合, 正の実数の集合
χ_A	A の特性関数
id_X, π_i	恒等関数, 射影
$\lfloor x \rfloor$, $\lceil x \rceil$	x の床, x の天井
$f\|_X$	f の X への制限
$f \circ g$	f と g の合成関数
f^{-1}	f の逆関数

1.3 無限集合と濃度*

1.3.1 有限集合と無限集合*

1.1 節で，元の個数が有限の集合を有限集合，無限個の元を持つ集合を無限集合と定義した．では，'有限' あるいは '無限' とは何であろうか？ それを考える準備として，まず「元の個数」という概念を一般の集合にまで拡張しておこう．

個数とは $1, 2, \cdots$ と勘定できる (ある数で終わる) ものであるが，無限集合の元はこのようには勘定しきれない．そこで，無限集合の場合も含むように「個数」という概念を一般化したい．それがこれから登場する「濃度」というものである．濃度が具体的にどのようなものであるかを定義するのは後回しにして，「濃度が等しい」とはどういうことであるかという定義から始める．まず，「個数が等しい」ことと「1 対 1 の対応がつけられる」ことは同じであると考えるのは誰もが納得できることであろう．そこで，次のように定義する．

集合 X から集合 Y への全単射 $\varphi: X \to Y$ が存在するとき X と Y は**濃度が等しい**といい，$X \sim Y$ と書く．

任意の集合 X, Y, Z に対して次の基本的性質が成り立つ．

● 濃度の等しさに関する性質

(i) (a) $X \sim X$ (反射律)
    (b) $X \sim Y \implies Y \sim X$ (対称律)
    (c) $X \sim Y \wedge Y \sim Z \implies X \sim Z$ (推移律)
(ii) (a) $X \times Y \sim Y \times X$
    (b) $X \times (Y \times Z) \sim (X \times Y) \times Z$
    (c) $X \sim Y \wedge Z \sim W \implies X \times Z \sim Y \times W$

ある自然数 n を選べば $X \sim \{1, 2, \cdots, n\}$ となるような集合 X を**有限集合**といい，どんな自然数 n に対しても $X \sim \{1, 2, \cdots, n\}$ でないような集合 X を**無限集合**という (注：$n = 0$ のとき，$\{1, 2, \cdots, n\}$ は空集合を表す)．

1.3.1 項の全文 (例 1.13, 1.14 および理解度確認問題 1.34～1.41 を含む．全 6 ページ) は次のウェブサイトからダウンロードできます：

`http://www.edu.waseda.ac.jp/~moriya/education/books/DM/`

1.3.2 濃　　度*

2つの集合の「濃度が同じである」という概念は 1.3.1 項の冒頭で述べたような基本的性質 (i)(a)〜(c) を満たし[†]，〜 の関係にあるようなどんな集合も濃度が同じであると定義した．そこで，$|\cdot|$ を

$$|X| = |Y| \overset{\text{def}}{\iff} X \sim Y$$

と定義し，$|X|$ を X の**濃度**と呼ぶ (つまり，集合 X の濃度を $|X|$ で表す)．すでに述べたように，集合の濃度とは，有限集合における「元の個数」という概念を，無限集合も含む任意の集合にまで一般化したものである．

集合 X の濃度が $\boldsymbol{N}$ または $\boldsymbol{N}$ の部分集合と等しいとき，X を**可算集合**とか可付番集合という．特に，$X \sim \boldsymbol{N}$ (すなわち，$|X| = |\boldsymbol{N}|$) であるとき，X は**可算無限**であるという．可算無限集合の濃度を $\aleph_0$ (アレフ・ゼロと読む) で表す[††]．有限集合 $\{1, 2, \cdots, n\}$ の濃度を n で表す：

$$|\{1, 2, \cdots, n\}| := n.$$

例1.15 可算集合，可算無限集合
 (1) $\{a, b, c, x, y\} \sim \{1, 2, 3, 4, 5\}$ なので $|\{a, b, c, x, y\}| = 5$．
 (2) $|\boldsymbol{Z}| = |\boldsymbol{N} \times \boldsymbol{N}| = |\boldsymbol{Q}| = \aleph_0$．
 (3) $\boldsymbol{N}, \boldsymbol{N} \times \boldsymbol{N}, \boldsymbol{Z}, \boldsymbol{Q}$ は可算無限集合である．　　　　■

● **可算でない集合**　実数の全体 $\boldsymbol{R}$ は可算集合ではない．このことを初めて証明したのは集合論の創始者である G.カントール(Cantor)であり，その証明方法は対角線論法と呼ばれるものであった．

$\boldsymbol{R}$ の濃度を $\aleph$(アレフ) とか c で表し，**連続の濃度**(あるいは連続体の濃度) という．

1.3.2 項の全文 (例 1.15〜1.17，定理 1.4，系 1.5 および理解度確認問題 1.42〜1.48 を含む．全 6 ページ) は次のウェブサイトからダウンロードできます：
　　　http://www.edu.waseda.ac.jp/~moriya/education/books/DM/

[†]これら 3 つの性質が成り立つような 〜 を同値関係という．同値関係については 3 章 (特に，3.2 節) で詳しく学ぶ．

[††]$\aleph$ はヘブライ語のアルファベットの第 1 文字．

1.4 行　　列*

1.4.1 行 列 と は*

mn 個の実数 a_{ij} $(1 \leqq i \leqq m,\ 1 \leqq j \leqq n)$ を次のように矩形状に配置した A のことを (実数を成分とする) **行列**といい, a_{ij} を A の (i,j) **成分**という[†]：

$$A = \begin{bmatrix} a_{11} & a_{12} & \cdots & a_{1n} \\ a_{21} & a_{22} & \cdots & a_{2n} \\ \vdots & \vdots & \ddots & \vdots \\ a_{m1} & a_{m2} & \cdots & a_{mn} \end{bmatrix}$$

これを $A = (a_{ij})$ と表記することがある．

A は $\boldsymbol{m \times n}$ **行列**であるとか，m 行 n 列の行列であるいう．特に，$n \times n$ 行列のことを $\boldsymbol{n}$ **次正方行列**という．

すべての成分が 0 である行列を O で表し，**零行列**(ゼロぎょうれつ)という．

同じ型の行列 $A = (a_{ij})$ と $B = (b_{ij})$ の**和** $A + B = (c_{ij})$ は成分ごとの和をとったものであり，**スカラー倍** $\lambda A = (d_{ij})$ は各成分を λ 倍したものである：

$$c_{ij} = a_{ij} + b_{ij}, \quad d_{ij} = \lambda a_{ij}.$$

行列の**積**は限られた型の場合にだけ定義される．$l \times m$ 行列 $A = (a_{ij})$ と $m \times n$ 行列 $B = (b_{ij})$ の積 $AB = (c_{ij})$ を $c_{ij} := \sum_{k=1}^{m} a_{ik} b_{kj}$ で定義する．

次の E_n を n 次の**単位行列**といい，E_n の代わりに単に E とも書く．

$$E_n := \begin{bmatrix} 1 & 0 & \cdots & 0 \\ 0 & 1 & \cdots & 0 \\ \vdots & \vdots & \ddots & \vdots \\ 0 & 0 & \cdots & 1 \end{bmatrix}.$$

$m \times n$ 行列 $A = (a_{ij})$ に対し，(i,j) 成分が a_{ji} であるような $n \times m$ 行列を A の**転置行列**といい，${}^t\!A$ で表す．

1.4.1 項の全文 (例 1.18〜1.20 を含む．全 8 ページ) は次のウェブサイトからダウンロードできます：

http://www.edu.waseda.ac.jp/~moriya/education/books/DM/

[†]行列：matrix.「網目状のもの」の意．成分：element, entry, component.

1.4.2 連立1次方程式と行列*

$x_1, x_2, \cdots, x_n$ を未知数とする連立1次方程式

$$(\ast) \begin{cases} a_{11}x_1 + \cdots + a_{1n}x_n = b_1 \\ \vdots \quad\quad \vdots \quad\quad \vdots \quad\quad \vdots \\ a_{m1}x_1 + \cdots + a_{mn}x_n = b_m \end{cases}$$

は, $A = \begin{bmatrix} a_{11} & \cdots & a_{1n} \\ \vdots & \ddots & \vdots \\ a_{m1} & \cdots & a_{mn} \end{bmatrix}$, $\boldsymbol{x} = \begin{bmatrix} x_1 \\ \vdots \\ x_n \end{bmatrix}$, $\boldsymbol{b} = \begin{bmatrix} b_1 \\ \vdots \\ b_m \end{bmatrix}$ を使って, $A\boldsymbol{x} = \boldsymbol{b}$ と表すことができる.

● 行列の基本変形

⟨1⟩ ある行に0でない定数を掛ける.
⟨2⟩ ある行を別の行に加える.
⟨3⟩ 2つの行を入れ替える.
⟨4⟩ 2つの列を入れ替える.

基本変形⟨1⟩〜⟨4⟩によって左上隅が E_r となるように変形できる最大値 r をその行列の**階数**という (定理 1.6 参照). 係数行列が n 次正方行列 A である連立方程式の階数が r ならば, r 個の未知数については解が一意的に定まる.

$BA = E_n = AB$ を満たす行列 B を A の**逆行列**といい, A^{-1} で表す. 逆行列を持つ行列のことを**正則行列**という. A が正則なら (∗) の解は一意に定まる.

● 逆行列の求め方

定理 1.8 A を n 次正方行列とするとき, A の横に単位行列を配置して得られる $n \times 2n$ 行列を $[A \vdots E]$ で表す. $[A \vdots E]$ に行に関する基本変形 (行列の基本変形の ⟨1⟩〜⟨3⟩) を適用して $[E \vdots B]$ が得られるときに限り A は正則行列であり, このとき, $B = A^{-1}$ である.

1.4.2 項の全文 (例 1.21, 1.22, 定理 1.6〜1.8 および理解度確認問題 1.49〜1.59 を含む. 全8ページ) は次のウェブサイトからダウンロードできます:

http://www.edu.waseda.ac.jp/~moriya/education/books/DM/

1.5 命題と述語

さまざまな陳述 (命題) を記号式で表すことにより，陳述の間の関係や，ある陳述から別の陳述を論理的に導き出す思考法についてまで数学的に扱うことができるようになる．この節ではそのような記号論理の基礎について学ぶ．論理に関するさらに詳しいことは 5 章で扱う．

1.5.1 命題

一般に，ある事実を述べたものを言明 (あるいは陳述，主張) というが，それが正しいことを述べていれば真であるといい，正しくなければ偽であるという．言明の内容によっては，正しいとも正しくないともいえない場合がある．真か偽かがはっきりしている言明を命題と呼ぶ．'真'，'偽' を値と考え，それぞれ T (true の頭文字)，F (false の頭文字) で表し，真理値とか論理値という[†]．

例1.23 命題と非命題．
（1） 次の各々は命題である．その真理値を後に付した．
(a) 月は地球の衛星である．　T　　　(b) $2+3=6$．　F
(c) x, y が実数なら $x^2 + y^2 \geq 0$．　T　　(d) 7 は素数である．　T
(e) $\forall x \in \mathbf{Z} \ \forall y \in \mathbf{Z} \ \exists z \in \mathbf{Z} \ [xy = z]$．(整数の積は整数である)　T
(f) $(\emptyset \neq A \subseteq X \land \emptyset \neq B \subseteq X) \implies A \cap B \neq \emptyset$．
　　 (A も B も X の空でない部分集合ならその共通部分も空集合ではない)　F
（2） 次のいずれも命題ではない．
(g) 今日は天気が良い．　　(h) 猿も木から落ちる．
(i) $x = 3$．　　　　　　(j) $\forall x \, [x + y = 2]$．　　　　　　　　　□

● **命題を結合して複合命題を作るための論理結合子**　命題 p, q のどちらも成り立つことを $p \land q$ で表すことは 1.1 節で述べた．$p \land q$ を p と q の論理積[††]という．この $p \land q$ 自身も，p, q が真であるか偽であるかにしたがって真となったり偽となったりする命題であることに注意したい．すなわち，p も q も成り立つならば $p \land q$ は成り立ち，それ以外の場合 $p \land q$ は成り立たない．

[†]truth value. T, F の代わりに 1, 0 で表すこともある．
[††]論理積 logical and. 合接 conjunction ともいう．「かつ」の意．

このことは右下に示したような表 (**真理表**あるいは**真理値表**という) にまとめることができる．

「命題 p が成り立つ (成り立たない)」
「p は真 (偽) である」
「p の値は T (F) である」
はすべて同じ意味で用いる．

$p \wedge q$ の真理表

p	q	$p \wedge q$
F	F	F
F	T	F
T	F	F
T	T	T

$\wedge$ は命題の対 (p, q) にもう 1 つの命題 $p \wedge q$ を対応させる，命題の集合の上の 2 変数関数と見ることもできるし，集合 $\{T, F\}^2$ から $\{T, F\}$ への関数 (すなわち，$\{T, F\}$ の上の 2 項演算) と見ることもできる．

$\wedge$ と同様に，$\vee, \neg, \Longrightarrow, \Longleftrightarrow$ の意味は次の表のようにまとめることができる．

p	q	$p \vee q$	$p \Longrightarrow q$	$p \Longleftrightarrow q$	$\neg p$
F	F	F	T	T	T
F	T	T	T	F	T
T	F	T	F	F	F
T	T	T	T	T	F

$p \vee q$ は「p または q の少なくとも一方が成り立つ」ことを表す．したがって，p も q も成り立つ場合を含んでいる．これを (**内包的**) **論理和**[†]という．これに対し，「p または q のどちらか一方だけが成り立つ」ことを $p \oplus q$ で表し，p と q の**排他的論理和**という (下表)．

p	q	$p \oplus q$
F	F	F
F	T	T
T	F	T
T	T	F

$p \Longrightarrow q$ は「p が成り立つならば q も成り立つ」ことを表すので，p が成り立たないときは q は成り立っても成り立たなくてもよい (すなわち，p が F なら，q が T でも F でも $p \Longrightarrow q$ は T である)．命題 $p \Longrightarrow q$ において，p を**前提** (**仮定**)，q を**結論** (**帰結**) といい，$p \Longrightarrow q$ のとき p は q を**含意**するともいう[†]．

[†] 論理和：logical or. 離接 disjunction ともいう．「または」の意．含意：implication.

$p \iff q$ は「p が成り立つとき，かつそのときに限り q も成り立つ」ことを表す．$p \iff q$ が成り立つとき，すなわち，p も q もともに成り立つか，p も q もともに成り立たないとき，p と q は同値であるとか，等価であるとか，p の必要十分条件は q であるとか，p と q は**論理的に等しい**とかいう．$p \iff q$ と $(p \implies q) \land (q \implies p)$ は論理的に等しい．

$p \implies q$ が成り立つこと（あるいは $p \iff q$ が成り立つこと）を，単に

$$p \implies q \quad (\text{あるいは } p \iff q)$$

とだけ書いて示すことがある．また，$(p \implies q) \land (q \implies r)$ あるいは $(p \iff q) \land (q \iff r)$ を

$$p \implies q \implies r \quad (\text{あるいは } p \iff q \iff r)$$

のように表記する．3個以上の場合についても同様である．

例1.24 数学の証明で使われる論法．

（1）命題 $q \implies p$ を命題 $p \implies q$ の**逆**といい，命題 $(\neg q) \implies (\neg p)$ を命題 $p \implies q$ の**対偶**という．$p \implies q$ が真であっても，その逆 $q \implies p$ は必ずしも真ではない（次表参照）．一方，$p \implies q$ が真であることと，その対偶 $(\neg q) \implies (\neg p)$ が真であることとは論理的に等しい（次表）．それゆえ，「p ならば q である」という命題を証明したいときには，その対偶「q でないならば p でない」ことを証明してもよいのである．

p	q	$p \implies q$	$q \implies p$	$\neg q \implies \neg p$
F	F	T	T	T
F	T	T	F	T
T	F	F	T	F
T	T	T	T	T

（2）命題 $p \implies q$ を証明する際，「p が成り立つという前提の下で q が成り立たないとすると矛盾が生じる」ことを示すという論法を**背理法**とか**帰謬法**という．この論法が正しいことは，$(p \land (\neg q)) \implies F$ と $p \implies q$ とが論理的に等しいことによる．

（3） $p \vee (q \vee r)$ と $(p \vee q) \vee r$，また，$p \wedge (q \wedge r)$ と $(p \wedge q) \wedge r$ がそれぞれ論理的に等しいことは，真理表を書くことによって容易に確かめることができる (このことを，$\wedge$ や $\vee$ に関する**結合律**と呼ぶ)．すなわち，$\wedge$ や $\vee$ は結合の順序に依存しないので，これらをそれぞれ括弧を省略して $p \vee q \vee r$，$p \wedge q \wedge r$ と略記する．

（4） $p \Longrightarrow q$ と $q \Longrightarrow r$，$r \Longrightarrow p$ がいずれも成り立つならば p, q, r は互いに論理的に等しい．このことは，$(p \Longrightarrow q) \wedge (q \Longrightarrow r) \wedge (r \Longrightarrow p)$ と $(p \Longleftrightarrow q) \wedge (q \Longleftrightarrow r) \wedge (r \Longleftrightarrow p)$ とが論理的に等しいことによる (真理表参照．$\wedge$ に関する結合律を用いていることに注意しよう．p, q, r の真理値の組合せは 8 通りある．この真理表では，$\wedge$ や $\Longrightarrow$ の下にも，計算の途中経過としての真理値を記した．□で囲んだものが式全体の真理値である)．

p q r	$((p \Rightarrow q)$	$\wedge$	$(q \Rightarrow r))$	$\wedge$	$(r \Rightarrow p)$	$((p \Leftrightarrow q)$	$\wedge$	$(q \Leftrightarrow r))$	$\wedge$	$(r \Leftrightarrow p)$
F F F	T	T	T	T	T	T	T	T	T	T
F F T	T	T	T	F	F	T	F	F	F	F
F T F	T	F	F	F	T	F	F	F	F	T
F T T	T	T	T	F	F	F	F	T	F	F
T F F	F	F	T	F	T	F	F	T	F	F
T F T	F	F	T	F	T	F	F	F	F	T
T T F	T	F	F	F	T	T	F	F	F	F
T T T	T	T	T	T	T	T	T	T	T	T

（5） 命題 p, q, r に対し，「p が成り立つなら q が成り立つ」ことと「q が成り立つなら r が成り立つ」ことを証明し，これらから「p が成り立つなら r が成り立つ」と結論する推論の仕方を**三段論法**という．この論法が正しいことは，$(p \Longrightarrow q) \wedge (q \Longrightarrow r)$ が T のとき $p \Longrightarrow r$ も T となることによる (読者は真理表で確かめよ)．ただし，$p \Longrightarrow r$ が T であっても $(p \Longrightarrow q) \wedge (q \Longrightarrow r)$ が T でない場合があるので，これらは論理的に等しいわけではない．

（6） 「p と q が同時に成り立つことはない」ことと「p または q のどちらか一方は成り立たない」ことを同じと考えるのは，$\neg (p \wedge q)$ と $\neg p \vee \neg q$ が論理的に等しいことによる．$\neg (p \vee q)$ と $\neg p \wedge \neg q$ も論理的に等しい．これらを**ド・モルガンの法則**という． □

1.5 命題と述語

1.5.1項　理解度確認問題

問 1.60　次のものは命題か？ 命題ならその真偽も答えよ．
(1) この湖の水は澄んでいる．
(2) 2は偶数で3は奇数である．
(3) 今何時ですか？
(4) $\forall x \in \boldsymbol{R} \ \exists y \in \boldsymbol{R} \ [\, x > y \,]$
(5) $\forall x \in \boldsymbol{N} \ \forall y \in \boldsymbol{N} \ \exists z \in \boldsymbol{N} \ [\, x = y - z \,]$
(6) 円周率 π の小数第「千兆の千兆乗」位の数字は3である．

問 1.61　次の陳述を適当な命題 p や q を用いて表せ．$\boldsymbol{T}$ か $\boldsymbol{F}$ か？
(1) ピーターパンはネバーランドに住んでいないのではない．ということは，ピーターパンはネバーランドに住んでいるということである．
(2) 天候が晴れなら海は青い．よって，海が青くないなら晴れではない．
(3) 政治家は嘘つきであるが，嘘つきでも政治家であるとは限らない．

問 1.62　$p \Longrightarrow p \wedge q$ の (1) 否定，(2) 逆，(3) 対偶，(4) 論理的に等しくて $\Longrightarrow$ を含まないもの，をそれぞれ示せ．

問 1.63　次の，命題に関する式 (論理式という) の真理表を書け．
(1) $p \wedge p \Longrightarrow q$
(2) $\neg(q \wedge \neg q) \Longrightarrow \neg p$
(3) $\neg\neg p \Longleftrightarrow p$
(4) $(p \Longleftrightarrow q) \Longrightarrow (p \Longrightarrow r)$
(5) $p \Longrightarrow (p \Longrightarrow q)$
(6) $\neg(p \vee q) \Longleftrightarrow \neg p \wedge \neg q$

問 1.64　論理的に等しいか？
(1) $3 + 4 = 8 \Longrightarrow 10 + 20 = 100$ と $3 + 4 = 7 \Longleftrightarrow 10 + 20 = 100$
(2) $p \wedge p \wedge p$ と $p \wedge (q \vee \neg q)$
(3) $(p \wedge (\neg q)) \Longrightarrow \boldsymbol{F}$ と $\neg q \Longrightarrow \neg p$
(4) $\neg(p \vee q)$ と $(\neg p) \vee (\neg q)$
(5) $\neg p \vee q$ と $p \Longrightarrow q$
(6) $(p \wedge \neg p) \Longrightarrow (p \vee (q \wedge \neg q) \vee \neg p)$ と $\boldsymbol{T} \Longrightarrow \boldsymbol{F}$

問 1.65　A が成り立つなら B が成り立ち，B が成り立つなら C が成り立つとする．このとき，次のように推論することは正しいか？
(1) C が成り立たないなら A は成り立たない．
(2) C が成り立つなら A または B が成り立つ．
(3) A または B が成り立つなら B も C も成り立つ．
(4) B が成り立たないなら「A ならば C」は成り立たない．
(5) A が成り立たないなら B も C も成り立たない．

1.5.2 述　　語

値として T または F だけをとるような関数を**述語**†という．

$$P : X_1 \times \cdots \times X_n \to \{T, F\}, \quad Q : X^n \to \{T, F\}$$

であるとき，P を $X_1 \times \cdots \times X_n$ の上の述語といい，Q を X の上の n 変数述語という．$X_1 \times \cdots \times X_n$ を P の定義域，X^n を Q の定義域という．命題は 0 変数の述語であると考える．

● **述語とは？その表し方**　X の上の n 変数述語は，X に属する n 個の元の間で成り立ったり成り立たなかったりするような性質とか関係とか条件とかを表している．例えば，整数 x についての性質「x は負でない」は $\boldsymbol{Z}$ の上で定義された 1 変数の述語

$$P_1(x) := \begin{cases} T & x \text{ が 0 または正 } (x \geqq 0) \text{ のとき} \\ F & x \text{ が負 } (x < 0) \text{ のとき} \end{cases}$$

であり，$\boldsymbol{R}_+^3$ の上の述語 ($\boldsymbol{R}_+$ の上の 3 変数述語)

$$P_2(a, b, c) := \begin{cases} T & a^2 + b^2 = c^2 \text{のとき} \\ F & a^2 + b^2 \neq c^2 \text{のとき} \end{cases}$$

は，正の実数 a, b, c が直角三角形の 3 辺の長さ (c が斜辺の長さ) となるための条件 (a, b, c の間の関係) を表している．本書では，これらを簡潔に

$$P_1(x) : x \geqq 0,$$
$$P_2(a, b, c) : a^2 + b^2 = c^2$$

とか

$$P_1(x) \stackrel{\text{def}}{\iff} x \geqq 0,$$
$$P_2(a, b, c) \stackrel{\text{def}}{\iff} a^2 + b^2 = c^2$$

と書いて表す．x, a, b, c に定数を代入した $P_1(-12), P_2(3, 4, 5)$ 等はそれぞれ F, T を値とする命題であることに注意しよう．

---

†predicate. 本書では，述語を表すのに大文字 $P, Q, \cdots, P_1, P_2, \cdots$ などを用いる．

● 述語と $\forall$, $\exists$　1.1 節で学んだ全称記号 $\forall$, 存在記号 $\exists$ の意味は次のように述べ直すことができる．P を 1 変数の述語 $P : X \to \{T, F\}$ とする．

$$\forall x\, P(x) := \begin{cases} T & \text{すべての } x \in X \text{ に対して } P(x) = T \text{ であるとき} \\ F & P(x) = F \text{ となる } x \in X \text{ が存在するとき.} \end{cases}$$

$$\exists x\, P(x) := \begin{cases} T & P(x) = T \text{ となる } x \in X \text{ が存在するとき} \\ F & \text{すべての } x \in X \text{ に対して } P(x) = F \text{ であるとき.} \end{cases}$$

$\forall x\, P(x)$ も $\exists x\, P(x)$ も x に関する述語ではなく，命題であることに注意しよう．この定義の下で

(i)　$\neg(\forall x\, P(x)) \iff \exists x\, [\,\neg P(x)\,]$
(ii)　$\neg(\exists x\, P(x)) \iff \forall x\, [\,\neg P(x)\,]$

が成り立つ (すなわち，$\iff$ の左右両辺は論理的に等しい)．例えば，(i) は

$$\neg(\forall x\, P(x)) = T \iff (\forall x\, P(x)) = F$$
$$\iff P(x) = F \text{ となる } x \in X \text{ が存在する}$$
$$\iff (\neg P(x)) = T \text{ となる } x \in X \text{ が存在する}$$
$$\iff (\exists x\, [\,\neg P(x)\,]) = T$$

より導かれる．(ii) についても同様に示すことができる．まったく同様にして，

(iii)　$\forall x\, P(x) \iff \neg \exists x\, [\,\neg P(x)\,]$
(iv)　$\exists x\, P(x) \iff \neg \forall x\, [\,\neg P(x)\,]$

を証明することができる．

さらに，Q を 2 変数述語 $Q : X^2 \to \{T, F\}$ とするとき，

(v)　$\forall x\, \forall y\, Q(x, y) \iff \forall y\, \forall x\, Q(x, y)$
(vi)　$\exists x\, \exists y\, Q(x, y) \iff \exists y\, \exists x\, Q(x, y)$

が成り立つことも，定義より容易に確かめることができる．

例1.25 述語と，(述語を使って表される) 命題．

（1） $\boldsymbol{N}$ の上の 2 変数述語 $P(m,n)$ を
$$P(m,n) \overset{\text{def}}{\iff} m = n^2$$
と定義する．これを用いて，$\boldsymbol{N}$ の上の 1 変数述語 $Q(m)$ を
$$Q(m) \overset{\text{def}}{\iff} \exists n\, P(m,n)$$
と定義すると，$Q(m)$ は「m は平方数である」ことを表す．また，
$$\forall m\, \exists n\, P(m,n)$$
は，「どんな自然数 m に対しても $m = n^2$ となる自然数が存在する」わけではないから，偽な命題である．また，例えば $P(2,3)$，$Q(4)$ はそれぞれ偽な命題，真な命題である．

（2） $\boldsymbol{N}_+ := \boldsymbol{N} - \{0\}$ の上の 3 変数述語 $P(x,y,z) \overset{\text{def}}{\iff} x = yz$ を考える．
$$Q(x,y) \overset{\text{def}}{\iff} \exists z\, P(x,y,z)$$
は「x は y で割り切れる」ことを表す $\boldsymbol{N}_+$ の上の 2 変数述語であり，
$$S(x) \overset{\text{def}}{\iff} \forall y\, [\, Q(x,y) \implies (y=1 \lor y=x)\,] \tag{1.7}$$
は「x は素数である」ことを表す $\boldsymbol{N}_+$ の上の 1 変数述語である．一方，
$$\exists x\, S(x)$$
は「素数は存在する」ことを表す命題であり，
$$\exists x\, \forall y\, [\,\exists z\, P(x,y,z) \implies (y=1 \lor y=x)\,]$$
と論理的に等しい．ところで，$S(x)$ は次の (1.8) のように表すこともでき，これは以下に示すように，(1.7) と論理的に等しい：
$$\neg \exists y\, [\, Q(x,y) \land y \neq 1 \land y \neq x\,] \tag{1.8}$$
$$\iff \forall y\, \neg [\, Q(x,y) \land y \neq 1 \land y \neq x\,] \qquad \text{(上記 (ii) による)}$$
$$\iff \forall y\, [\, \neg Q(x,y) \lor y=1 \lor y=x\,] \qquad \text{(例 1.24 (6) による)}$$
$$\iff \forall y\, [\, \neg Q(x,y) \lor (y=1 \lor y=x)\,] \qquad \text{(例 1.24 (3) による)}$$
$$\iff \forall y\, [\, Q(x,y) \implies (y=1 \lor y=x)\,]. \qquad \text{(問 1.64 (5) による)} \quad \square$$

● **論理的に等しい述語**[†] $\forall$ や $\exists$ を含んでいる述語の同値変形 (論理的に等しいもので置き換えていくこと) の際に有用な公式を,すでに述べた (i) ～ (vi) に追加しよう.$P(x,y)$, $Q(x)$, $R(x)$ を任意の述語とし,R' を命題とする.

> (vii) $\forall x \, \neg\neg P(x) \iff \forall x \, P(x), \quad \exists x \, \neg\neg P(x) \iff \exists x \, P(x)$
> (viii) $[\forall x \, Q(x) \land R'] \iff \forall x \, [Q(x) \land R']$
> (ix) $[\forall x \, Q(x) \lor R'] \iff \forall x \, [Q(x) \lor R']$
> (x) $[\exists x \, Q(x) \land R'] \iff \exists x \, [Q(x) \land R']$
> (xi) $[\exists x \, Q(x) \lor R'] \iff \exists x \, [Q(x) \lor R']$
> (xii) $[\forall x \, Q(x) \land \forall x \, R(x)] \iff \forall x \, [Q(x) \land R(x)]$
> (xiii) $[\exists x \, Q(x) \lor \exists x \, R(x)] \iff \exists x \, [Q(x) \lor R(x)]$
> (xiv) $\exists x \, [P(x) \implies Q(x)] \iff \exists x \, [\neg P(x) \lor Q(x)]$
> (xv) $\forall x \, [P(x) \implies Q(x)] \iff \forall x \, [\neg P(x) \lor Q(x)]$
> (xvi) $\forall x \, \neg [P(x) \land Q(x)] \iff \forall x \, [\neg P(x) \lor \neg Q(x)]$
> (xvii) $\forall x \, \neg [P(x) \lor Q(x)] \iff \forall x \, [\neg P(x) \land \neg Q(x)]$

例1.26 述語の同値変形.

（1） 例えば,(xii) は次のように証明することができる.

$$[\forall x \, Q(x) \land \forall x \, R(x)] = \boldsymbol{T}$$
$$\iff (\forall x \, Q(x) = \boldsymbol{T}) \text{ かつ } (\forall x \, R(x) = \boldsymbol{T})$$
$$\iff \text{「任意の } x \text{ に対して } Q(x) = \boldsymbol{T}\text{」かつ}$$
$$\text{「任意の } x \text{ に対して } R(x) = \boldsymbol{T}\text{」}$$
$$\iff \text{任意の } x \text{ に対して「} Q(x) = \boldsymbol{T} \text{ かつ } R(x) = \boldsymbol{T}\text{」}$$
$$\iff \text{任意の } x \text{ に対して } (Q(x) \land R(x)) = \boldsymbol{T}$$
$$\iff \forall x \, [Q(x) \land R(x)] = \boldsymbol{T}.$$

[†] 1.4 節では,$\neg, \land, \lor, \implies, \iff$ (特に $\implies$ と $\iff$) を次元の違う 2 つの場合 (例えば,「必要十分条件」という意味で $\iff$ を使う場合と,両辺 $\mathcal{P}$ と $\mathcal{Q}$ の真理値が等しいときに真理値 $\boldsymbol{T}$ を取る式 $\mathcal{P} \iff \mathcal{Q}$ として扱う場合) を明瞭に区別することなく,あえて混同して用いている.この違いについては 5 章 5.1.1 項 (p.169) の脚注で述べているが,読者は疑問を感じない限り,今その違いを気にする必要はない.

（2） 次の (xviii), (xix) も成り立つが，その逆は成り立たない．

> (xviii) $[\forall x\, Q(x) \lor \forall x\, R(x)] \implies \forall x\, [Q(x) \lor R(x)]$
> (xix) $\exists x\, [Q(x) \land R(x)] \implies [\exists x\, Q(x) \land \exists x\, R(x)]$

これらも (1) と同様に証明することができる．(xviii) の逆が成り立たない例を考えてみよう．$\boldsymbol{R}$ の上の述語

$$Q(x): x > 0, \quad R(x): x \leqq 0$$

を考える．どんな $x \in \boldsymbol{R}$ に対しても $x > 0$ または $x \leqq 0$ が成り立つから

$$\forall x\, [Q(x) \lor R(x)] = \boldsymbol{T}$$

である．一方，任意の $x \in \boldsymbol{R}$ に対して $x > 0$ が成り立つわけではないから $\forall x\, Q(x) = \boldsymbol{F}$ であり，任意の $x \in \boldsymbol{R}$ に対して $x \leqq 0$ が成り立つわけでもないから $\forall x\, R(x) = \boldsymbol{F}$ である．したがって，

$$[\forall x\, Q(x) \lor \forall x\, R(x)] = \boldsymbol{F}$$

である．よって，$\forall x\, [Q(x) \lor R(x)] \implies [\forall x\, Q(x) \lor \forall x\, R(x)]$ は成り立たない．

$Q(x): x > 0$ と $R(x): x < 0$ を考えると (xix) の反例が得られる． □

記号のまとめ (1.5 節)

$\boldsymbol{T}, \boldsymbol{F}$	論理値（「真」と「偽」）
$\lnot p$	p の論理否定
$p \land q$	p と q の論理積
$p \lor q$	p と q の (内包的) 論理和
$p \oplus q$	p と q の排他的論理和
$p \implies q$	p ならば q (含意)
$p \iff q$	p と q は論理的に等しい
$P(x_1, \cdots, x_n) : \mathcal{P}(x_1, \cdots, x_n)$	述語 P を $\mathcal{P}$ によって定義する
$\forall x\, P(x)$	「任意の x に対して $P(x)$ が成り立つ」
$\exists x\, P(x)$	「ある x に対して $P(x)$ が成り立つ」

1.5.2項　理解度確認問題

問 1.66 $P(x,y,z): x = y + z$ とする．次のそれぞれはどんな述語か？命題か？
（1）P が $\mathbf{N}^3$ の上の3変数述語の場合，$P(0,y,z)$ は何を表すか？
（2）P が $\mathbf{N}$ の上の3変数述語の場合，$\exists z\, P(x,y,z)$ は何を表すか？
（3）P が $\mathbf{R}^2 \times \mathbf{Z}$ の上の述語の場合，$\exists z\, \neg P(x,y,z)$ は何を表すか？
（4）P が $\mathbf{R}^3$ の上の述語の場合，$\forall y \forall z \exists x\, P(x,y,z)$ は何を表すか？
（5）P が $\mathbf{R}^3$ の上の述語の場合，$\exists x\, P(x,x,12.3)$ は何を表すか？

問 1.67 例 1.25（2）の Q, S を用いて，次のことを表す命題や述語を作れ．
（1）11 は素数である．　　（2）x は奇数である．
（3）偶数は素数ではない．　（4）素数は無限に存在する．
（5）x と y は互いに素である（x と y の最大公約数は 1 である）．

問 1.68 次の陳述を，陳述の論理構造がわかるように適当な命題や述語を導入して表せ．
（1）「「正しくない」というのが正しくない」のであれば「正しい」といえる．
（2）6 の倍数は 2 の倍数でも 3 の倍数でもある．
（3）述語 $P(x)$ が成り立つ x が存在するからといって $P(x)$ が任意の x に対して成り立つわけではない．
（4）嘘をつかない政治家なんていない．犬養毅は政治家である．よって，犬養毅といえども嘘はつく（ついた）．

問 1.69 述語 $P(x), Q(x)$ に関して次が成り立つことを示せ．（2）の逆は成り立つか？
（1）$[\exists x\, [P(x) \implies Q(x)]] \iff [\forall x\, P(x) \implies \exists x\, Q(x)]$
（2）$[\exists x\, P(x) \implies \exists x\, Q(x)] \implies \exists x\, [P(x) \implies Q(x)]$

問 1.70 次の各々について，命題の場合はその真偽を，述語の場合は $\mathbf{T}$ となる条件を求めよ．
（1）(a) $\forall x \exists y\, [x$ は y と結婚している$]$　　(b) $\exists y \forall x\, [x$ は y と結婚している$]$
（2）$\exists y \in \mathbf{R}\; \exists z \in \mathbf{R}\, [x = y^2 + z^2]$
（3）$\forall x \in \mathbf{R}_+\; \forall y \in \mathbf{R}_+\, [x = y^2 \implies \exists z \in \mathbf{R}_+\, [\neg(y = z) \land x = z^2]]$
（4）$\mathbf{R}^3$ の上の述語 $\neg(x > y \lor y \geqq z \lor \neg(z < 2x))$
（5）P を $\mathbf{N}^3$ の上の述語 $P(x,y,z) \stackrel{\text{def}}{\iff} x = yz$ とする．
　　(a) $Q(x,y) \stackrel{\text{def}}{\iff} \exists z\, P(x,y,z) \land \exists z\, P(y,x,z)$
　　(b) $R(x) \stackrel{\text{def}}{\iff} P(x,x,x)$
　　(c) $\forall y\, [\exists z\, P(x,y,z) \implies (R(y) \land \neg Q(y,1))]$

1.6 言語 = 文字列の集合

コンピュータサイエンスの基礎理論では '文字列' と，文字列の集合である '言語' についての知識は必須である．例えばプログラミング言語の構文 (シンタックス) を表すためにも言語が使われるし，さまざまな概念を文字を使って符号化する (＝文字列で表す) ことも重要な手法である．

1.6.1 言語とは何だろう

文字列[†]はコンピュータサイエンスにおいて頻繁に登場する重要な概念である．コンピュータのプログラムも，この本のような文書も，数式も，どれも有限種類の文字や記号[††]を有限個並べて書かれた '文字列'(の集まり) である．そのとき使われる文字の集合を Σ (シグマ) とし，Σ に属する文字を有限個並べてできる文字列の全体を Σ^* で表す．文字をどのように並べてもそれが正しいプログラム，意味の通る正しい文章，あるいは正しい形の数式になるわけではないので，Σ^* の元のうち '正しい' とされる形をしているものの全体は Σ^* の部分集合となる．逆にいえば，Σ^* の部分集合を与えることによって '正しいもの' がどのような形をしていなければいけないかを定めることができる．自然言語 (例えば日本語) も人工言語 (例えばプログラミング言語) も，あるいはそれらの一部をなす文法要素 (例えば「疑問文」「名詞句」「数式」「代入文」) も，それらがどういう形式をしていなければならないか (例えば「正しい日本語の文では品詞や句や節がどのような順序で並んでいなければならないか」「プログラムにおいて数式はどのように書かなければいけないか」) は，使われる文字が何か (Σ を与えること) と，'正しい' とされる形のすべて (Σ^* の部分集合) を与えることによって示すことができる[†††]．以上のことを踏まえて，次のように定義する．

文字を元とする有限集合のことを**アルファベット**という．Σ をアルファベットとしよう．Σ の元を有限個並べた文字列，すなわち，Σ から重複を許して何個か取り出し並べたもの

[†] string. 記号列，連糸，ストリング (文字や記号を糸のように連ねたもの)．文字の並び．

[††] 以下，'文字' と '記号' を同じ意味で用いる．

[†††] 自然言語の場合にはそれぞれの「単語」を 1 つの文字で表し，そういった文字の集合を Σ とする．そうすると，「文法的に正しい日本語の文」のすべては Σ^* の部分集合になる．

1.6 言語 = 文字列の集合

$$x = x_1 x_2 \cdots x_n \quad (各\ x_i\ は\ \Sigma\ の元)$$

を Σ 上の**語**という．x を構成している文字の個数 n を x の**長さ**といい，$|x|$ で表す．便宜的に長さ 0 の文字列 (**空語**という) を考え，記号 λ（ラムダ）あるいは記号 ε（イプシロン）で表す．Σ^* は Σ 上の語全体からなる集合を表す．また，Σ^* から空語を除いたものを Σ^+ で表す．すなわち，

$$\Sigma^+ := \Sigma^* - \{\lambda\}.$$

Σ^* の部分集合を Σ 上の**言語**という．

例1.27 言語とは文字列の集合のこと．
 (1) $\Sigma := \{a, b\}$ とすると，

$$\begin{aligned}
\Sigma^* = \{ &\lambda, & &(長さ\ 0\ の語) \\
&a, b, & &(長さ\ 1\ の語) \\
&aa, ab, ba, bb, & &(長さ\ 2\ の語) \\
&aaa, aab, aba, abb, baa, bab, bba, bbb, & &(長さ\ 3\ の語) \\
&\cdots \} & &\cdots
\end{aligned}$$

であり，Σ^* は可算無限集合である．
 (2) 英単語の全体は $\{a, b, c, \cdots, z, A, \cdots, Z\}^*$ の部分集合である．
 (3) 負でない整数を 2 進数表記で表したものの全体，10 進数表記で表したものの全体はそれぞれ $\{0, 1\}$ 上の言語，$\{0, 1, \cdots, 9\}$ 上の言語である． □

● **文字列や言語の上の演算** Σ をアルファベットとし，$x := x_1 x_2 \cdots x_m$ と $y := y_1 y_2 \cdots y_n$ を Σ 上の語 (ただし，$x_1, \cdots, x_m, y_1, \cdots, y_n \in \Sigma$) とする．$x$ と y が**等しい** ($x = y$ と書く) とは，$m = n$ かつ，すべての i ($i = 1, \cdots, m$) に対して $x_i = y_i$ であることをいう．x の後に y をつなげてできる語

$$xy := x_1 \cdots x_m y_1 \cdots y_n$$

を x と y の**連接**とか**積**という．連接という演算を強調するために $x \cdot y$ と書くこともある．任意の語 x に対して $x \cdot \lambda = \lambda \cdot x = x$ であること，また，任意の語 x, y, z に対して

$$x \cdot (y \cdot z) = (x \cdot y) \cdot z \qquad (結合律)$$

が成り立つことに注意したい．自然数 n に対して，x の $\boldsymbol{n}$ 乗 x^n を

$$\begin{cases} x^0 = \lambda \\ x^{n+1} = x^n \cdot x \quad (n \geqq 0) \end{cases}$$

で定義する．x^n は x を n 個連接したものである．$x = x_1 x_2 \cdots x_n$ (各 $x_i \in \Sigma$) に対して，文字の並び順を逆さまにしてできる語 $x_n \cdots x_2 x_1$ を x の鏡像といい，x^R で表す．R は reversal の頭文字である．

語 $x \in \Sigma^*$ が $x = uvw$ ($u, v, w \in \Sigma^*$) と表されるとき，u, v, w を x の部分語という．特に，u を x の接頭語といい，w を x の接尾語という[†]．例えば，$abb \in \{a,b\}^*$ の接頭語は λ, a, ab, abb の 4 個，接尾語は λ, b, bb, abb の 4 個，部分語は $\lambda, a, b, ab, bb, abb$ の 6 個である．

L, L' をアルファベット Σ 上の言語とする．L と L' の連接(積ともいう) $L \cdot L'$，L の $\boldsymbol{n}$ 乗 L^n，L の鏡像 L^R，L のクリーン閉包(Kleene)[††](単に閉包ともいう) L^*，L の正閉包[†††] L^+ をそれぞれ以下のように定義する：

$$L \cdot L' := \{\, xy \mid x \in L,\ y \in L' \,\}. \quad 単に\ LL'\ とも書く．$$

$$\begin{cases} L^0 := \{\lambda\} \\ L^{n+1} := L^n \cdot L \quad (n \geqq 0). \end{cases}$$

$$L^R := \{\, x^R \mid x \in L \,\}.$$

$$L^* := \bigcup_{n=0}^{\infty} L^n, \quad L^+ := \bigcup_{n=1}^{\infty} L^n.$$

したがって，$\lambda \notin L$ なら $L^+ = L^* - \{\lambda\}$ である．また，任意の言語 L に対し，$L^1 = L$ である．

アルファベット Σ に対して先に定義した Σ^*, Σ^+ もこの定義と合致していることに注意したい．

[†] 接頭語：prefix, プレフィックス．接尾語：suffix, サフィックス．
[††] クリーン閉包：Kleene closure. 米国の数理論理学者・計算機科学者 S.C. クリーンに因む．クリーンは帰納的関数の理論やオートマトン理論の発展に大きな貢献をした．
[†††] 正閉包：positive closure.

1.6 言語 = 文字列の集合

例1.28 文字列・言語の $*$ 乗, $+$ 乗, 鏡像 ^{R}, n 乗.

(1) $x := abbaaa \in \{a,b\}^*$ とするとき,

$$x = ab^2a^3, \quad |x| = 6,$$
$$x^0 = \lambda, \quad x^1 = x, \quad x^2 = abbaaaabbaaa = ab^2a^4b^2a^3,$$
$$x^R = aaabba, \quad (x^R)^R = x, \quad xx^R = ab^2a^6b^2a,$$
$$x \text{ の部分語で長さが 3 のものは } abb, bba, baa, aaa.$$

(2) $\Sigma := \{a,b\}$, $A := \{\lambda, a, ab\}$, $B := \{b, bab\}$ とするとき,

$$A \subseteqq \Sigma^0 \cup \Sigma^1 \cup \Sigma^2, \quad B \subseteqq \Sigma^1 \cup \Sigma^3,$$
$$AB = \{b, bab, ab, abab, abb, abbab\},$$
$$BA = \{b, ba, bab, baba, babab\}.$$

である. このように, 一般に $AB \neq BA$, すなわち, 連接 $\cdot$ は可換ではない.

(3) $A := \{a\}$ とするとき,

$$A^0 = \{\lambda\}, \quad A^n = \{a^n\},$$
$$A^* = \{\lambda, a, aa, aaa, \cdots\} = \{a^n \mid n \geqq 0\}, \quad A^+ = \{a^n \mid n \geqq 1\}.$$

この例のように, $|A|=1$ である言語の場合, $\{a\}^*$ や $\{a\}^+$ の $\{\ \}$ を省略して a^* や a^+ と書いてもよい.

(4) 任意の言語 A に対し,

$$\{\lambda\}A = A\{\lambda\} = A, \quad \emptyset A = A\emptyset = \emptyset, \quad \emptyset^* = \{\lambda\}, \quad \emptyset^+ = \emptyset.$$

(5) $\{ww \mid w \in \{a,b\}^*\} \cap \{a\}^+\{b\}^+\{a\}^+\{b\}^+ = \{a^ib^ja^ib^j \mid i, j \geqq 1\}$.

(6) 自然数を 2 進数表現したものの全体は

$$\{0\} \cup \{1\}\{0,1\}^* = \{0, 1, 10, 11, 100, 101, 110, 111, \cdots\}.$$

このうち, 偶数の全体は $\{0\} \cup \{1\}\{0,1\}^*\{0\}$. また, 値が $2^n - 1$ ($n \geqq 0$) であるようなものの全体は

$$\{0\} \cup \{1^n \mid n \geqq 1\} = \{0, 1, 11, 111, \cdots\}$$

である. 1^n は数 1 ではなく, 1 を n 個並べた文字列であることに注意せよ. □

● **言語上の演算** 言語 A, B, C について，次の公式が成り立つ．

(i) $A(BC) = (AB)C$
(ii) $A(B \cup C) = AB \cup AC$
$A(B \cap C) \subseteq AB \cap AC$
$(B \cap C)A \subseteq BA \cap CA$
(iii) $A^m A^n = A^{m+n}$
$(A^m)^n = A^{mn}$ $(m, n \in \boldsymbol{N})$
(iv) $(AB)^R = B^R A^R$
(v) $(A^*)^* = (A^*)^+ = (A^+)^* = A^* A^* = A^*$
(vi) $AA^* = A^*A = A^*A^+ = A^+A^* = A^+$
(vii) $(A^*B^*)^* = (A \cup B)^* = (A^* \cup B^*)^*$

● **言語に関する方程式の解** 次の定理はオートマトン理論や形式言語理論など，コンピュータサイエンスの基礎理論において重要なものであり，2.3 節では言語に関する再帰方程式 (バッカス記法) の解の一意性を保証する証明において使われる (例 2.8 を参照のこと)．

定理 1.9 A, B を任意の言語とする．$\lambda \notin A$ のとき，$X = AX \cup B$ を満たす言語 X は $X = A^*B$ ただ 1 つである．

[証明] $X = AX \cup B$ とすると，明らかに $X \supseteq B = A^0 B$ である．また，

$$X = A(AX \cup B) \cup B = A^2 X \cup AB \cup B \quad (\text{公式 (ii) による})$$

であるから，$X \supseteq AB$ である．同様にして，$X \supseteq A^2 B, X \supseteq A^3 B, \cdots$ が次々に証明できる (厳密には数学的帰納法で $X \supseteq A^n B$ が任意の $n \geq 0$ に対して成り立つことを証明する)．したがって，

$$X \supseteq \bigcup_{n=0}^{\infty} A^n B = A^* B$$

が成り立つ．

$X \subseteq A^*B$ も成り立つことを示すためには，$x \in X \implies x \in A^*B$ を証明すればよい．これは，x の長さ $|x|$ に関する数学的帰納法で示すことができる (例 2.3 (2) 参照)． □

1.6.2 符号化 … なんでもかんでも文字列で表す*

Ω を対象の集合とし，Σ を有限アルファベットとする．Ω から Σ^* への単射 σ のことを**符号化**あるいは単に**符号**といい，$\sigma(x)$ を $x \in \Omega$ の**符号語**と呼ぶ．逆に，$\alpha \in \Sigma^*$ から $\sigma^{-1}(\alpha) \in \Omega$ を求めることを**復号**という．

例1.29 さまざまな符号化．

（1） 自然数は，例えば 10 進数として表現する場合には $\{0, 1, \cdots, 9\}^*$ の元が符号語となるし，2 進数として表現する場合には $\{0, 1\}^*$ の元が符号語となる．また，自然数 n を n 個の 1 ($1^n \in \{1\}^*$) で表す 1 進数表現もある．

（2） コンピュータの内部ではすべての文字は 8 ビット (あるいは 16 ビット) の 2 進数で表されている．文字と 8 ビットパターンとの対応のさせ方には何種類かの規格がある．その中の 1 つである ASCII コードと呼ばれる規格では

$$A \leftrightarrow 01000001, \quad B \leftrightarrow 01000010, \quad C \leftrightarrow 01000011, \quad \cdots$$

のように定まっている．例えば 01000011 01000010 01000010 01000001 は CBBA を表す．この符号では各文字の符号語長が一定である (等長符号)．

（3） 今ではほとんど使われなくなったが，モールス符号 (モールス信号) も 2 文字 (短点・と長点 –) を用いた符号化の一例である：

$$A \leftrightarrow \cdot -, \quad B \leftrightarrow - \cdot \cdot \cdot, \quad C \leftrightarrow - \cdot - \cdot, \quad \cdots$$

モールス符号は文字によってコード長が異なる可変長符号である (問 1.85 参照)． ∎

対象 x (Ω の元) を符号化する際，符号化したデータの総量を小さくするためには，符号語 $\sigma(x)$ の長さはできるだけ短い方がよい (データ量が小さいことはデータを送信するときや記録しておくときに重要)．できるだけ符号語長を短くする手法はいろいろ研究されているが，そのうちの 1 つであるハフマン符号(D.A. ハフマン, 1952) は，出現頻度の高い対象ほど符号語長が短くなるようにしようという考えに基づいている．実は，英文モールス符号も標準的な英文における各文字の出現頻度をもとに符号化されており，よく出現する文字ほど符号語長が短い．

1.6.2 項の全文 (例 1.29 の詳細を含む．全 3 ページ) は次のウェブサイトからダウンロードできます：

```
http://www.edu.waseda.ac.jp/~moriya/education/books/DM/
```

1.6節　理解度確認問題

問 1.71 $A = \{\lambda, 0\}, B = \{1, 01\}$ とする．次の言語の元を列挙せよ．
(1) A^0 　　(2) A^2
(3) B^3 　　(4) AB
(5) A^* 　　(6) A^+
(7) $(AB)^R$ 　　(8) $A^* \cap B^*$

問 1.72 Σ を有限アルファベットとし，w は Σ 上の語で，$|\Sigma| = k, |w| = l$ とする．
(1) $|\Sigma^n|$ を求めよ．
(2) w の接頭語の個数を求めよ．接尾語の個数は？
(3) w の部分語は最大何個あるか？ 最小では？

問 1.73 (1) 語 x, y に対して，$x^2 = y^2$ ならば $x = y$ か？
(2) 言語 A, B に対して，$A^2 = B^2$ ならば $A = B$ か？

問 1.74 言語の演算に関する等式 (i)〜(vii) (p.42) を証明せよ．

問 1.75 $\lambda \in A$ のとき，$X = A^*B$ 以外の $X = AX \cup B$ の解を見つけよ．

問 1.76 言語 A, B, C について，次の等式が成り立つ例と成り立たない例を示せ．
(1) $A^R = A$ 　　(2) $A^+ = A^* - \{\lambda\}$ 　　(3) $(AB)^* = (BA)^*$
(4) $A(B \cap C) = AB \cap AC$
(5) $(B \cap C)A = BA \cap CA$

問 1.77 自然数の 10 進表現はアルファベット $\Sigma = \{0, 1, \cdots, 9\}$ 上の語として表される．次の自然数の集合を表す言語を明示せよ．
(1) 自然数すべての集合
(2) 偶数すべての集合
(3) 5 の倍数すべての集合
(4) 1000 以上の整数すべての集合
(5) 2 桁つづけて 0 が現れることがないような数すべての集合

問 1.78 語 x が語 y の接頭語であることを $x \trianglelefteq y$ と書くことにする．$x \trianglelefteq y$ かつ $w \trianglelefteq y$ ならば $w \trianglelefteq x$ または $x \trianglelefteq w$ であることを示せ．

問 1.79 $\lambda \in A, \lambda \in B$ ならば $(A \cup B)^* = (AB)^*$ であることを示せ．

問 1.80 身の回りにある符号化の例を挙げよ．

問 1.81 次のそれぞれを適当なアルファベットを使って符号化せよ．
(1) 音楽の旋律 　　(2) $\mathbf{N}$ 上の関数 　　(3) 将棋の棋譜
(4) ひらがなの回文 (前から読んでも後から読んでも同じ文章)
(5) あるプログラミング言語で書いたプログラム

1.6 言語 = 文字列の集合

問 1.82 実数の符号化について考えよ.

問 1.83 グラフの符号化について答えよ.
(1) 例 1.29 (5) の符号化のもとで, 112121021021121121 はどのようなグラフを表すか？
(2) グラフの符号化の際, 点 $v_1 \sim v_5$ 自身を文字 $v_1 \sim v_5$ で表せば, グラフは $\{101, v_1v_2, v_1v_4, v_2v_3, v_3v_4, v_4v_5\}$ のように, アルファベット $\{0, 1, v_1, \cdots, v_5\}$ 上の言語として符号化することができる. このような符号化はなぜいけないのか？

問 1.84 整数を係数とする不定方程式 (例えば $3x^5z + y^2z - 8x^3 + 7 = 0$) が整数解を持つか否かを判定する問題をヒルベルトの第 10 問題という[†]. 適当なアルファベットを用いて, この'ヒルベルトの第 10 問題'を符号化せよ.

問 1.85 ASCII コード, モールス信号について調べ, 次の符号語を復号せよ. 因みに, モールス信号は, 文字と文字の間は短点 3 つ分, 語と語の間は短点 7 つ分空けて送信することが定まっている.
(1) 01000001010100110100001101001001001001
(2) ・・・⊔⊔⊔ — — — ⊔⊔⊔ ・・・ ⊔⊔⊔⊔⊔⊔⊔ ・— — — ⊔⊔⊔ ・・— — —

問 1.86 文字列データ thisisapenandthatisapencilthereisapen における各英字の出現頻度に基づいて, $\Omega := \{t, h, i, s, a, p, e, n, d, c, l, r\}$ のハフマン符号を決定せよ.

問 1.87 (1) 前問で定めたハフマン符号のもとで復号せよ：

 11001000110011010011011000111011

(2) ハフマン符号により符号化された文字列を復号する方法を考えよ.

記号のまとめ (1.6 節)

λ, ε	空語
$\|x\|$	文字列 x の長さ
A^n, A^*, A^+	言語 (または文字列) A の n 乗, クリーン閉包, 正閉包
$A \cdot B$	言語 (または文字列) A と B の連接
A^R	言語 (または文字列) A の鏡像
$\overline{X}$	X の符号語

[†] 正確にいうと,「任意に与えられた整数係数不定方程式が自明でない $((0, 0, \cdots, 0)$ 以外の) 整数解を持つか否かを判定する手順 (アルゴリズム)」が存在するか否かを問う問題をヒルベルトの第 10 問題という.

第2章
数学的帰納法と再帰的定義

再帰的なものの考え方はコンピュータサイエンスのあらゆる領域に登場する．数列の第 n 項を第 $n-1$ 項を使って定義するように，定義したいもの自身を自己参照的に使う定義方法が再帰的定義である．これと表裏一体ともいえるものが数学的帰納法であり，可算集合上の命題を，それが持つある再帰的な性質に基づいて証明する強力な手法である．

2.1 数学的帰納法

2.1.1 自然数と数学的帰納法

自然数は，ものの個数を数えたり順序を表したりするために最古から人類が知っていた概念である．自然数の概念がひとたび定義されると，それをもとに整数が，整数をもとに有理数が，有理数をもとに実数が，そして実数をもとに複素数が厳密に定義できることが知られている．では，自然数とは一体何であろうか？ イタリアの数学者 G.ペアノ(Peano)(1889) は自然数の集合 $\boldsymbol{N}$ が満たすべき性質を抽出して，自然数を次のように公理的に定義した．

ペアノの公理系
集合 $\boldsymbol{N}$ が次の (1)〜(3) を満たすとき，$\boldsymbol{N}$ の元を**自然数**という．
(1) $\boldsymbol{N}$ はある特定の元 0 を含んでいる．すなわち，$0 \in \boldsymbol{N}$．
(2) $\boldsymbol{N}$ から $\boldsymbol{N}$ への単射 S が存在し，$0 \notin S(\boldsymbol{N})$ である．
(3) $\boldsymbol{N}$ の部分集合 M が次の (a),(b) を満たすならば $M = \boldsymbol{N}$ である．
  (a) $0 \in M$．
  (b) $S(M) \subseteq M$，すなわち，$m \in M$ ならば $S(m) \in M$．

$S(m)$ を m の**後者**[†]というが，これは $m+1$ のことである．

[†] S は successor ('後継者'，'次の者' の意) の頭文字．

(2) より，次の (4),(5) が成り立つ：

(4) $x \in \boldsymbol{N} \implies S(x) \in \boldsymbol{N}$
(5) $S(x) = S(y) \implies x = y$

(1) によれば $0 \in \boldsymbol{N}$ であるから，(4) により $S(0) \in \boldsymbol{N}$．もし $S(0) = 0$ だとすると，$0 \in \boldsymbol{N}$ だから $0 = S(0) \in S(\boldsymbol{N})$ となり，(2) に反する．よって，$S(0) \neq 0$．次に，$S(0) \in \boldsymbol{N}$ だから，(4) により $S^2(0) := S(S(0)) \in \boldsymbol{N}$．$S^2(0) = S(0)$ だとすると (5) より $S(0) = 0$ となり，$S(0) \neq 0$ に反する．また，$S^2(0) = 0$ だとすると，$S(0) \in \boldsymbol{N}$ であるから，$0 = S^2(0) = S(S(0)) \in S(\boldsymbol{N})$ という矛盾を導く．つまり，$S^2(0)$ は 0 とも $S(0)$ とも異なる．

一般に，$S^n(0) := S(S^{n-1}(0))$ とするとき，

$$M = \{0, S(0), S^2(0), \cdots, S^n(0), \cdots\}$$

とおくと，$M \subseteq \boldsymbol{N}$ であり，M の元はすべて異なる (問 2.1 参照)．一方，M は (3) の条件を満たすから，$M = \boldsymbol{N}$ であることが導かれる．そこで，$S(0), S^2(0), S^3(0), \cdots$ をそれぞれ $1, 2, 3, \cdots$ と略記し，0 およびこれらを自然数と呼ぶ．我々が自然数について知っている性質はすべて (1)〜(3) より導くことができる (2.1.3 項参照)．

● **数学的帰納法の公理**　公理 (3) を数学的帰納法の公理という．それは，(3) から数学的帰納法の原理である次の定理が証明できるからである．

> **定理 2.1**　(**数学的帰納法**)　$P(n)$ は n に関する命題とする．$P(n)$ がすべての自然数 n に対して成り立つことを証明するためには，次の (a) と (b) を証明すればよい．
> (a)　$P(0)$ が成り立つ．
> (b)　k を任意の自然数とする．$P(k)$ が成り立つならば $P(k+1)$ も成り立つ．

[証明]　$M := \{n \in \boldsymbol{N} \mid P(n)$ が成り立つ $\}$ とする．(a) より $0 \in M$．(b) より，$k \in M$ ならば $k+1 = S(k) \in M$ である．よって，ペアノの公理 (3) により $M = \boldsymbol{N}$，すなわち，$P(n)$ はすべての $n \in \boldsymbol{N}$ に対して成り立つ．　□

(a) を帰納法の**基礎**，(b) を**帰納ステップ**と呼び，(b) の「$P(k)$ が成り立つ」の部分を**帰納法の仮定**という．数学的帰納法のことを単に**帰納法**ともいう[†]．

定理 2.1 を

$$\frac{P(0) \quad \forall k \in \boldsymbol{N}\ [P(k) \Longrightarrow P(k+1)]}{\forall n \in \boldsymbol{N}\ [P(n)]} \tag{2.1}$$

と表すことがある．横線の上側に仮定 (複数あれば，間に空白を入れて区切る) を書き，横線の下側にはその仮定から導かれる帰結を書く．すなわち，

$$\frac{\varphi_1\ \varphi_2\ \cdots\ \varphi_n}{\psi} \quad \text{は} \quad \varphi_1 \wedge \varphi_2 \wedge \cdots \wedge \varphi_n \Longrightarrow \psi \quad \text{を意味する．}$$

例2.1 数学的帰納法による証明．

どんな自然数 n に対しても

$$\sum_{i=0}^{n}(2i+1) = (n+1)^2 \tag{2.2}$$

が成り立つことを数学的帰納法で証明しよう．「等式 (2.2) が成り立つ」という命題を $P(n)$ とする．

〔基礎〕 $n = 0$ のとき，

$$\sum_{i=0}^{0}(2i+1) = (2 \cdot 0 + 1) = (0+1)^2$$

だから $P(0)$ は成り立つ．

〔帰納ステップ〕 k を任意の自然数とし，$P(k)$ が成り立つとする．すなわち，

$$\sum_{i=0}^{k}(2i+1) = (k+1)^2 \qquad \text{(帰納法の仮定)}$$

であるとする．このとき，

$$\sum_{i=0}^{k+1}(2i+1) = \sum_{i=0}^{k}(2i+1) + 2(k+1) + 1$$

[†] (数学的) 帰納法：(mathematical) induction. 帰納法の基礎：basis. 帰納ステップ：inductive step. 帰納法の仮定：inductive hypothesis. induction hypothesis, induction step ともいう．

2.1 数学的帰納法

であり，帰納法の仮定を使うと

$$= (k+1)^2 + (2k+3) = ((k+1)+1)^2$$

である．すなわち，$P(k+1)$ が成り立つ．

以上より，任意の自然数 n に対して $P(n)$ が成り立つ． □

例2.2 自然数に関する命題でなくても数学的帰納法が使われる．

A が有限集合ならば $|2^A| = 2^{|A|}$ であること (定理 1.1) の別証明をしよう．自然数 $n := |A|$ に関する命題 $P(n)$:

$$\forall A \, [|A| = n \implies |2^A| = 2^n]$$

がすべての自然数 n に対して成り立つことを示せばよい．このように，自然数に関する命題でなくても，自然数 $n := \bigcirc\bigcirc$ に関する命題に置き換えて，それを数学的帰納法によって証明することがしばしばある．そのような場合，

『○○に関する数学的帰納法で証明する』

という言い方をする．この例の場合，以下に示すように，『A の元の個数 $|A|$ に関する数学的帰納法で証明する．』

〔基礎〕 $|A| = 0$ すなわち A が空集合 $\emptyset$ のとき，$\emptyset$ の部分集合は $\emptyset$ だけ (すなわち，$2^\emptyset = \{\emptyset\}$) であるから，$|2^\emptyset| = 1 = 2^0$．よって，$P(0)$ は成り立つ．

〔帰納ステップ〕 <u>$P(k)$ が成り立つと仮定する．すなわち，どんな集合 X に対しても，$|X| = k$ ならば $|2^X| = 2^k$ であるとする．</u> $|A| = k+1$ のとき，A の元 a を 1 つ取り出し，$B := A - \{a\}$ とする．$A = B \cup \{a\}$ であるから，A の部分集合には a を含むものと含まないものとがあり，それらはそれぞれ「B の部分集合に a を加えたもの」と「B の部分集合そのもの (a を加えないもの)」である (それらの集合はすべて異なる)．すなわち，

$$2^A = \{S \cup \{a\} \mid S \in 2^B\} \cup \{S \mid S \in 2^B\}.$$

帰納法の仮定 (下線部分) により $|2^B| = 2^k$ であるから，$|2^A| = 2^k + 2^k = 2^{k+1}$．$A$ は任意にとったのだから，$P(k+1)$ が成り立つことがいえた．

帰納法の仮定の部分 (下線部) は省略して述べないことが多い． □

2.1.2 いろいろな数学的帰納法

● **有限個の例外を除く数学的帰納法** 「命題 $P(n)$ は，すべての自然数 n に対して成り立つわけではないが，n_0 以上のすべての自然数に対しては成り立つ」ということを証明するためには，

$$\frac{P(n_0) \quad \forall k \geqq n_0 \left[P(k) \Longrightarrow P(k+1) \right]}{\forall n \geqq n_0 \left[P(n) \right]} \tag{2.3}$$

すなわち，「$P(n_0)$ が成り立つ」ことと，「n_0 以上の任意の k に対して，もし $P(k)$ が成り立つなら $P(k+1)$ も成り立つ」ことを証明すればよい．なぜなら，

$$Q(n) \stackrel{\text{def}}{\Longleftrightarrow} P(n+n_0)$$

と $Q(n)$ を定義すると，(2.3) は

$$\frac{Q(0) \quad \forall k \geqq 0 \left[Q(k) \Longrightarrow Q(k+1) \right]}{\forall n \geqq 0 \left[Q(n) \right]} \tag{2.4}$$

と同値であり，(2.4) が成り立つことは，これが数学的帰納法の公理そのものだからである．

● **数学的帰納法の第 2 原理** さて，数学的帰納法として最もよく使われるのは次の形のものである (**完全帰納法**とか数学的帰納法の第 2 原理と呼ぶこともある)．

$$\frac{P(n_0) \quad \forall k \geqq n_0 \left[P(n_0) \wedge P(n_0+1) \wedge \cdots \wedge P(k) \Longrightarrow P(k+1) \right]}{\forall n \geqq n_0 \left[P(n) \right]} \tag{2.5}$$

特に，すべての自然数に対する命題を証明するためには，(2.5) において $n_0 = 0$ とする：

> すべての自然数 n に対して $P(n)$ が成り立つことを証明するためには，次の (a), (b) を証明すればよい．
> (a)　$P(0)$ が成り立つ．
> (b)　k 以下のすべての自然数 k' に対して $P(k')$ が成り立つならば，$P(k+1)$ も成り立つ．

2.1 数学的帰納法

例2.3 いろいろな数学的帰納法を使って証明する.

（1） 3円切手と5円切手だけあれば，8円以上のすべての郵便料金を支払うことができることを示そう．郵便料金額に関する数学的帰納法による．

〔基礎〕 郵便料金が8円なら，3円切手1枚と5円切手1枚で支払える．

〔帰納ステップ〕 郵便料金が k 円 ($k \geqq 9$) のとき，次の2通りの場合が考えられる．少なくとも1枚の5円切手を使って k 円の支払いができる場合，この5円切手の代りに2枚の3円切手を使えば $k+1$ 円を支払うことができる．他方，3円切手だけを使って k 円の支払いがされた場合は，$k \geqq 9$ であるから3円切手は3枚以上使われている．したがって，この3枚の3円切手の代りに2枚の5円切手を使えば $k+1$ 円を支払うことができる．

（2） 定理1.9 (p.42) の証明について考える．A, B, X を言語とするとき，

$$\lambda \notin A, \ X = AX \cup B \text{ であるならば } X \subseteq A^*B \text{ である}$$

ということを証明したい．$x \in X \implies x \in A^*B$ であることを，語 x の長さ $|x|$ に関する完全帰納法で証明する．$X = AX \cup B$ だから，$x \in X$ ならば $x \in AX$ または $x \in B$ であることに注意する．

〔基礎〕 $x_0 \in X$ なる長さ最小の x_0 を考えると $x_0 \in B$ (そうでないとすると $x_0 \in AX$ より $x_0 = ay$ なる $a \in A, y \in X$ が存在する．$\lambda \notin A$ であるから $|y| < |x_0|$ であり，$|x_0|$ の最小性に反す)．$B \subseteq A^*B$ であることより $x \in A^*B$．

〔帰納ステップ〕 $|x| > |x_0|$ のとき．

<u>場合1</u>　$x \in B$ ならば，明らかに $x \in A^*B$ である．

<u>場合2</u>　$x \notin B$ ならば $x \in AX$．よって，$x = yz$ となる $y \in A$ と $z \in X$ が存在する．$\lambda \notin A$ だから $y \neq \lambda$．したがって，$|z| < |x|$．$|z| = |x| - 1$ とは限らないことに注意しよう (したがって，完全帰納法が必要)．帰納法の仮定により $z \in A^*B$ であるから，$x = yz \in AA^*B \subseteq A^*B$．ゆえに，$x \in A^*B$. □

● **多重帰納法**　数学的帰納法は，容易に"多重帰納法"に拡張できる．例えば，2重帰納法は次のようなものである．$P(m, n)$ は自然数 m, n に関する命題とする．

$$\frac{P(0,0) \quad \forall k \forall l \ [P(k,l) \implies P(k+1,l) \land P(k,l+1)]}{\forall m \forall n \ [P(m,n)]} \tag{2.6}$$

すなわち，次の定理が成り立つ (問 2.5)．

第 2 章　数学的帰納法と再帰的定義

> **定理 2.2**　(**2 重帰納法**)　命題 $P(m,n)$ がすべての自然数 m,n に対して成り立つことを証明するには，次の (a), (b) が成り立つことを示せばよい．
> (a)　$P(0,0)$ が成り立つ．
> (b)　$P(k,l)$ が成り立つならば，$P(k+1,l)$ も $P(k,l+1)$ も成り立つ．

3 重以上の帰納法についても同様である．その他の帰納法については，問 2.6, 2.7 とその解答を参照のこと．

● **整列順序の原理**　『N の空でない任意の部分集合には最小元が存在する』という命題を整列順序の原理[†]といい，数学的帰納法と密接な関係がある．

> **定理 2.3**　整列順序の原理と帰納法の原理は同値である．

[証明]　〔帰納法の原理 $\Longrightarrow$ 整列順序の原理〕　$F := \{m \in N \mid M \subseteq N$ で $m \in M$ なら M は最小元を持つ $\}$ と定義すると $F = N$ であることを帰納法で示す．まず，(基礎) $0 \in M$ なら，0 は M の最小元であるから $0 \in F$．次に，(帰納ステップ) $n \in F \Longrightarrow n+1 \in F$ を示す．$n+1 \in M \subseteq N$ なら M が最小元を持つことを示せばよい．$0 \in M$ なら 0 が最小元．$0 \notin M$ なら，$n \in M' := \{n \mid n+1 \in M\}$ なので M' には最小元 s が存在し，$s+1$ が M の最小元．

〔整列順序の原理 $\Longrightarrow$ 帰納法の原理〕　n に関する命題 $P(n)$ を考える．

$$F := \{n \mid P(n) \text{ が成り立たない}\}$$

と定義する．帰納法の原理の前提 (① $P(0)$ が成り立つこと，および ② 任意の n について，$P(n)$ が成り立つなら $P(n+1)$ も成り立つこと) から帰結 (③ すべての n について $P(n)$ が成り立つ．すなわち，$F = \emptyset$) が導かれることを示せばよい．もし $F \neq \emptyset$ だとすると，$F \subseteq N$ なので F には最小元 s が存在する．仮定 ① より，$s > 0$．よって，$s-1 \in N$ であり，s の最小性より $P(s-1)$ は成り立っている．よって，仮定 ② により $P((s-1)+1) = P(s)$ は成り立つ．これは $s \in F$ であることに反す．　□

[†]Well-Ordering Principle. 整列順序および整列集合の一般的定義については 3.3 項の問 3.32 を参照のこと．因みに，数学的帰納法のことを帰納法の原理 (Principle of Induction) ともいう．本来 N の上の原理である数学的帰納法は，一般の整列集合の上の原理に自然に拡張することができる．それを超限帰納法という．

2.1.3 自然数に関するいろいろな性質はどうやってわかる？*

N 上の 2 変数関数 a を次のように定義する．任意の $x, y \in N$ に対して，
$$\begin{cases} a(x, 0) = x \\ a(x, S(y)) = S(a(x, y)). \end{cases}$$
このような関数 a は一意的に定まる (問 2.8)．$a(x, y)$ を $x + y$ と略記すると，上式は次のように書き直すことができる：
$$\begin{cases} x + 0 = x & \cdots ① \\ x + S(y) = S(x + y). & \cdots ② \end{cases}$$
$S(x)$ によって表そうしているものが $x + 1$ であることを考慮すると，これは
$$x + 0 = x, \quad x + (y + 1) = (x + y) + 1$$
という，ごく当たり前のことを使って + を定義しようとしていることが理解できよう．この定義の下で，+ に関して次のような基本的性質が成り立つ．

定理 2.4 （1）任意の $x \in N$ について，$x + 0 = 0 + x$.
（2）任意の $x, y \in N$ について，$x + S(y) = S(x) + y$.
（3）任意の $x \in N$ について，$S(x) = x + 1$. ただし，$1 := S(0)$.
（4）任意の $x, y \in N$ について，$x + y = y + x$.
（5）任意の $x, y \in N$ について，$x + y = 0$ ならば $x = y = 0$.

掛け算・や大小関係 $\geqq$ なども + と同様に定義でき，

（6）$x \cdot 0 = 0 \cdot x = 0, \quad x \cdot 1 = 1 \cdot x = x$
（7）$x \cdot (y + z) = (x \cdot y) + (x \cdot z)$
（8）$x \cdot y = y \cdot x, \quad x \cdot (y \cdot z) = (x \cdot y) \cdot z$
（9）$x \cdot y = 0 \implies (x = 0) \lor (y = 0)$
（10）$(x \geqq y) \land (y \geqq z) \implies x \geqq z$

等の基本的性質が成り立つことが証明できる (問 2.9)．

2.1.3 項の全文 (全 3 ページ) は次のウェブサイトからダウンロードできます：
http://www.edu.waseda.ac.jp/~moriya/education/books/DM/

2.1 節 理解度確認問題

問 2.1 ペアノの公理系において, $0, S(0), S^2(0), \cdots, S^n(0), \cdots$ はすべて異なることを示せ.

問 2.2 次のことを数学的帰納法で証明せよ.
(1) 自然数 n について, $(1+2+\cdots+n)^2 = 1^3 + 2^3 + \cdots + n^3$.
(2) 3つの連続する整数の3乗の和は9で割り切れる.
(3) 任意の集合 $A_1, A_2, \cdots, A_n$ $(n \geqq 1)$ に対して次の等式が成り立つ (ド・モルガンの法則):

　　(a) $\overline{\bigcup_{i=1}^n A_i} = \bigcap_{i=1}^n \overline{A_i}$　　(b) $\overline{\bigcap_{i=1}^n A_i} = \bigcup_{i=1}^n \overline{A_i}$

問 2.3 数学帰納法の第2原理 (2.5) が正しいことを証明せよ.

問 2.4 数学的帰納法 (2.3) または (2.5) を用いて証明せよ.
(1) $n \geqq 4$ ならば $2^n < n!$ である.
(2) $f_0 = 0$, $f_1 = 1$, $f_{n+2} = f_{n+1} + f_n$ $(n \in \boldsymbol{N})$ で定義される数列 $\{f_n\}$ をフィボナッチ数列(本名レオナルド・ダ・ピサ. 13世紀頃のイタリアの数学者) という.

$$f_n = \frac{1}{\sqrt{5}}\left(\frac{1+\sqrt{5}}{2}\right)^n - \frac{1}{\sqrt{5}}\left(\frac{1-\sqrt{5}}{2}\right)^n \quad (n = 0, 1, 2, \cdots).$$

(3) 凸 n 角形 $(n \geqq 3)$ の内角の和は $(n-2) \times 180°$ である.

問 2.5 定理 2.2 を証明せよ.

問 2.6 実数 x に対し, $\lfloor x \rfloor$ は x 以下の最大整数を表す. $P(n)$ を自然数 n に関する命題とする. 次の (a), (b) が成り立つなら, $P(n)$ はすべての自然数 n に対して成り立つことを示せ.
(a) $P(0)$ が成り立つ.
(b) 任意の自然数 k に対して, $P(\lfloor k/2 \rfloor)$ が成り立つなら $P(k)$ も成り立つ.

問 2.7 自然数 n に関する命題 $P(n)$ は, 次の (a)$'$, (b)$'$ が成り立つならすべての自然数 n に対して成り立つことを示せ.
(a)$'$ すべての m, n に対して $P(m, 0), P(0, n)$ が成り立つ.
(b)$'$ $P(m, n)$ が成り立つならば, $P(m+1, n+1)$ も成り立つ.

問 2.8 $+$ を定義した関数 a は一意的に定まることを証明せよ.

問 2.9 自然数の間の大小関係を

$$x \geqq y \overset{\text{def}}{\iff} \exists z\,[x = y + z]$$

と定義する. p.53 の (6)〜(10) および次のことを証明せよ.
(11) $x \geqq x$
(12) $(x \geqq y) \wedge (y \geqq x) \implies x = y$

2.2 再帰的定義

可算集合上のある種の集合，関数，性質，関係などは，次のように 3 段階に分けて定義することができる．集合 S を定義する場合を例として考えよう．

> **再帰的定義** （集合 S を定義する場合）
> (i) **初期ステップ** S の元となるものをいくつか (有限個) 列挙する．
> (ii) **再帰ステップ** すでに S の元であることがわかっているものを使って S の元を定める方法を述べる (S を定めるのに S 自身を使う)．
> (iii) **限定句** 初期ステップをもとにして再帰的ステップを有限回適用して得られるものだけが S の元であることを述べる．すなわち，S は初期ステップと再帰ステップを満たす集合の中で最小のものである．このような限定句は当然のこととして述べないことが多い．

このような定義方法を再帰的定義とか**帰納的定義**という[†]．

例2.4 集合を再帰的に定義する．

(1) 偶数すべての集合 $E := \{\pm 2n \mid n \in \boldsymbol{N}\}$ は次のように再帰的に定義することができる．
  (i) 初期ステップ $0 \in E$ である．
  (ii) 再帰ステップ $n \in E$ ならば $(n \pm 2) \in E$ である．
  (iii) 上の (i), (ii) を有限回適用して得られるものだけが E の元である．

すなわち，$0 \in E$ だから $(0 \pm 2) = \pm 2 \in E$，$\pm 2 \in E$ だから $(\pm 2 \pm 2) = \pm 4$ または $0 \in E, \cdots$ という具合に E の元のすべてが定まる．再帰ステップにおいて，E を定義するのに E 自身に戻っている．これが再帰という命名の由来である．

(2) アルファベット Σ に対し，Σ^* (と同時に，Σ^* の元の長さ $|\cdot|$) は次のように再帰的に定義することができる．
  (i) $\lambda \in \Sigma^*$．また，$|\lambda| = 0$．
  (ii) $x \in \Sigma^*$ かつ $a \in \Sigma$ ならば $xa \in \Sigma^*$ かつ $|xa| = |x| + 1$．
  (iii) 上の (i), (ii) で定まるものだけが Σ^* の元である．

[†] 再帰的定義 (recursive definition) という言い方は情報系の分野でよく使われ，帰納的定義 (inductive definition) は数学系の分野でよく使われる．recur (動詞)：繰り返す，戻る．

（3） 自然数 n の**階乗** $n!$ は次のように定義できる．自然数の順序対の集合 F を次のように定義する：
- (i) $(0,1) \in F$.
- (ii) $(x,y) \in F \implies (x+1, y(x+1)) \in F$.
- (iii) 上の (i), (ii) で定まるものだけが F の元である．

$(x,y) \in F$ のとき，y を x の階乗といい，$y = x!$ と書く． □

集合に限らず，関数 $f : X \to Y$ は「定義域の点とその点における値」の対の集合 $\{(x, f(x)) \mid x \in X\}$ と同一視できる（例 2.4 (3) はその一例である）し，述語 P は集合 $\{x \mid P(x)$ が成り立つ$\}$ と同一視できるし，$x_1, \cdots, x_n$ の間の '関係' R は集合 $\{(x_1, \cdots, x_n) \mid x_1, \cdots, x_n$ は R の関係にある$\}$ と同一視できるので，これらも上の例の (3) と同じように定義することもできるが，関数は関数らしく再帰的に，関係は関係らしく再帰的に記述する方が自然であろう．

例2.5 関数・関係・数列などを再帰的に定義する．
（1） 自然数 n の階乗 $n!$ は次のようにも再帰的に定義できる．
- (i) $0! = 1$.
- (ii) $n \in \boldsymbol{N}_+$ ならば，$n! = n \times (n-1)!$.

例えば，$3! = 3 \times 2! = 3 \times 2 \times 1! = 3 \times 2 \times 1 \times 0! = 3 \times 2 \times 1$ である．この例と次の例 (2) では限定句『(i), (ii) で定義された以外の対象に対しては定義されない』を省略している．$\boldsymbol{N}_+ := \boldsymbol{N} - \{0\}$ であることに注意．

（2） アルファベット Σ 上の語 x の鏡像 x^R は次のように再帰的に定義できる．
- (i) $\lambda^R = \lambda$.
- (ii) $w \in \Sigma^*$ かつ $a \in \Sigma \implies (wa)^R = aw^R$.

（3） 関数 $f : \boldsymbol{N}^2 \to \boldsymbol{N}$ を次のように再帰的に定義する．
- (i) 任意の $n \in \boldsymbol{N}$ に対して $f(n,0) = f(0,n) = n$.
- (ii) $m, n \in \boldsymbol{N}_+$ ならば

$$f(m,n) = \begin{cases} f(m-n, n) & m \geqq n \text{ のとき} \\ f(m, n-m) & m < n \text{ のとき．} \end{cases}$$

- (iii) $m \notin \boldsymbol{N}$ または $n \notin \boldsymbol{N}$ ならば $f(m,n)$ は定義されない．

2.2 再帰的定義

以上をまとめて次のように書く：

$$f(m,n) = \begin{cases} n & m=0 \text{ のとき} \\ m & n=0 \text{ のとき} \\ f(m-n, n) & m \geq n > 0 \text{ のとき} \\ f(m, n-m) & n > m > 0 \text{ のとき}. \end{cases} \quad (2.7)$$

この例では，初期ステップの部分 ($f(0,n) = n$ と $f(m,0) = m$) が可算無限個の元に対する定義になっているが，これら (例えば，$f(0,n)$) も再帰的に

$$f(0,n) = \begin{cases} 0 & n=0 \text{ のとき} \\ f(0, n-1) & n > 0 \text{ のとき} \end{cases}$$

と書くべきところを省略したものである[†]．$f(m,n)$ は m と n の最大公約数である (問 2.12, 2.13 参照)．例えば，

$$f(60, 90) = f(60, 30) = f(30, 30) = f(0, 30) = 30.$$

(2.7) から次式を導くことができる (問 2.12)．$m \bmod n = (m \div n)$ の余り．

$$f(m,n) = \begin{cases} m & n=0 \text{ のとき} \\ f(n, m \bmod n) & n > 0 \text{ のとき}. \end{cases}$$

この $f(m,n)$ をアルゴリズム (プログラム) として書くと，次のような再帰的なものになる．このように，アルゴリズムやプログラムも再帰的に定義することができるが，そのことについては 5 章で詳しく述べる．

  function $f(m,n)$
  begin
   if $n = 0$
    then return m
    else return $f(n, m \bmod n)$
  end
  end

[†] $n > 0$ のとき $f(0, n) = f(0, n-1)$ の代わりに $f(0,n) = 0$ と書いてもよい．再帰ステップの特別な場合 (すでに定義されている f を 0 個使ったもの) として許される．

（4） 一般に，数列 $\{a_n\}$ は $\boldsymbol{N}$ から $\boldsymbol{R}$ への (部分) 関数と考えることができる．例えば，フィボナッチ数列とは，次のように再帰的に定義された関数 $f : \boldsymbol{N} \to \boldsymbol{N}$ のことである．

(i) $f(0) = 0, f(1) = 1$.
(ii) $n \in \boldsymbol{N}$ に対し，$f(n+2) = f(n+1) + f(n)$.

もちろん，問 2.4 (2) のようなフィボナッチ数列 $\{f_n\}$ の定義も数列の再帰的定義の一例である．

（5） 先祖/子孫の関係は，親子関係をもとに次のように定義できる．

(i) a が b の親なら，a は b の先祖 (b は a の子孫) である．
(ii) a が b の先祖で b が c の親なら，a は c の先祖 (c は a の子孫) である．
(iii) この (i), (ii) で定められる関係だけが先祖/子孫の関係である． □

● **再帰的定義と数学的帰納法**　再帰的に定義された事柄に関する証明には数学的帰納法が強力である．

例2.6　左右の括弧がすべてきちんと対応している括弧列．

Σ を左括弧 " [" と右括弧 "] " の 2 つの記号からなるアルファベットとする．すなわち，$\Sigma = \{\,[\,,\,]\,\}$．Σ 上の語のうちで括弧が整合しているものの全体を D_1 とする．D_1 はダイク言語 (Dyck) と呼ばれる重要な文脈自由言語の 1 つである (2.3 節問 2.20 参照)．D_1 は次のように再帰的に定義できる．

1) $\lambda \in D_1$.
2) $\alpha \in D_1 \implies [\alpha] \in D_1$.
3) $\alpha \in D_1, \beta \in D_1 \implies \alpha\beta \in D_1$.
4) 上記 1)〜3) によって定まるものだけが D_1 の元である．

この例では 2) と 3) が再帰ステップである ($\alpha, \beta \in D_1 \implies [\alpha], \alpha\beta \in D_1$ をわかりやすいように 2 つに分けて書いただけ)．

関数 $f : \Sigma^* \to \boldsymbol{N}$ を次のように定義する：
$$f(x) = \bigl(x\text{ の中に現われる [の個数}\bigr) - \bigl(x\text{ の中に現われる] の個数}\bigr).$$

次の命題を証明しよう．

命題　$x \in D_1 \iff f(x) = 0 \land \forall y \bigl[\, y \text{ が } x \text{ の接頭語} \implies f(y) \geqq 0 \,\bigr]$.

[証明]　$|x|$ に関する数学的帰納法による．

2.2 再帰的定義

〔基礎〕 $x = \lambda$ のとき,この命題は明らかに成り立つ.
〔帰納ステップ〕 $x \neq \lambda$ とする.

($\Longrightarrow$ の証明) $x \in D_1$ とすると D_1 の定義より,ある $\alpha \in D_1$ が存在して $x = [\alpha]$ であるか,ある $\alpha, \beta \in D_1$ が存在して $x = \alpha\beta$ である.

<u>$x = [\alpha]$ の場合</u> $\alpha \in D_1$ で $|\alpha| < |x|$ であるから帰納法の仮定により,$f(\alpha) = 0$ かつ α の任意の接頭語 z に対し $f(z) \geqq 0$. $x = [\alpha]$ であるから $f(x) = f(\alpha) + 1 - 1 = 0$. 一方,$y$ が x の接頭語だとすると,α の接頭語 z が存在して $y = [z$ であるか,$y = [\alpha]$ であるかである.前者の場合は $f(y) = f(z) + 1 \geqq 1$ であり,後者の場合は $f(y) = f(\alpha) = 0$ である.いずれの場合も $f(y) \geqq 0$ が成り立っている.

<u>$x = \alpha\beta$ の場合</u> $\alpha \neq \lambda, \beta \neq \lambda$ と仮定しても一般性を失なわない.$\alpha \in D_1$, $|\alpha| < |x|, \beta \in D_1, |\beta| < |x|$ であるから帰納法の仮定により,

(i) $f(\alpha) = 0$
(ii) $f(\beta) = 0$
(iii) u が α の接頭語なら $f(u) \geqq 0$
(iv) v が β の接頭語なら $f(v) \geqq 0$

がそれぞれ成り立つ.このとき,(i), (ii) より $f(x) = f(\alpha) + f(\beta) = 0$. 一方,$y$ が x の接頭語なら,y は α の接頭語であるか,β の接頭語 v が存在して $y = \alpha v$ であるかである.前者の場合は (iii) より $f(y) \geqq 0$ であり,後者の場合は (i), (iv) より $f(y) = f(\alpha) + f(v) = f(v) \geqq 0$ である.

($\Longleftarrow$ の証明) <u>場合 1</u> $x = \alpha\beta, f(\alpha) = 0$ となる $\alpha \neq \lambda, \beta \neq \lambda$ が存在するとき.まず,仮定より,α の任意の接頭語 y に対して $f(y) \geqq 0$. $f(x) = f(\alpha) + f(\beta) = 0$ より $f(\beta) = 0$. 一方,y を β の接頭語とすると αy は x の接頭語であるから,$f(y) = f(\alpha) + f(y) = f(\alpha y) \geqq 0$. $|\alpha| < |x|, |\beta| < |x|$ だから,帰納法の仮定により $\alpha \in D_1, \beta \in D_1$. よって,$D_1$ の再帰的定義の第 3 項より $\alpha\beta \in D_1$. すなわち,$x \in D_1$.

<u>場合 1 でないとき</u> つまり,x の空でない任意の接頭語 y に対して $f(y) > 0$ であるとき.特に $|y| = 1$ の場合を考えると $f(y) > 0$ より $y = [$. つまり,x の先頭文字は [である.同様に,$|y| = |x| - 1$ の場合(すなわち,$x = yz$ で $|z| = 1$ の場合)を考えると,$0 = f(x) = f(y) + f(z)$ より $f(z) < 0$. よって,$z =]$. つまり,x の末尾の文字は] である.以上より,$x = [\alpha]$ ($\alpha \in \Sigma^*$) と書ける.$f(x) = f(\alpha)$ だから $f(\alpha) = 0$. 一方,y を α の接頭語とすると,$[y$ は x の接頭語だから $f([y) > 0$. よって,$f(y) \geqq 0$. $|\alpha| < |x|$ だから帰納法の仮定により $\alpha \in D_1$. よって,D_1 の定義の第 2 項より,$x = [\alpha] \in D_1$. □

2.2節 理解度確認問題

問 2.10 再帰的に定義せよ．
(1) 偶数でない 3 の倍数すべての集合 T
(2) 関数 $\mathrm{sum}(n) = \sum_{i=0}^{n} i$
(3) 定数数列 $a_n = 3$ $(n = 0, 1, \cdots)$
(4) 自然数の間の大小関係 $\geqq$
(5) 2 の累乗 (2^n という形の自然数のこと $(n = 0, 1, 2, \cdots)$)
(6) 符号の付いていない 2 進数すべてを表す言語 $B := \{0\} \cup \{1\}\{0,1\}^*$
(7) 前から読んでも後ろから読んでも同じであるような，数字 0,1 の列
(8) 自然数 m を正整数 n で割った余り
(9) $\{a_1, \cdots, a_n\}$ の中の最大値
(10) n 桁の数 x に，下から 3 桁おきにコンマ (,) を入れる操作 $\mathrm{comma}(x, n)$

問 2.11 次のような再帰的な定義によって，どんな集合や関数が定義されるか？限定句は省略してある．
(1) 集合 A (i) a さん $\in A$ (ii) b さん $\in A \Longrightarrow b$ さんの子 $\in A$
(2) (i) $f(0) = f(1) = 1$ (ii) $n \geqq 2$ に対して，$f(n) = f(n-1)f(n-2)$
によって定まる関数 $f : \boldsymbol{N} \to \boldsymbol{N}$
(3) 次のように定義された，アルファベット $\{0,1\}$ 上の言語 L
 (i) $\{0\} \subseteq L$ (ii) $x \in L \Longrightarrow \{1x, 10x\} \subseteq L$
(4) 次のように定義された自然数上の 2 変数関数 $p(m,n)$ と $q(m,n)$
 (i) $p(0,0) = q(0,0) = 0$ (ii) $p(m+1, n) = q(n, m+1)$,
  $p(m, n+1) = q(n+1, m)$, $q(n, m+1) = q(m+1, n) = q(n, m) + 1$
(5) 次のように定義された関数 $d : \boldsymbol{N} \times \boldsymbol{N}_+ \to \boldsymbol{N}$
 (i) $d(0, y) = 0$ (ii) $d(x+1, y) = \begin{cases} d(x,y) & (x \bmod y) + 1 < y \text{ のとき} \\ d(x,y) + 1 & (x \bmod y) + 1 = y \text{ のとき} \end{cases}$
(6) (i) $n \leqq 9 \Longrightarrow f(n) = 1$ (ii) $n \geqq 10 \Longrightarrow f(n) = f(n \div 10 \text{ の商}) + 1$
によって定義された関数 $f : \boldsymbol{N} \to \boldsymbol{N}$

問 2.12 $m, n \in \boldsymbol{N}$ の最大公約数は，$f(m, 0) = m$, $n > 0$ のとき $f(m, n) = f(n, m \bmod n)$ によって定義されることを示せ．

問 2.13 問 2.12(例 2.5 (3)) の $f(m,n)$ は m と n の最大公約数であることを 2 重帰納法によって証明せよ．

問 2.14 例 2.6 の言語 D_1 と同様に，n 組の左右括弧の対 $[_1,]_1, \cdots, [_n,]_n$ が整合しているような括弧の列を元とする言語 D_n を再帰的に定義せよ．

2.3 バッカス記法*

プログラミング言語をきちんと定義するには，正しいプログラムはどんな形をしていなければならないか (これを言語の**構文**とか**シンタックス**という) に関する規定と，その構文規則にしたがって書かれたプログラムはどのように動作しどのような機能を果すかという，プログラムの意味に関する規定 (これを**セマンティックス**という) とを明確に述べる必要がある．

バッカス記法 (バッカス-ナウア記法とか，Backus-Naur form の頭文字をとって **BNF** ともいう) は，Algol60 と呼ばれるプログラミング言語の構文を規定するために V. バッカス(Backus)と P. ナウア(Naur)が初めて使用した．

例えば，10 進数とは，$0, 1, \cdots, 9$ を 1 個以上任意に並べた文字列のことである (000 のようなものも許す) が，これは次のように BNF で定義される：

⟨10 進数⟩ ::= 0 | 1 | $\cdots$ | 9 | ⟨10 進数⟩0 | $\cdots$ | ⟨10 進数⟩9

BNF を文字列の書き換え規則の集合として表したシステム

$$G := (\Gamma, \Sigma, \Pi, S)$$

のことを**文脈自由文法**(**CFG** と略記する) と呼ぶ．Γ, Σ は有限のアルファベット，Π は有限個の書き換え規則の集合，S は Γ の特定の元である．書き換え規則 $(\alpha \to \beta) \in \Pi$ の左辺 α は 1 つの文字 (Γ の元) であり，右辺 β は $\Gamma \cup \Sigma$ 上の語である．

α が文字列 x の部分語であり ($x = u\alpha v; u, v \in (\Gamma \cup \Sigma)^*$ とする)，$\alpha \to \beta$ が Π の書き換え規則であるとき，x の中の α を β に書き換えて文字列 $x' = u\beta v$ が得られるとき，$x \Rightarrow x'$ すなわち $u\alpha v \Rightarrow u\beta v$ と書く．また，$\Rightarrow$ を 0 回以上行って $x_0 \Rightarrow x_1 \Rightarrow \cdots \Rightarrow x_n$ となるとき，途中を省略して $x_0 \Rightarrow^* x_n$ と書く．S から書き換え $\Rightarrow$ を 0 回以上行って得られる Σ 上の語の集合

$$L(G) := \{\, x \in \Sigma^* \mid S \Rightarrow^* x \,\}$$

を，G によって生成される言語 (**文脈自由言語**) という．

2.3 節の全文 (例 2.7~2.9 および理解度確認問題 2.15~2.21 を含む．全 9 ページ) は次のウェブサイトからダウンロードできます：

http://www.edu.waseda.ac.jp/~moriya/education/books/DM/

第3章

関　　係

　集合 A の元 a と B の元 b とが，ある条件 ρ を満たすとき，これらは「ρ の関係にある」といい，$a\rho b$ と書く．ρ の関係にある元の対 (a,b) の全体は $A\times B$ の部分集合 $\rho = \{(a,b) \mid a\rho b\}$ と同一視してよい．例えば，実数の間の大小関係 $\leqq$ とは，集合 $\{(x,y) \in \boldsymbol{R}\times\boldsymbol{R} \mid x \leqq y\}$ のことである．この章では，このような '関係' と呼ばれるものの基本的な性質について述べる．

　関係は，1 章で学んだ '関数' を拡張した概念である．関係を図的に表現するために '有向グラフ' と呼ばれる概念もこの章で導入し，次章で 'グラフ' を学ぶための布石とする．

3.1　2 項関係

● **集合で関係を表す**　男と女の間の，例えば「好き」という関係 Love は，

$$(a,b) \in \text{Love} \overset{\text{def}}{\iff} a\text{ が }b\text{ を好きである}$$

によって定義される，直積「人間の集合 × 人間の集合」の部分集合 Love と同一視することができる．これと同様に，一般に，n 個のものの間に成り立つ関係とは何かを次のように定義する．

　集合 $A_1, A_2, \cdots, A_n$ の直積 $A_1 \times A_2 \times \cdots \times A_n$ の部分集合のことを **n 項関係**という．例えば，A を男の集合，B を女の集合とするとき，

$$\{(a,b,c) \mid c\text{ は父 }a\text{ と母 }b\text{ の子である}\} \subseteq A \times B \times (A \cup B)$$

は '両親と子' を表す 3 項関係である．

　n 項関係の中でも特に重要なのは $n=2$ の場合である．以下しばらくの間，そのような 2 項関係だけについて考える．

　集合 A, B の直積 $A\times B$ の部分集合 R を **A から B への 2 項関係**，ある

いは単に A から B への関係といい，

$$R : A \to B$$

と書く．特に，A から A 自身への関係を $\boldsymbol{A}$ の上の関係ともいう．$(a,b) \in R$ であるとき a と b は $\boldsymbol{R}$ の関係にあるといい，

$$a\,R\,b$$

とも書く．a と R の関係にある元の全体を $R(a)$ と書くことにする．すなわち，

$$R(a) := \{\, b \mid a\,R\,b\,\}.$$

関係には「向き」がある．a から見た b との関係 R も，b から見ると a との関係であり，それらは別物である．b の側から見た関係は

$$\underset{\text{アール・インバース}}{R^{-1}} := \{(b,a) \mid a \in A,\ b \in B,\ a\,R\,b\}$$

と定義できる．R^{-1} は B から A への関係である．これを R の**逆関係**という．定義より，$R^{-1}(b)$ は b と R^{-1} の関係にあるような A の元の全体を表す：

$$R^{-1}(b) := \{\, a \in A \mid b\,R^{-1}\,a\,\} = \{\, a \in A \mid a\,R\,b\,\}.$$

定義より，明らかに $(R^{-1})^{-1} = R$ である．

例3.1 2項関係．

（1）「親と，その子」を表す関係を P とする (すなわち，a が b の親なら $(a,b) \in P$ である) とき，P^{-1} は「子と，その親」を表す関係である．つまり，b が a の子であるなら $(b,a) \in P^{-1}$ である．

（2）$R := \{(a,a),\ (a,b),\ (a,c),\ (b,a),\ (c,a)\}$ は集合 $\{a,b,c\}$ の上の2項関係で，$R(a) = R^{-1}(a) = \{a,b,c\}$，$R(b) = R(c) = R^{-1}(b) = R^{-1}(c) = \{a\}$，$R^{-1} = R$ である．

（3）「夫婦である」という関係は，男の集合から女の集合への2項関係 $R = \{(x,y) \mid x\ \text{は}\ y\ \text{の夫である}\}$ であると考えてもよいし，人間の集合の上の2項関係 $S = \{(x,y) \mid x\ \text{と}\ y\ \text{は夫婦である}\}$ と考えてもよい．$R(x)$ は x の妻 (1人ではないかもしれない) の集合であり，$R^{-1}(y)$ は y の夫の集合であ

る．一方，x と y が夫婦なら y と x も夫婦なので $S^{-1} = S$ であり，$S(x)$ も $S^{-1}(x)$ も，x が男なら x の妻の集合を，x が女なら x の夫の集合を表す．

（4）集合 X の部分集合の間の包含関係 $\subseteq := \{(A, B) \mid A \subseteq B\} \subseteq 2^X \times 2^X$ について，$\subseteq^{-1}(B) = 2^B$ である．$\subseteq$ を，関係 $\subseteq$ を表す集合の名前にも用いていることに注意したい．

（5）定義により，集合 A に対し，$\emptyset$ も，$A \times A$ も，$\{(a, a) \mid a \in A\}$ も A の上の 2 項関係である．これらをそれぞれ A の上の**空関係**，**全関係**，**恒等関係**と呼ぶ．A の上の恒等関係は記号 id_A で表す．明らかに，$\emptyset^{-1} = \emptyset$，$(A \times A)^{-1} = A \times A$，$id_A^{-1} = id_A$ である[†]． □

● **2 項関係は「関数」という概念の拡張である**　X から Y への関数は X から Y への 2 項関係の特別な場合である．すなわち，X から Y への 2 項関係 R が，任意の $x \in X$ に対して $|R(x)| = 1$ を満たしているならば，R は X から Y への関数である．このとき，R は関数のグラフ (つまり，定義域の元とそのときの関数値との対) に他ならない．関数の場合と同様に，関係 $R : A \to B$ の**定義域**と**値域**をそれぞれ次のように定義する[†]．

$$\mathrm{Dom}\,R := \{a \in A \mid b \in B \text{ が存在し}, a\,R\,b\},$$

$$\mathrm{Range}\,R := \{b \in B \mid a \in A \text{ が存在し}, a\,R\,b\}.$$

また，$R : A \to B$，$S : B \to C$ のとき，R と S の**合成** $S \circ R : A \to C$ を

$$S \circ R := \{(a, c) \in A \times C \mid b \in B \text{ が存在し}, a\,R\,b \text{ かつ } b\,S\,c\}$$

で定義する．合成のことを**積**ともいう．

例3.2　2 項関係の合成．

（1）R を $A = \{a, b, c\}$ の上の 2 項関係 $R := \{(a, b), (a, c), (b, c)\}$ とし，S を A から $B = \{x, y, z, w\}$ への 2 項関係 $S := \{(a, w), (b, x), (c, y), (c, z)\}$ とすると，

$S \circ R = \{(a, x), (a, y), (a, z), (b, y), (b, z)\}$, $\quad R \circ R = \{(a, c)\}$,

$R^{-1} \circ R = \{(a, a), (a, b), (b, a), (b, b)\}$,

$R \circ R^{-1} = \{(b, b), (b, c), (c, b), (c, c)\}$

[†]id : identity.　Dom : domain.　Range : range.

である．2項関係は次のような，関数を表すのと同様な図 (3.4 節で詳しく述べる「有向グラフ」も参照のこと) で表すとわかりやすい．例えば，$(a,b) \in R$ かつ $(b,x) \in S$ なので $(a,x) \in S \circ R$ である (図の太線)．矢印の向きを逆にしたものが逆関係である．

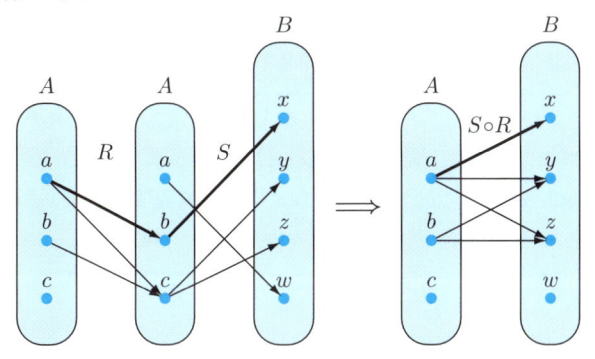

(2) 親子の関係を $P := \{(x,y) \mid x\text{ は } y \text{ の親である}\}$ とするとき，$P \circ P$ は祖父母–孫の関係を表す：$P \circ P = \{(x,z) \mid z \text{ は } x \text{ の孫である}\}$．

(3) $\boldsymbol{N}$ の上の2項関係 ρ_2, ρ_3 を

$$x\,\rho_2\,y \stackrel{\text{def}}{\iff} x = 2y, \quad x\,\rho_3\,y \stackrel{\text{def}}{\iff} x = 3y$$

によって定義すると $\rho_2 \circ \rho_3$ も $\boldsymbol{N}$ の上の2項関係で，$x\,\rho_2 \circ \rho_3\,y \iff x = 6y$ が成り立つ．また，$\rho_2 \circ \rho_3 = \rho_3 \circ \rho_2$，$x\,\rho_2 \circ \rho_2\,y \iff x = 4y$，$x\,\rho_3 \circ \rho_3\,y \iff x = 9y$ である．

(4) 任意の2項関係 R, S に対し，$(S \circ R)^{-1} = R^{-1} \circ S^{-1}$ が成り立つ．なぜなら，

$$(x,y) \in (S \circ R)^{-1}$$
$$\iff (y,x) \in S \circ R \qquad\qquad (\text{「逆関係」の定義})$$
$$\iff z \text{ が存在して } (y,z) \in R \text{ かつ } (z,x) \in S \qquad (\text{「合成」の定義})$$
$$\iff z \text{ が存在して } (z,y) \in R^{-1} \text{ かつ } (x,z) \in S^{-1} \qquad (\text{「逆関係」の定義})$$
$$\iff (x,y) \in R^{-1} \circ S^{-1} \qquad\qquad (\text{「合成」の定義})$$

であるから．特に，$(R \circ R)^{-1} = R^{-1} \circ R^{-1}$ である．後ほど，$\circ$ を積と見立て $R \circ R$ を R^2 と書くが，その書き方にしたがうと，$(R^2)^{-1} = (R^{-1})^2$ である．

● **合成の順序** 次の定理は，どのような順序で合成を行っても結果は変わらないことをいっており，R_1, R_2, R_3 の合成は，合成の順序を表す括弧を省略して $R_1 \circ R_2 \circ R_3$ と書いてもよいことがこの定理によって保証される．

> **定理 3.1** （合成に関する結合律）2項関係 $R_1 : A \to B, R_2 : B \to C, R_3 : C \to D$ に対し，$R_3 \circ (R_2 \circ R_1) = (R_3 \circ R_2) \circ R_1$ が成り立つ．

[証明] はじめに，$R_3 \circ (R_2 \circ R_1) \subseteq (R_3 \circ R_2) \circ R_1$ を示そう．$(a,d) \in R_3 \circ (R_2 \circ R_1)$ とすると，合成の定義より，$(a,c) \in R_2 \circ R_1$ かつ $(c,d) \in R_3$ となる $c \in C$ が存在する．$(a,c) \in R_2 \circ R_1$ であるから，再び合成の定義より，$(a,b) \in R_1$ かつ $(b,c) \in R_2$ となる $b \in B$ が存在する．$(b,c) \in R_2, (c,d) \in R_3$ であるから $(b,d) \in R_3 \circ R_2$ であり，これと $(a,b) \in R_1$ より $(a,d) \in (R_3 \circ R_2) \circ R_1$ である．以上により，$(a,d) \in R_3 \circ (R_2 \circ R_1) \implies (a,d) \in (R_3 \circ R_2) \circ R_1$，すなわち，$R_3 \circ (R_2 \circ R_1) \subseteq (R_3 \circ R_2) \circ R_1$ が示された．

$R_3 \circ (R_2 \circ R_1) \supseteq (R_3 \circ R_2) \circ R_1$ の証明も同様である． □

さて，R を A の上の2項関係とするとき，R の**累乗**(冪乗)を

$$\begin{cases} R^0 := id_A := \{(a,a) \mid a \in A\} \\ R^{n+1} := R^n \circ R \quad (n = 0, 1, 2, \cdots) \end{cases}$$

で定義する†．id_A は A の上の恒等関係である．この定義より，$R^1 = R$ が成り立つことに注意しよう．なぜなら，

$$aR^1 b \iff a(R^0 \circ R) b \qquad \text{（累乗の定義による）}$$
$$\iff c \text{ が存在して } aR^0 c \text{ かつ } cRb \qquad \text{（合成の定義による）}$$
$$\iff a = c \text{ かつ } cRb, \text{ すなわち } aRb. \qquad (R^0 \text{ の定義による）}$$

また，定義域も値域も共通の2つの関係 $R, S : A \to B$ に対して，R と S を $A \times B$ の部分集合と見たときの和集合 $R \cup S$ および共通部分 $R \cap S$ をそれぞれ R と S の**和**，**共通部分**という．この定義より，次のことが成り立つ：

$$a(R \cup S)b \iff aRb \text{ または } aSb,$$
$$a(R \cap S)b \iff aRb \text{ かつ } aSb.$$

---

† $R^{n+1} := R \circ R^n$ と定義しても一致する (問 3.8 参照)．

3.1 2 項関係

● **(反射) 推移閉包**　最後に，A の上の 2 項関係 R が与えられたとき，

$$R^* := \bigcup_{n=0}^{\infty} R^n, \quad R^+ := \bigcup_{n=1}^{\infty} R^n$$

によって定義される A の上の 2 項関係 R^*, R^+ をそれぞれ R の反射推移閉包，推移閉包と呼ぶ．これらの呼び名の由来は後ほど (3.5 節) 明らかになる．

> **定理 3.2**　R を A の上の 2 項関係とし，x, y を A の元とする．$x R^n y$ が成り立つ必要十分条件は
>
> $$x = z_0, \ z_0 \, R \, z_1, \ z_1 \, R \, z_2, \cdots, z_{n-1} \, R \, z_n, \ z_n = y \tag{3.1}$$
>
> を満たす A の元 $z_1, z_2, \cdots, z_{n-1}$ が存在することである．

条件 (3.1) は

$$x = z_0 \, R \, z_1 \, R \, z_2 \, R \cdots z_{n-1} \, R \, z_n = y$$

と略記してもよい．

[証明]　n に関する帰納法で証明する．

〔基礎〕 $n = 0$ のとき．R^0 の定義から

$$x \, R^0 \, y \iff x = y$$

であり，(3.1) は単に「$x = z_0$ かつ $y = z_0$」(すなわち $x = y$) であることを主張しているだけである．よって，(3.1) は成り立つ．

〔帰納ステップ〕 $n = k$ のとき (3.1) が成り立つと仮定する．関係の累乗および合成の定義から

$$x \, R^{k+1} \, y \iff x \, (R^k \circ R) \, y$$
$$\iff x \, R \, z \text{ かつ } z \, R^k \, y \text{ を満たす } z \in A \text{ が存在する}$$

である．一方，帰納法の仮定から

$$z \, R^k \, y \iff z \, R \, z_1 \, R \cdots z_{k-1} \, R \, y \text{ を満たす } z_1, \cdots, z_{k-1} \in A \text{ が存在する}$$

であるから，

$$x \, R^{k+1} \, y \iff x \, R \, z \, R \, z_1 \, R \, z_2 \, R \cdots z_{k-1} R \, y$$
$$\text{を満たす } z, z_1, \cdots, z_{k-1} \in A \text{ が存在する}$$

である．これは，$n = k + 1$ のときも (3.1) が成り立つことを示している．　□

R^* および R^+ の定義より，

$$x R^* y \iff x R^n y \text{ を満たす } n \geqq 0 \text{ が存在する}$$
$$\iff x = y \text{ または } x R^+ y,$$
$$x R^+ y \iff x R^n y \text{ を満たす } n \geqq 1 \text{ が存在する}$$

であるから，次の系が得られる．

> **系 3.3** $x R^* y$（あるいは，$x R^+ y$）が成り立つ必要十分条件は
> $$x = z_0, \; z_0 R z_1 R z_2 \cdots z_{n-1} R z_n, \; z_n = y$$
> を満たす，整数 $n \geqq 0$（あるいは $n \geqq 1$）と A の元 $z_1, z_2, \cdots, z_{n-1}$ が存在することである．

例 3.3 2 項関係の n 乗，反射推移閉包，推移閉包．

（1） 例 3.2（1）の $R = \{(a,b), (a,c), (b,c)\}$ を考えると，$R^2 = \{(a,c)\}$，$R^3 = R^4 = \cdots = \emptyset$ だから $R^+ = R$，$R^* = R \cup \{(a,a), (b,b), (c,c)\}$ である．

（2） $B = \{0, 1, 2\}$ の上の関係 $S = \{(0,1), (1,2), (2,0)\}$ を考えると，$S^2 = \{(0,2), (1,0), (2,1)\}$，$S^3 = \{(0,0), (1,1), (2,2)\} = S^0$ である．一般に，$i \geqq 0$ について $S^{3i} = S^0$，$S^{3i+1} = S^1$，$S^{3i+2} = S^2$ であり，$S^* = B \times B$ である．

（3） $\boldsymbol{N}$ の上の 2 項関係 R を $n R m \overset{\text{def}}{\iff} n = m + 1$ によって定義すると，$n R^0 m \iff n = m$，$n R^1 m \iff n = m + 1, \cdots, n R^k m \iff n = m + k$ である（証明は k に関する数学的帰納法）．したがって，

$$n R^* m \iff \exists k \geqq 0 [n R^k m] \iff \exists k \geqq 0 [n = m + k] \iff n \geqq m$$

である．つまり，R^* は $\geqq$ を表す．同様に，$n R^+ m \iff n > m$ である．

（4） 人間の集合の上の 2 項関係 P を，$a P b \overset{\text{def}}{\iff} a$ は b の親，で定義すると，$a P^k b$ は a が b の k 代前の先祖であることを表し，$a P^* b$ は a が b の先祖（$a = b$ の場合を含む）であることを表し，$a P^+ b$ は a が b の先祖（$a = b$ の場合を含まない）であることを表す．

（5） 例 3.2（4）で見たように，任意の 2 項関係 R, S に対し，$(S \circ R)^{-1} = R^{-1} \circ S^{-1}$，$(R^2)^{-1} = (R^{-1})^2$ が成り立つ．また，定理 3.1 より，$R^2 \circ R = R \circ R^2 = R^3$ である．よって，

$(R^3)^{-1} = (R^2 \circ R)^{-1} = R^{-1} \circ (R^2)^{-1} = R^{-1} \circ (R^{-1})^2 = (R^{-1})^2 \circ R^{-1} = (R^{-1})^3$
である (4つ目の等号は ∘ の結合律). 一般に，任意の自然数 n に対して，
$$(R^n)^{-1} = (R^{-1})^n$$
が成り立つので，これらを R^{-n} と書く．以上のことより，$(R^*)^{-1} = (R^{-1})^*$, $(R^+)^{-1} = (R^{-1})^+$ が成り立つことも導かれる． □

$R_1, S_1 : A \to B$, $R_2 : B \to C$, $R_3 : C \to D$ とし，$R, S : A \to A$ とする．また，m, n は符号が同じ任意の整数 (0 を含む) とする．次の公式が成り立つ．

- (i) $(R_3 \cup R_2) \circ R_1 = R_3 \circ R_1 \cup R_2 \circ R_1$,
  $R_3 \circ (R_2 \cup R_1) = R_3 \circ R_2 \cup R_3 \circ R_1$
- (ii) $(R_3 \cap R_2) \circ R_1 \subseteq R_3 \circ R_1 \cap R_2 \circ R_1$,
  $R_3 \circ (R_2 \cap R_1) \subseteq R_3 \circ R_2 \cap R_3 \circ R_1$
- (iii) $\mathrm{Dom}\, R_1 = A \implies R_1^{-1} \circ R_1 \supseteq id_A$,
  $\mathrm{Range}\, R_1 = B \implies R_1 \circ R_1^{-1} \supseteq id_B$
- (iv) $R_1 \subseteq S_1 \implies R_1^{-1} \subseteq S_1^{-1}$
- (v) $(R_1 \cup R_2)^{-1} = R_1^{-1} \cup R_2^{-1}$, $(R_1 \cap R_2)^{-1} = R_1^{-1} \cap R_2^{-1}$
- (vi) $(R_1 - R_2)^{-1} = R_1^{-1} - R_2^{-1}$
- (vii) $\mathrm{Range}\, R_1 = \mathrm{Dom}\, R_2$ のとき，$(R_2 \circ R_1)^{-1} = R_1^{-1} \circ R_2^{-1}$
- (iix) $R^m \circ R^n = R^{m+n}$, $(R^m)^n = R^{mn}$
- (ix) $(R^+)^+ = R^+$, $R \circ R^* = R^+ = R^* \circ R$, $(R^*)^* = R^*$
- (x) $(R^* \circ S^*)^* = (R \cup S)^* = (R^* \cup S^*)^*$

記号のまとめ (3.1 節)

$R : A \to B$	A から B への 2 項関係
id_A	A の上の恒等関係
$\mathrm{Dom}\, R$, $\mathrm{Range}\, R$	R の定義域, R の値域
R^{-1}	2 項関係 R の逆関係
$R \circ S$, $R \cup S$, $R \cap S$	関係 R と S の合成，和，共通部分
R^n, R^*, R^+	R の n 乗, R の反射推移閉包, R の推移閉包

3.1節 理解度確認問題

問 3.1 関数 $f : \mathbf{R} \to \mathbf{R}, x \mapsto x^2$ に対し, $R_f := \{(x,y) \mid y = f(x), x \in \mathbf{R}\}$ は $\mathbf{R}$ の上の 2 項関係である. これを f の**グラフ**という[†]. R_f^{-1} は $\mathbf{R}$ から $\mathbf{R}$ への関数か？

問 3.2 $\{a,b,c,d\}$ の上の 2 項関係 $R = \{(a,b), (b,c), (d,b), (d,c)\}$ と $S = \{(a,b), (a,c), (a,d), (b,c), (b,d), (c,d)\}$ を考える.
(1) $R \circ S$, $S \circ R$, R^2, S^2, $(R \cup S)^{-1}$, $R \cap S$ を計算せよ.
(2) $R^i = S^j$ となる最小の $i, j > 0$ を求めよ.
(3) $R^* \cup S^*$, $R^* \cap S^*$, $(R \cup S)^*$, $(R \cap S)^*$ を求めよ.

問 3.3 例 3.2 (3) の ρ_2, ρ_3 について, $\rho_2^* \cup \rho_3^* \subsetneq (\rho_2 \cup \rho_3)^*$, $(\rho_2 \circ \rho_3)^* \subsetneq (\rho_2 \cup \rho_3)^*$ を証明せよ.

問 3.4 例 3.2 (1) で見たように, A の上の 2 項関係 R に対し, $R \circ R^{-1}$ や $R^{-1} \circ R$ は必ずしも A の上の恒等関係 id_A に等しくない.
$$\mathrm{Dom}(A) = \mathrm{Range}(A) = A \implies R \circ R^{-1} \supseteq id_A, \quad R^{-1} \circ R \supseteq id_A$$
を示せ. 等号は？

問 3.5 JR の駅の上の 2 項関係 $\small\square$ を, $x \small\square y \overset{\mathrm{def}}{\iff} x$ と y は隣り合う駅, と定義する. $J_2 = \{x \mid 東京駅 \small\square^2 x\}$, $J_* = \{x \mid x \small\square^* 東京駅\}$ を求めよ.

問 3.6 $\mathbf{N}$ の上の 2 項関係 R を $xRy \overset{\mathrm{def}}{\iff} x = y + 2$ で定義する. xR^*0 および xR^+1 はそれぞれ何を表すか？

問 3.7 $\rho : \mathbf{Z} \to \mathbf{Z}$ を $x \rho y \overset{\mathrm{def}}{\iff} |x - y| \leqq 1$ で定義する. $x \rho^i y$ が成り立つための条件を求めよ.

問 3.8 任意の 2 項関係 R と自然数 m に対して, 次のことを証明せよ.
(1) $(R^{-1})^m = (R^m)^{-1}$. よって, $(R^{-1})^* = (R^*)^{-1}$.
(2) $R^m \circ R = R \circ R^m$.

問 3.9 m, n の符号が違うとき, $R^m \circ R^n = R^{n+m}$ が成り立たない 2 項関係の例を示せ.

問 3.10 A を有限集合とする. A の上の 2 項関係 $R \subseteq A \times A$ に対し, $R^2 = R$ となる十分条件, $R^* = R^+$ となる必要十分条件をそれぞれ求めよ.

問 3.11 2 項関係 R, S について, $R^+ = S^+$ ならば $R = S$ か？

問 3.12 $|A| = n$ で, R は A の上の 2 項関係とする. $R^i = R^j$ となる $0 \leqq i < j \leqq 2^{n^2}$ が存在することを証明せよ.

問 3.13 p.69 の公式 (i)〜(x) を証明せよ.

[†] 4 章の用語でいうと, $\mathbf{R}$ の元を頂点とし, R_f を辺集合とする無限グラフである.

3.2 同値関係

● **「等しい」という概念を一般化する**　数学において '等しい' という概念ほど重要なものはない. 2つのものが等しいという関係 '=' は2項関係だが, これは次のような性質を持つ：

(i) どんなものも自分自身と等しい (任意の a について, $a = a$).
(ii) a と b が等しいなら b と a も等しい.
(iii) a と b が等しく b と c が等しいなら, a と c も等しい.

一般に, この3つの性質を持つ2項関係を同値関係という. すなわち, 同値関係は '等しい' という概念を一般化したものであり, 次のように定義される.

R を集合 A の上の2項関係とする.

(i) **反射律**：任意の $a \in A$ に対して aRa が成り立つとき, R は反射的であるという.
(ii) **対称律**：任意の $a, b \in A$ に対して $aRb \implies bRa$ が成り立つとき, R は対称的であるという.
(iii) **推移律**：任意の $a, b, c \in A$ に対して $aRb \land bRc \implies aRc$ が成り立つとき, R は推移的であるという.

(i), (ii), (iii) の性質を満たす2項関係 R を**同値関係**という.

例3.4　同値関係.

(1) 実数の上の大小関係 $\leqq$ は反射律と推移律を満たすが対称律を満たさないので同値関係ではない.

(2) 2つの三角形が '合同である' という関係, '相似である' という関係は, いずれも三角形の上の同値関係である.

(3) L を平面上の直線の集合とする. $l_1 \mathbin{/\mkern-5mu/} l_2 \stackrel{\text{def}}{\iff} l_1$ と l_2 は平行, と定義すると $\mathbin{/\mkern-5mu/}$ は L の上の同値関係である.

(4) 関数 $f: X \to Y$ が全射のとき, $x_1, x_2 \in X$ に対して

$$x_1 \sim x_2 \stackrel{\text{def}}{\iff} f(x_1) = f(x_2)$$

と定義すれば, $\sim$ は X の上の同値関係である.

（ 5 ） 自然数 m を 1 つ固定し，整数 x, y に対して

$$x \equiv_m y \overset{\text{def}}{\iff} m \mid (x-y)$$

と定義する．右辺 $m \mid (x-y)$ は，「m は $x-y$ を割り切る」ことを表す．$\equiv_m$ は $\boldsymbol{Z}$ の上の同値関係である．なぜなら，任意の $x, y, z \in \boldsymbol{Z}$ に対して，

(i)　$m \mid (x-x)$,　　(ii)　$m \mid (x-y) \iff m \mid (y-x)$

が成り立つのは明らかであり，また，

(iii)　$m \mid (x-y)$ かつ $m \mid (y-z)$ とすると，$x-y = km$, $y-z = lm$ となる $k, l \in \boldsymbol{Z}$ が存在するので，$x-z = (k+l)m$ は m で割り切れる

が成り立つからである．$x \equiv_m y$ であるとき，x と y は m を**法として合同**であるといい，

$$x \equiv y \pmod{m}$$

と書く†．

（ 6 ）　$R := \{(a,a), (a,b), (b,a), (b,b), (c,a), (c,b)\} \subseteq \{a,b,c,d\}^2$ を考える．例 3.2（ 1 ）で用いたような有向グラフで R を表すと下左図のようになる．R は反射律を満たさず ($(c,c), (d,d)$ が不足)，対称律も満たさない ($(a,c), (b,c)$ が不足)．R が反射律，対称律，推移律を満たすように拡張したもの（したがって，同値関係である）が下右図である．点線で囲んだ 2 つの部分は，後述する '同値類' である．

一般に，任意の 2 項関係 R に対して，R を含む最小の同値関係は $(R \cup R^{-1})^*$ に等しい．定理 3.7 参照.　　□

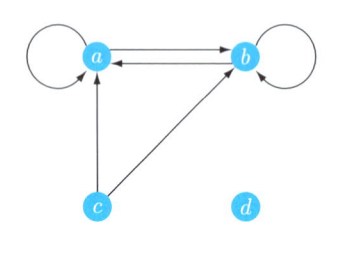

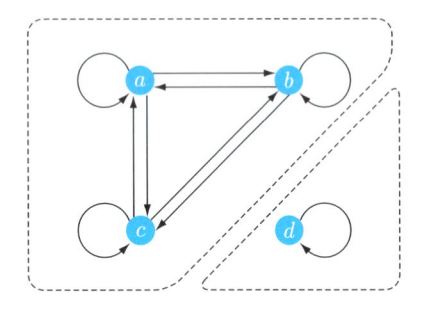

---

†$x \bmod y$ と書いたときは「x を y で割った余り」を表す．mod：modulus（もともとはラテン語で，その派生語 module には「基本単位，基本寸法」という意味がある）．

3.2 同値関係

R を集合 A の上の同値関係とする．このとき，A の元 a と R の関係にあるような A の元全体の集合

$$[a]_R := \{b \in A \mid aRb\}$$

のことを a を含む (R に関する) **同値類**といい，a を同値類 $[a]_R$ の**代表元**という[†]．R がわかっているときは $[a]_R$ を $[a]$ と略記する．

● 同値類の性質

> **定理 3.4** A の任意の元 a, b, c に対し，次のことが成り立つ．
> (1) $a \in [a]$
> (2) $b \in [a] \iff bRa \iff aRb \iff a \in [b]$
> (3) $b, c \in [a] \implies bRc$
> (4) $aRb \iff [a] = [b]$
> (5) $[a] = [b]$, $[a] \cap [b] = \emptyset$ のどちらか一方だけが必ず成り立つ．
> (6) $\bigcup_{a \in A}[a] = A$

[証明] (1) 反射律により aRa が成り立つから，$a \in [a]$.
(2) $b \in [a] \iff bRa$ は同値類 $[a]$ の定義そのものである．対称律より，$bRa \iff aRb$. $aRb \iff a \in [b]$ は同値類 $[b]$ の定義.
(3) $b, c \in [a]$ とすると，(2) より aRb かつ bRa かつ aRc かつ cRa が成り立つ．したがって，bRa と aRc より推移律により bRc が成り立つ．
(4) aRb とすると，対称律により bRa. 一方，任意の $c \in [a]$ に対し，(2) より aRc. これと bRa から推移律により bRc が成り立つ．これは $c \in [b]$ を意味するから，$[a] \subseteq [b]$ がいえた．同様に，$[b] \subseteq [a]$ もいえる．
 逆に，$[a] = [b]$ とすると，(1) より $a \in [a] = [b]$ だから，(2) により aRb が成り立つ．
(5) $[a] \cap [b] \neq \emptyset$ とすると $[a] \cap [b]$ の元 c が存在する．$c \in [a]$ より aRc. また $c \in [b]$ より bRc. よって，対称律により cRb. aRc と cRb から推移律により aRb が成り立つから，(4) により $[a] = [b]$.
(6) $a \in [a]$ なので $\bigcup_{a \in A}[a] \supseteq A$ は明らかである．また，$[a]$ の定義より $[a] \subseteq A$ だから，$\bigcup_{a \in A}[a] \supseteq A$. □

[†] "代表元" という用語に惑わされないこと．同値類のどの元もその同値類の代表元である．

● **同値関係は集合を同値類に分割する**　集合 A の部分集合の族[†]π が次の 2 条件を満たすとき，π を A の**分割**とか**類別**という．

(i)　$S \in \pi \land T \in \pi \land S \neq T \implies S \cap T = \emptyset$.

(ii)　$A = \bigcup_{S \in \pi} S$.

分割 (類別) の元である集合のことを**ブロック**(あるいは**類**) という．

定理 3.4 の (5),(6) は，同値関係によって集合 A は同値類をブロックとして分割されることをいっている．A の上の同値関係 R による同値類全体の作る集合を A/R と書き，A の R による**商集合**という：

$$A/R := \{\,[a] \mid a \in A\,\}.$$

例**3.5**　同値関係と同値類．

（1）人間の集合の上の '同性である' という関係を $\approx$ で表そう：

$$\text{キュリー夫人} \approx \text{エリザベス女王} \approx \text{楊貴妃},$$
$$\text{リンカーン大統領} \approx \text{豊臣秀吉} \approx \text{夏目漱石 } etc.$$

$\approx$ は同値関係であり，$\approx$ により人間の集合は 2 つの同値類

$$[\text{キュリー夫人}]_{\approx} = \text{女性すべての集合},\quad [\text{夏目漱石}]_{\approx} = \text{男性すべての集合}$$

に類別される．

（2）「2 つの三角形が合同である」という同値関係は三角形の全体を，合同な三角形同士を 1 つの同値類として類別する．

（3）$\sim$ を例 3.4 (4) の同値関係とすると，各 $y \in Y$ に対して $f^{-1}(y)$ は $\sim$ に関する 1 つの同値類であり，$X/\sim = \{f^{-1}(y) \mid y \in Y\}$ である．

（4）例 3.4 (5) の同値関係 $\equiv_m$ において，$m = 3$ の場合を考えよう．以下では，$[a]_{\equiv_3}$ を $[a]$ と略記する．同値類は

$$[0] = \{3k \mid k \in \mathbf{Z}\},\quad [1] = \{3k+1 \mid k \in \mathbf{Z}\},\quad [2] = \{3k+2 \mid k \in \mathbf{Z}\}$$

の 3 つである：

$$[0] = [3] = [6] = \cdots,\quad [1] = [4] = [7] = \cdots,\quad [2] = [5] = [8] = \cdots.$$

[†] 集合を元とする集合のことを**集合族**という．

一般に，$[n] := \{mk+n \mid k \in \mathbf{Z}\}$ のとき，次のように表わす：

$$\mathbf{Z}/\equiv_m = \{[0], [1], \cdots, [m-1]\} \quad (\mathbf{Z}/(m) \text{ とか } \mathbf{Z}_m \text{ とも書く})$$

$0 \leqq i, j \leqq m-1$ かつ $i \neq j$ ならば $[i] \cap [j] = \emptyset$．また，$i \geqq m$ ならば $[i] = [i \bmod m]$ である．$\mathbf{Z}/\equiv_m$ の元を m を法とする**剰余類**という．

 (5) $\mathbf{N} \times \mathbf{N}$ の上の 2 項関係 $\sim$ を

$$(a,b) \sim (c,d) \overset{\text{def}}{\Longleftrightarrow} a+d = b+c$$

で定義すると，$\sim$ は同値関係である．整数は自然数から，この同値関係 $\sim$ による商集合 $(\mathbf{N} \times \mathbf{N})/\sim$ の元として定義することができる．すなわち，$\mathbf{Z} = \mathbf{N} \times \mathbf{N}/\sim$（問題 3.18 参照）．

 (6) A の上の全関係 $A \times A$ は同値関係であり，$A/R = \{A\}$ である．また，A の上の恒等関係 id_A も同値関係であり，$A/id_A = \{\{a\} \mid a \in A\}$ である：$[a]_{id_A} = \{a\}$．

 (7) 例 3.4 (6) で見たように，同値関係を有向グラフで表したとき，その同値類は次の性質を持っている：

(a) （反射律） どの頂点 a にも自分から出て自分に入っている辺 (a,a) がある．この辺を自己ループと呼ぶ．

(b) （対称律と推移律） 同じ同値類に属するどの 2 頂点 a, b 間にも両向きの 2 辺 (a,b) と (b,a) がある． □

● **同値類を細分した同値類** R_1, R_2 が A の上の同値関係で，任意の $x, y \in A$ に対して $x R_1 y \implies x R_2 y$ が成り立つとき，R_1 は R_2 の**細分**であるという．このとき，任意の $x \in A$ について $[x]_{R_1} \subseteq [x]_{R_2}$ が成り立ち，R_2 の同値類は R_1 の同値類いくつかの和集合となる（R_1 の方が R_2 よりも細かい）．

例**3.6** 同値類の細分．

 (1) R を A の上の任意の同値関係とする．恒等関係 id_A は R の細分であり，R は全関係 $A \times A$ の細分である．

 (2) R, S が A の上の同値関係なら $R \cap S$ も A の上の同値関係である（問 3.17 参照）．$R \cap S$ は R の細分であり，S の細分でもある．また，任意の $x \in A$ に対して，$[x]_{R_1 \cap R_2} = [x]_{R_1} \cap [x]_{R_2}$ である．

(3) 整数の上の合同関係 $\equiv_m$ (例 3.4 (5)) について考えよう．$\equiv_6$ は $\equiv_2$, $\equiv_3$ の細分であり，

$$[0]_{\equiv_2} = [0]_{\equiv_6} \cup [2]_{\equiv_6} \cup [4]_{\equiv_6},$$
$$[1]_{\equiv_2} = [1]_{\equiv_6} \cup [3]_{\equiv_6} \cup [5]_{\equiv_6},$$
$$[0]_{\equiv_3} = [0]_{\equiv_6} \cup [3]_{\equiv_6},$$
$$[1]_{\equiv_3} = [1]_{\equiv_6} \cup [4]_{\equiv_6},$$
$$[2]_{\equiv_3} = [2]_{\equiv_6} \cup [5]_{\equiv_6}$$

が成り立つ．一般に，$\equiv_{mn}$ は $\equiv_m$ および $\equiv_n$ の細分であり，$\equiv_{mn}$ は $\equiv_m \cap \equiv_n$ に等しい．

● 同値関係の特徴付け

補題 3.5 R を A の上の任意の 2 項関係とする．次のことが成り立つ：
(i) R が反射律を満たす $\iff id_A \subseteq R \iff R = R \cup id_A$．
(ii) R が対称律を満たす $\iff R^{-1} \subseteq R \iff R = R \cup R^{-1}$．
(iii) R が推移律を満たす $\iff R^2 \subseteq R \iff R = R^+$．

［証明］ (i),(ii),(iii) それぞれの前半の $\iff$ はいずれも定義を言い換えただけである．後半の $\iff$ を証明しよう．

(i) $id_A \subseteq R \implies R \cup id_A \subseteq R \implies (R \subseteq R \cup id_A$ は明らかなので) $R \cup id_A = R$．逆は明らか．

(ii) $R \subseteq R \cup R^{-1}$ は明らかなので，$R^{-1} \subseteq R \implies R \cup R^{-1} \subseteq R \implies R = R \cup R^{-1}$．逆は明らか．

(iii) まず，$R^1 = R$ であるから (p.66)，$R^1 \subseteq R$．$R^2 \subseteq R$ が成り立つとすると，任意の $n \geq 1$ に対し，$R^n \subseteq R \implies R^{n+1} = R^n \circ R \subseteq R \circ R = R^2 \subseteq R$ である．よって，$R^+ \subseteq R$．$R \subseteq R^+$ であるから $R = R^+$．逆は明らか． □

系 3.6 R を A の上の 2 項関係とする．
(i) R が反射律と対称律を満たす $\iff R = R \cup R^{-1} \cup id_A$．
(ii) R が反射律と推移律を満たす $\iff R = R^*$．
(iii) R が対称律と推移律を満たす $\iff R = (R \cup R^{-1})^+$．

［証明］ (ii) R が反射律と推移律を満たす $\implies R = R \cup id_A$ かつ $R = R^+ \overset{R^0 = id_A}{\implies} R = R^+ \cup R^0 = R^*$．逆は，$R^* \supseteq id_A$ かつ $R^* \supseteq R^2$ より．(i),(iii) も同様． □

R が反射律と対称律と推移律を満たす場合が次の定理である．

定理 3.7 R を A の上の 2 項関係とする．R が同値関係であるための必要十分条件は $R = (R \cup R^{-1})^*$ が成り立つことである．

[証明] R を同値関係とすると，

$(R \cup R^{-1})^*$
$= R^*$ （補題 3.5 の (ii) より $R = R \cup R^{-1}$）
$= R^+ \cup id_A$ $\left(R^* = \bigcup_{n \geq 0} R^n,\ R^+ = \bigcup_{n \geq 1} R^n,\ id_A = R^0\right)$
$= R \cup id_A$ （補題 3.5 の (iii) より $R^+ = R$）
$= R.$ （補題 3.5 の (i) より $R = R \cup id_A$）

逆に，$R = (R \cup R^{-1})^*$ が成り立つとすると，$R \supseteq R^* \supseteq id_A$ であるから R は反射律を満たす．また，$R \supseteq (R^{-1})^* \supseteq R^{-1}$ であるから R は対称律を満たす．最後に，$R \supseteq R^* \supseteq R^2$ であるから R は推移律も満たす．よって，R は同値関係である． □

系 3.8 R を任意の 2 項関係とする．R を含む最小の同値関係は $(R \cup R^{-1})^*$ に等しい．

例 3.5 (7) で述べたことをここで再考する．A の上の 2 項関係 R を有向グラフで表したものを考える．R に必要最小限の辺を追加して同値関係 R' に拡張するためには，系 3.8 より $R' = (R \cup R^{-1})^*$ であるから，$R' \supseteq id_A$．よって，すべての頂点に自己ループを付け加える必要がある．また，$R' \supseteq R \cup R^{-1}$ であるから，すべての辺にそれとは逆向きの辺を追加する必要がある．さらに，$R' \supseteq (R \cup R^{-1})^+$ であるから，辺の向きを無視してつながっている 2 頂点（つまり，$(a,b) \in (R \cup R^{-1})^+$ であるような頂点 a と b）の間には直接それらを結ぶ辺がなければならない．そうしてできる有向グラフは R' を表す．

同じことを別の観点から考察しよう．$[a]$ を R' の同値類とする．$[a]$ の任意の 2 元 b,c は bRc を満たす（定理 3.4）ので，b,c 間には辺がある（$b=c$ の場合を含む）．また，R' の異なる同値類 $[a], [b]$ は $[a] \cap [b] = \emptyset$ を満たす（定理 3.4）ので，異なる同値類に属すどの 2 頂点間にも辺はない．

3.2節　理解度確認問題

問 3.14 同値関係か？同値関係なら，その同値類を求めよ．

(1) '日' の集合 DAY の上の '同じ曜日である' という関係

(2) N の上の関係 $\approx : n \approx m \overset{\text{def}}{\iff} n$ と m は 1 以外の公約数を持つ

(3) 2つの空でない集合 A, B に対し，$A \sim_1 B \overset{\text{def}}{\iff} A \cap B \neq \emptyset$ により定義された関係 $\sim_1$．$A \sim_2 B \overset{\text{def}}{\iff} A \cup B \neq \emptyset$ についてはどうか？

(4) 英単語の間の '頭文字が同じ' という関係

(5) R を三角形の上の同値関係とするとき，面積が等しくかつ R が成り立つという関係

問 3.15 $\{a, b, c, d, e\}$ の上の 2 項関係 $R = \{(a,a), (a,b), (b,a), (b,b), (c,c), (c,d), (e,e)\}$ を考える．

(1) R は同値関係でないことを示せ．

(2) $R \subseteq R'$ となる最小の同値関係 R' とその同値類を求めよ．

問 3.16 R, S が同値関係のとき，次のそれぞれは同値関係か否か？

(1) $R \cup S$ 　(2) $R \circ S$ 　(3) R^{-1} 　(4) R^2 　(5) R^*

問 3.17 R_1, R_2 が A の上の同値関係のとき $R_1 \cap R_2$ も A の上の同値関係であること，および任意の $x \in A$ に対して，$[x]_{R_1 \cap R_2} = [x]_{R_1} \cap [x]_{R_2}$ が成り立つことを証明せよ．

問 3.18 例 3.5(5) の $\sim$ について，(a, b) を含む同値類を $[a, b]$ と書くことにする．また，整数（$(N \times N)/\sim$ の元のこと）を $\boldsymbol{a}, \boldsymbol{b}, \boldsymbol{c}$ のように太字で書くことにする．次の各々を証明せよ．

(1) 2つの整数 $\boldsymbol{a} = [a, c]$, $\boldsymbol{b} = [b, d]$ の和を $\boldsymbol{a} + \boldsymbol{b} = [a+b, c+d]$ で定義する．$\boldsymbol{a} + \boldsymbol{b}$ は代表元 $[a, c], [b, d]$ の選び方によらない．すなわち，

$(a, c) \sim (a', c'), (b, d) \sim (b', d')$ ならば $(a+b, c+d) \sim (a'+b', c'+d')$．

(2) $\boldsymbol{a} = [a, c]$, $\boldsymbol{b} = [b, d]$ の積を $\boldsymbol{ab} = [ab+cd, ad+bc]$ で定義すると，$\boldsymbol{ab}$ は代表元の選び方によらない．

(3) $\boldsymbol{a}, \boldsymbol{b}, \boldsymbol{c}$ を整数とすれば，次の各々が成り立つ．

$$\boldsymbol{a} + \boldsymbol{b} = \boldsymbol{b} + \boldsymbol{a}, \quad \boldsymbol{ab} = \boldsymbol{ba}, \quad (\boldsymbol{a} + \boldsymbol{b}) + \boldsymbol{c} = \boldsymbol{a} + (\boldsymbol{b} + \boldsymbol{c}),$$
$$(\boldsymbol{ab})\boldsymbol{c} = \boldsymbol{a}(\boldsymbol{bc}), \quad \boldsymbol{a}(\boldsymbol{b} + \boldsymbol{c}) = \boldsymbol{ab} + \boldsymbol{ac}.$$

問 3.19 $\boldsymbol{Z} \times \boldsymbol{N}_+$ の上の 2 項関係 $\approx$ を $(a, b) \approx (c, d) \overset{\text{def}}{\iff} ad = bc$ で定義する．$\approx$ は同値関係であることを証明せよ．$(\boldsymbol{Z} \times \boldsymbol{N}_+)/\approx$ の元を有理数という．これは，整数から有理数を定義する 1 つの方法である．

3.2 同値関係

問 3.20 次の論法の誤りを正せ.

「R を対称的かつ推移的関係とする. (i) R は対称的なので,$xRy \implies yRx$. また,(ii) R は推移的なので $xRy \wedge yRx \implies xRx$. (i),(ii) より R は反射的でもあるので,同値関係である.」

問 3.21 R を A の上の反射的な 2 項関係とする. R が同値関係となるための必要十分条件は,任意の $a, b, c \in A$ に対して $aRb \wedge aRc \implies bRc$ が成り立つことである. このことを証明せよ.

問 3.22 整数の合同式に関して,次のことを証明せよ.
(1) $x \equiv x' \pmod{m}$, $y \equiv y' \pmod{m}$ ならば $x+y \equiv x'+y' \pmod{m}$. $xy \equiv x'y' \pmod{m}$ は成り立つか?
(2) a, b を整数とする. x を未知数とする合同式 $ax \equiv b \pmod{m}$ が解を持つ必要十分条件は,a, m の最大公約数が b を割り切ることである.

問 3.23 無限に広い将棋盤を考え,将棋盤のコマ位置を $\mathbf{Z} \times \mathbf{Z}$ の点として表す. 右図のように〇の位置から●の位置へ 1 回で跳べる駒を「桂馬もどき」と呼ぶことにする. すなわち,桂馬もどきは点 (x, y) から 4 点 $(x+1, y+2)$, $(x+1, y-2)$, $(x-1, y+2)$, $(x-1, y-2)$ のどれかへ 1 回で跳べる. コマ位置の間の 2 項関係 $\rightarrow$ を次のように定義する:
$$\mathrm{P} \rightarrow \mathrm{Q} \stackrel{\mathrm{def}}{\iff} \mathrm{P} \text{ から } \mathrm{Q} \text{ へ 1 回で跳べる}.$$
(1) $\rightarrow$ の反射推移閉包 $\rightarrow^*$ は同値関係であることを示せ.
(2) $(x, y) \rightarrow^* (u, v)$ のとき,(x, y) と (u, v) の間の関係を求めよ.
(3) $(\mathbf{Z} \times \mathbf{Z})/\rightarrow^*$ を求めよ.
(4) ●以外にさらに 1 箇所だけ 1 回で跳べるようにして,桂馬もどきが盤上のすべての点に移動できるようにするにはどうしたらよいか?

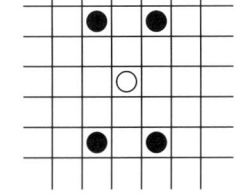

記号のまとめ (3.2 節)

$x \mid y$	x は y を割り切る
$x \equiv y \pmod{m}$	x と y は m を法として合同
$x \bmod y$	x を y で割った余り
$[x]$, $[x]_R$	x を代表元とする,R の同値類
A/R	同値関係 R による A の商集合 (R の同値類の集合)
$\mathbf{Z}/\equiv_m$, $\mathbf{Z}/(m)$, $\mathbf{Z}_m$	m を法とする剰余類の集合

3.3 順　　序

● **数の大小関係を一般化する**　数の大小関係 $\leqq$ は次の性質を持っている：
(i) 任意の $x \in \boldsymbol{R}$ に対して $x \leqq x$.
(ii) 任意の $x, y \in \boldsymbol{R}$ に対して, $x \leqq y$ かつ $y \leqq x$ なら $x = y$ である.
(iii) 任意の $x, y, z \in \boldsymbol{R}$ に対して, $x \leqq y$ かつ $y \leqq z$ なら $x \leqq z$.

(i) を反射律, (iii) を推移律ということはすでに述べたが, (ii) を**反対称律**と呼ぶ. このような3つの性質をもつ2項関係は数の大小関係 $\leqq$ を一般化したものであり, 例えば, 集合の間の包含関係 $\subseteq$ も (i), (ii), (iii) を満たす. すなわち, A, B, C を任意の集合とするとき,

(i) $A \subseteq A$
(ii) $A \subseteq B \wedge B \subseteq A \implies A = B$
(iii) $A \subseteq B \wedge B \subseteq C \implies A \subseteq C$

が成り立つ. しかし, $\boldsymbol{R}$ の上の大小関係 $\leqq$ はさらに次の性質

(iv) どの2数 $x, y \in \boldsymbol{R}$ に対しても $x \leqq y$ または $y \leqq x$ が成り立つ.

も満たすのに, $\subseteq$ に関して比較不能な集合 ($A \subseteq B$ も $B \subseteq A$ も成り立たない2つの集合のこと) が存在するため, $\subseteq$ は (iv) を満たさない. そのため, 少なくとも (i), (ii), (iii) を満たす (さらに (iv) を満たしていてもよい) 2項関係を**半順序**と呼ぶ[†].

一般に, A の上の2項関係 R が次の性質を満たすとき, R を A の上の**半順序**という.

> (i) 反射律：任意の $a \in A$ に対して aRa が成り立つ.
> (ii) 反対称律：任意の $a, b \in A$ に対して, $aRb \wedge bRa \implies a = b$ が成り立つ.
> (iii) 推移律：任意の $a, b, c \in A$ に対して, $aRb \wedge bRc \implies aRc$ が成り立つ.

[†] partial order. 直訳すると「部分的順序」であるが, partial には '定義されないものが存在する' という意味があり, ここではそのような意味で用いられている. したがって, partial でないものは total であり, total な性質を持つ順序を全順序 (total order) という.

3.3 順序

● ＜ も順序ではないの？　R を A の上の半順序とする．xRy かつ $x \neq y$ であるとき $xR'y$ であるとして R' を定義すれば (すなわち，$R' := R - id_A$)，次の (i)$'$, (ii)$'$, (iii)$'$ 各々が成り立つ．このような R' を**擬順序**という．

> (i)$'$ **非反射律**：任意の $a \in A$ に対して $aR'a$ が成り立たない．
> このことを $a \not{R'} a$ と書く．
> (ii)$'$ **非対称律**：任意の $a, b \in A$ に対して，$aR'b \implies b \not{R'} a$.
> (iii)$'$ **推移律**：任意の $a, b, c \in A$ に対して，$aR'b \wedge bR'c \implies aR'c$.

逆に，(i)$'$, (ii)$'$, (iii)$'$ が成り立つような 2 項関係 R' に対して，$xR'y$ または $x = y$ であるとき xRy であると定義すれば (すなわち，$R := R' \cup id_A$)，(i), (ii), (iii) が成り立つ．このように，半順序 R と擬順序 R' は本質的に同じものであって，等号を含むか否かの区別を明瞭にしたいとき以外は特に両者を区別する必要はない[†]．本書では半順序を $\leqq, \preceq, \sqsubseteq$ などの記号で，対応する擬順序を $<, \prec, \sqsubset$ などの記号で表す．

● **順序が定義された集合**　$\leqq$ が集合 A の上の半順序であるとき，A は $\leqq$ のもとで**半順序集合**であるといい，

$$(A, \leqq)$$

のように $\leqq$ を明記して書くこともある．

半順序集合 $(A, \leqq)$ の 2 元 a, b に対し，$a \leqq b$ または $b \leqq a$ が成り立つとき a と b は**比較可能**であるといい，どちらも成り立たないとき**比較不能**であるという．任意の 2 元が比較可能であるような半順序のことを**全順序**あるいは**線形順序**といい，全順序が定義されている集合を**全順序集合**という[††]．

例3.7　半順序・半順序集合，全順序・全順序集合．
（1）実数の上の大小関係 $\leqq$ は全順序であり (半順序でもある)，$(\boldsymbol{R}, \leqq)$, $(\boldsymbol{Q}, \leqq), (\boldsymbol{Z}, \leqq), (\boldsymbol{N}, \leqq)$ はいずれも全順序集合である (半順序集合でもある).

[†] 書物によっては，R' の方を半順序と呼んでいる．
[††] 線形順序：linear order. linear には「一列の」という意味がある．命名は，全順序集合の元は大小順に一列に並べられることに由来する．

（2） 集合の間の包含関係 $\subseteq$ は半順序であり，$(2^A, \subseteq)$ は半順序集合である．$|A| \geqq 2$ なら，A の部分集合には比較不能なものがあるので，$\subseteq$ は 2^A の上の全順序ではない．

（3） 0以外の自然数の間の2項関係 $|$ を，

$$n \mid m \overset{\text{def}}{\iff} n \text{ は } m \text{ を割り切る}$$

と定義すると，$|$ は $\boldsymbol{N}$ の上の全順序ではない半順序である．例えば，n, m が素数なら $|$ のもとで n と m は比較不能である．

（4） $\sqsubset$ をアルファベット Σ の上の全擬順序（すなわち，$\sqsubset$ が擬順序で，かつ $\sqsubseteq := \sqsubset \cup id_\Sigma$ が全順序）とする．Σ^* の元（すなわち，Σ の元を文字とする文字列）の間に全順序 $\preceq := \prec \cup id_{\Sigma^*}$ を次のように定義する：

$$a_1 a_2 \cdots a_n \prec b_1 b_2 \cdots b_m \quad (\text{各 } a_i,\, b_j \text{ は } \Sigma \text{ の元})$$
$$\overset{\text{def}}{\iff} \exists k \, [\, (0 \leq k < \min\{n, m\}) \wedge$$
$$(a_1 = b_1) \wedge \cdots \wedge (a_k = b_k) \wedge (a_{k+1} \sqsubset b_{k+1}) \,]$$
$$\text{または } (n < m) \wedge (a_1 = b_1) \wedge \cdots \wedge (a_n = b_n)$$

これは辞書の単語配列に用いられている順序で，**辞書式順序**と呼ばれる．例えば，$a \sqsubset b \sqsubset \cdots \sqsubset z$ で，$abc \prec abcd \prec abefg \prec ba \prec z$ etc. である．

（5） 半順序または全順序 $\sqsubseteq$（または $\sqsubseteq$ に対応する擬順序 $\sqsubset$）に対し，

$$x \sqsupseteq y \quad (x \sqsupset y) \overset{\text{def}}{\iff} y \sqsubseteq x \quad (y \sqsubset x)$$

によって定義された $\sqsupseteq, \sqsupset$ はそれぞれ半順序（$\sqsubseteq$ が全順序なら $\sqsupseteq$ も全順序），擬順序（$\sqsubset$ が全擬順序なら $\sqsupset$ も全擬順序）である．これらは互いに他の**双対**であるといい，互いに他の逆関係である：$\sqsupseteq = \sqsubseteq^{-1}$，$\sqsupset = \sqsubset^{-1}$．

（6） ジャンケンの'手'「グー」「チョキ」「パー」の間の2項関係 $\prec$

$$\bigcirc \prec \square \overset{\text{def}}{\iff} \square \text{ は} \bigcirc \text{に勝つ}$$

は非反射律と非対称律を満たすが推移律を満たさないので擬順序ではない．実際，グー $\prec$ パー $\prec$ チョキ $\prec$ グー $\prec$ パー $\prec$ チョキ であるから，推移律が成り立つとどの手も自分自身より強いことになってしまう．半順序や擬順序ではこのようなことが起こらないことが保証されている．　　　　　　　　　□

3.3 順序

● **半順序の特徴付け** 定理 3.7 (同値関係の特徴付け) と同様な特徴付けを半順序にも与えておこう：

> **定理 3.9** R を A の上の 2 項関係とする．
> (1) R が半順序である必要十分条件は
> $$R = R^* \quad \text{かつ} \quad R \cap R^{-1} = id_A$$
> が成り立つことである．
> (2) R が擬順序である必要十分条件は
> $$R = R^+ \quad \text{かつ} \quad R \cap R^{-1} = R \cap id_A = \emptyset$$
> が成り立つことである．

[証明] (1) まず，補題 3.5 と同様な事実

$$R \text{ が反対称律を満たす} \iff R \cap R^{-1} \subseteq id_A \tag{3.2}$$

が成り立つことを証明する．

($\Longrightarrow$) $(a, b) \in R \cap R^{-1}$ すなわち aRb かつ bRa であるとすると，R が反対称的であることより $a = b$ すなわち $(a, b) \in id_A$ であることが導かれる．ゆえに，$R \cap R^{-1} \subseteq id_A$．

($\Longleftarrow$) aRb かつ bRa とすると，$(a, b) \in R$ かつ $(a, b) \in R^{-1}$ すなわち $(a, b) \in R \cap R^{-1}$ であるから，$R \cap R^{-1} \subseteq id_A$ より $a = b$ でなければならない．すなわち，R は反対称的である．

$R \supseteq id_A$ ならば $R^{-1} \supseteq id_A$ であることに注意すると，(3.2) と補題 3.5 (i) より，次が成り立つ：

$$R \text{ が反射律と反対称律を満たす} \iff R \cap R^{-1} = id_A. \tag{3.3}$$

(3.3) と補題 3.5 (iii) より (1) が導かれる．一方，

$$R \text{ が非反射律を満たす} \iff R \cap id_A = \emptyset \tag{3.4}$$

$$R \text{ が非対称律を満たす} \iff R \cap R^{-1} = \emptyset \tag{3.5}$$

であることは定義より明らか．これらと補題 3.5 (iii) より (2) が導かれる． □

> **系 3.10** R が半順序である必要十分条件は $R = R^*$ かつ $R^* \cap (R^{-1})^* = id_A$ が成り立つことである．

● 「自分より大きいものがない」と「一番大きい」とは違う　半順序集合 $(A, \leqq)$ の元 a_0 に対して，$a_0 < a$ となる A の元 a が存在しないとき，a_0 を A の**極大元**という．a_0 は $\leqq$ に関して極大であるともいう†．すなわち，

$$(a_0 \in A) \land \forall a \in A\, [\, a_0 \leqq a \Longrightarrow a = a_0\,].$$

すでに述べたように，半順序 $\leqq$ に対して，$x < y$ は $x \leqq y \land x \neq y$ の意味で用いている ($\leqq$ に対応する擬順序)．また，$x > y$ は $y < x$ と同じ意味である (例 3.7 (5) 参照)．

同様に，**極小元**が定義される．極大元 (極小元) は存在しないことも，また，複数個存在することもある．定義より，異なる 2 つの極大元 (極小元) は比較不能である．

さて一方，A の元 a_0 が A のどの元 a に対しても $a \leqq a_0$ であるとき，a_0 を A の**最大元**といい，$\max A$ で表す：

$$a_0 = \max A \overset{\text{def}}{\iff} a_0 \in A \land \forall a \in A\, [\, a \leqq a_0\,].$$

a_0 は A の中で ($\leqq$ に関して) 最大であるともいう．同様に，**最小元** $\min A$ が定義される．最大元，最小元は存在すればそれぞれただ 1 つである (問 3.29)．

例3.8　最大・最小，極大・極小．

（1）半順序集合 $(2^A, \subseteq)$ において，A は最大元，$\emptyset$ は最小元である．$A = \{a, b, c\}$ とするとき，$(2^A - \{\emptyset, A\}, \subseteq)$ において $\{a, b\}, \{b, c\}, \{c, a\}$ はそれぞれ極大元，$\{a\}, \{b\}, \{c\}$ はそれぞれ極小元である．

（2）通常の数の大小関係 $\leqq$ の下で，$\boldsymbol{N}$ の最小元は 0, 最大元は存在しない．実数の開区間 $(0, 1)$ には最大元，極大元も最小元，極小元も存在しない．　□

● **有界とは大きさに限度があること**　半順序集合 $(X, \leqq)$ の部分集合 A を考える．A の任意の元 a に対して $a \leqq x_0$ であるような，X の元 x_0 が存在するとき，A は**上に有界**であるといい，x_0 を A の**上界**という††．A の上界全体の集合に最小元が存在するとき，この元を A の**最小上界**とか**上限**といい，$\sup A$

---

† 最大 (最小)：maximum (minimum). 極大 (極小)：maximal (minimal).

†† 上界 (下界)：upper bound (lower bound). 上限：supremum = least upper bound.
下限：infimum = greatest lower bound.

で表す．同様に，**下に有界**，**下界**，**最大下界**(**下限**，inf A で表す) が定義される．A が上に有界であっても上限が存在するとは限らず，上限が存在してもそれは A の元であるとは限らないが，$\sup A \in A$ ならば $\sup A = \max A$ である．下限についても同様である．

特に，$A = \{a,b\}$ であるとき，A の上限は次の条件 (i), (ii) を満たす元 u のことであり，a,b の**結び**ともいう．これを $u = a \vee b$ で表す[†]：

(i) $a \leqq u$ かつ $b \leqq u$.
(ii) $a \leqq u'$, $b \leqq u' \implies u \leqq u'$.

同様に，$\{a,b\}$ の下限は次の条件 (iii), (iv) を満たす元 l のことであり，a と b の**交わり**ともいう．これを $l = a \wedge b$ で表す：

(iii) $l \leqq a$ かつ $l \leqq b$.
(iv) $l' \leqq a$, $l' \leqq b \implies l' \leqq l$.

例3.9 上界・下界，上限・下限．

(1) $X = 2^{\{a,b,c\}}$ とする．$(X, \subseteq)$ において，$A = \{\{a\}, \{a,b\}\}$ の上界は $\{a,b\}$ と $\{a,b,c\}$ であり，上限は $\{a,b\}$ である (よって，$\{a,b\} = \{a\} \vee \{a,b\}$)．また，$A$ の下界は $\{a\}$ と $\emptyset$ であり，下限は $\{a\}$ である ($\{a\} = \{a\} \wedge \{a,b\}$)．$B = \{\{a\}, \{b,c\}\}$ の上界，下界はそれぞれ $\{a,b,c\}$, $\emptyset$ だけであり，それぞれ上限，下限でもある．一般に，任意の $A, B \subseteq X$ に対して，$A \vee B = A \cup B$, $A \wedge B = A \cap B$ である．例 3.15 (1) の図参照．

(2) $\{x \in \mathbf{R} \mid x \geqq 1\}$, $\{x \in \mathbf{R} \mid x \leqq 0\}$ はそれぞれ開区間 $(0,1)$ の上界すべて，下界すべての集合である．よって，$(0,1)$ の上限は 1，下限は 0 である．$\mathbf{R}$ は上にも下にも有界でない．

(3) 人間の間の "先祖–子孫" 関係は擬順序である (x は x 自身の先祖であり子孫でもあると定義すれば半順序になる)．「先祖の方が子孫より大きい」と大小関係を定義しておくと，ある人 x とそのいとこ y に対し，x と y に共通の祖父母およびその先祖はいずれも $\{x,y\}$ の上界である．x と y の子孫は誰でも $\{x,y\}$ の下界であり，x,y に子供が 1 人しかいないならばそれは $\{x,y\}$ の下限である． ◻

[†] 結び：join，交わり：meet．

3.3節 理解度確認問題

問 3.24 次の用語の違いについて答えよ．
(1) 反射律が成り立たなければ非反射律が成り立つといえるか？
(2) 対称的かつ反対称的な 2 項関係は存在するか？
(3) 非対称律が成り立つならば，反対称律は成り立たないといえるか？

問 3.25 p.81 の擬順序の定義における (ii)′ は (i)′, (iii)′ から導かれることを示せ．

問 3.26 半順序と擬順序の間の次の関係を証明せよ (p.80, 81 参照)．

$$(\text{i}) \wedge (\text{ii}) \wedge (\text{iii}) \iff (\text{i})' \wedge (\text{ii})' \wedge (\text{iii})'.$$

問 3.27 次のそれぞれの 2 項関係について，反射的か，対称的か，反対称的か，推移的かを調べ，同値関係か否か，半順序であるか否か，全順序であるか否かを答えよ．
(1) 2 冊の本が "ページ数または値段が等しい" という関係
(2) 2 人の人間が "親子である" という関係
(3) $(x,y)\,R\,(x',y') \stackrel{\text{def}}{\iff} x \leqq x' \wedge y \leqq y'$，で定義された $\boldsymbol{R}^2$ の上の関係 R
(4) 2 つの英単語の間の "1 つ以上共通文字を含んでいる" という関係
(5) 実数の上の "等しくない" という関係 $\neq$
(6) ある試験の受験者の間の関係：
  (a) $a\,R_1\,b \stackrel{\text{def}}{\iff} a$ の得点は b の得点より真に高い
  (b) $a\,R_2\,b \stackrel{\text{def}}{\iff} a$ の得点は b の得点以上
(7) アルファベット Σ 上の語の間の関係：
  (a) $x \leqq_1 y \stackrel{\text{def}}{\iff} x$ は y の接頭語
  (b) $x \leqq_2 y \stackrel{\text{def}}{\iff} x$ は y の部分語
(8) 2 項関係の間の "反射推移閉包が等しい" という関係
(9) 整数の間の "倍数である" という関係
(10) 同値関係の間の細分であるという関係
(11) $x\,S\,y \stackrel{\text{def}}{\iff} |x-c| = |y-c|$ で定義された $\boldsymbol{R}$ の上の関係 S ($c \in \boldsymbol{R}$)

問 3.28 系 3.10 を証明せよ．

問 3.29 最大元 (最小元) は存在すればただ 1 つであることを証明せよ．

問 3.30 $(A, \leqq_1)$, $(B, \leqq_2)$ が半順序集合のとき，

$$(a,b) \leqq (a',b') \stackrel{\text{def}}{\iff} a \leqq_1 a' \wedge b \leqq_2 b'$$

と定義すると $(A \times B, \leqq)$ も半順序集合になることを証明せよ．全順序の場合はどうか？ また，$\wedge$ の代りに $\vee$ とした場合はどうか？

3.3 順序

問 3.31 前問において, $(A, \leqq_1)$, $(B, \leqq_2)$ は最大元 a_1, b_1, 最小元 a_2, b_2 をそれぞれ持つとする. $(A \times B, \leqq)$ の最大元, 最小元を求めよ, $(A, \leqq_1), (B, \leqq_2)$ が複数の極大元, 極小元を持つ場合はどうか？

問 3.32 例 3.7 (3) で定義した N の上の半順序 | に関して, 以下の各々に答えよ.
(1) $\{18, 20, 40\}$ の上界と下界を求め, 上限と下限が存在すれば求めよ.
(2) $60 \vee 55$, $13 \wedge 31$ を求めよ.
(3) $A = \{1, 2, 3, 5, 8, 13, 21\}$ とする. $\max A$, $\min A$, $\sup A$, $\inf A$ をそれぞれ求めよ.

問 3.33 $(A, \leqq)$ を全順序集合とする. A の空でない任意の部分集合に $\leqq$ に関する最小元が存在するとき $(A, \leqq)$ は**整列集合**であるといい, $\leqq$ を A の整列順序という. 例えば, $(N, \leqq)$ は整列集合である.
(1) $(Z, \leqq)$ は整列集合でないことを示し, Z に整列順序を定義せよ.
(2) アルファベット Σ は $|\Sigma| \geqq 2$ であるとする. 辞書式順序の下で Σ^* は整列集合でないことを示せ. Σ^* の上の整列順序の例を示せ.

|注意| 次の 3 つの命題は同値であることが知られている (定理 2.3 参照).
(a) $\mathcal{S}$ を空でない集合を元とする集合族とする. $\mathcal{S}$ に属する各集合から 1 つずつ元を取ってきてそれらを元とする集合を作ることができる (この命題を**選出公理**(E. ツェルメロ^{Zermelo}, 1904) という).
(b) すべての集合は整列可能である (すなわち, その集合上に整列順序を定義することができる).
(c) 半順序集合 X のどんな全順序部分集合 A も上界を持てば, X には極大元が存在する (この命題を**ツォルンの補題**(M. A. ツォルン^{Zorn}, 1906) という).

記号のまとめ (3.3 節)

$x \mid y$	整数 x は整数 y を割り切る
$\leqq, \sqsubseteq, \preccurlyeq; \geqq, \sqsupseteq, \succcurlyeq$ など	半順序とその双対 (逆関係) を表す記号
$<, \sqsubset, \prec; >, \sqsupset, \succ$ など	半順序に対応する擬順序
$(A, \leqq)$	(半, 全) 順序集合
$\max A$, $\min A$	A の最大元, A の最小元
$\sup A$, $\inf A$	A の上限, A の下限
$x \vee y$, $x \wedge y$	x, y の結び (上限) と交わり (下限)

3.4 有向グラフ

2項関係を図的に表す1つの方法として '有向グラフ' というものを導入し (p.65)，この視覚に訴える表現がいかに有用であるかをすでに見てきた．そこでは，有向グラフがどのようなものであるかを例だけで説明したが，この節できちんとした定義をし，その一般的な性質についても学ぶ．ただし，グラフ全般についての話題は章を改めて述べる．

3.4.1 2項関係の図示

空でない有限集合 V と，$V \times V$ の部分集合 E との対 $G = (V, E)$ のことを**有向グラフ**とか**ダイグラフ**[†]という．V の元は**頂点**あるいは単に**点**と呼ばれ，E の元 (u,v) は**辺**（あるいは**有向辺**とか**弧**）と呼ばれる．G は V の上の2項関係 E に他ならない．

有向グラフは次のように図として描くことができる．まず，頂点すべてを平面上に点として描く．辺 (u,v) を表すためには，頂点 u から頂点 v へ向かって矢印 $\longrightarrow$ を描く．

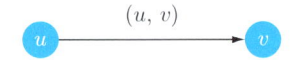

頂点数が p，辺数が q の有向グラフを **(p, q) 有向グラフ**という．p を G の**位数**，q を**サイズ**ということもある．一般に，$0 \leq q \leq p^2$ である．

頂点 a から出た矢印が自分自身へ戻っているような辺 (a,a) のことを**自己ループ**という．自己ループが許されていないものだけを有向グラフと定義することもある．

自己ループ (a, a)

[†] ダイグラフ (digraph) は <u>di</u>rected <u>graph</u> ('向きのあるグラフ'の意) を縮めた合成語．頂点 vertex，辺 edge (directed edge, arc) の頭文字をとって，頂点の集合を V で，辺の集合を E で表すことが多い．

V は無限集合であっても構わないが，単に (有向) グラフというときには V は有限集合とするのが普通である．V が無限集合の場合，G は '無限' 有向グラフであると述べて区別する．

3.4 有向グラフ

例3.10 有向グラフ.

（1） $G = (\{a,b,c,d\}, \{(a,a), (a,b), (a,c), (b,c), (c,b)\})$ は $(4,5)$ 有向グラフであり，次のように図示される．

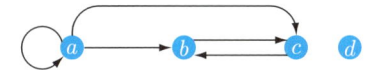

（2） $A = \{u,v,w,x,y,z\}$ の上の2関係(半順序) $R = \{(u,u), (u,v), (u,w), (u,y), (v,v), (v,w), (w,w), (x,x), (x,y), (y,y), (z,z)\}$ の有向グラフは

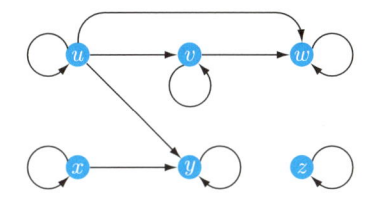

である．どのような特徴に気が付いたか？(問 3.36 参照)

（3） A の上の全関係を表す有向グラフは $(A, A \times A)$ である．頂点数が $1, 2, 3$ の場合を以下に示す．

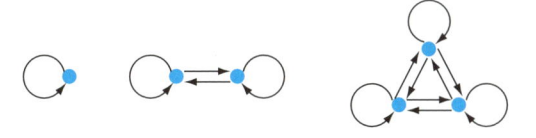

（4） A の上の恒等関係 id_A を表す有向グラフは，$|A|$ 個の頂点と $|A|$ 個の自己ループだけからなる $(|A|, |A|)$ 有向グラフである． ■

一般に，有向グラフ $G = (V, E)$ において，E を V の上の2項関係と見たとき E が性質 $\mathcal{P}$ を持つならば，G は性質 $\mathcal{P}$ を持つ有向グラフであるという．例えば，E が対称的であるとき G を対称的有向グラフという．**完全有向グラフ**とはどの2つの頂点 u と v ($u = v$ の場合を含む) の間にも辺 (u, v) か辺 (v, u) の少なくとも一方があるような有向グラフのことである．上例（3）の有向グラフ (G_1, G_2, G_3 とする) は完全有向グラフの一例である (この有向グラフはどれも反射的かつ対称的かつ推移的であり，G_i は i 個の点からなる同値類を表している有向グラフである．問 3.39 参照).

> - 反射的有向グラフでは，すべての頂点に自己ループがある．
> - 非反射的有向グラフでは，どの頂点にも自己ループがない．
> - 対称的有向グラフでは，どの2頂点間も，両向きの2辺があるか，辺がないかのどちらかである．
> - 反対称的有向グラフでは，どの2頂点間にも高々1本しか辺がない．
> - 推移的有向グラフでは，頂点 u から頂点 v への道があれば，辺 (u,v) もある（'道'については後述）．

● **隣り合う辺と頂点** $e=(u,v)$ が辺であるとき，頂点 u は頂点 v へ隣接しているとか，v は u から隣接しているという．また，辺 e は頂点 v へ接続しているとか，e は u から接続しているという．頂点 u の入次数とは u へ接続している辺の個数のことであり，出次数とは u から接続している辺の個数のことであり，それぞれ

$$\text{in-deg}(u) \text{ あるいは } \deg^+(u), \quad \text{out-deg}(u) \text{ あるいは } \deg^-(u)$$

で表す．入次数と出次数の和 $\deg(u) := \text{in-deg}(u) + \text{out-deg}(u)$ を u の次数という．

例3.11 次数．

例 3.10 (1) の G において，辺 (a,b) は頂点 a から頂点 b へ接続し，頂点 a は頂点 b へ（b は a から）隣接している．また，

$$\text{in-deg}(a) = 1, \quad \text{out-deg}(a) = 3, \quad \deg(a) = 4,$$
$$\text{in-deg}(b) = 2, \quad \text{out-deg}(b) = 1, \quad \deg(b) = 3$$

である．自己ループは入次数にも出次数にもカウントされていることに注意しよう． □

● **道** G の頂点を有限個並べた列

$P := \langle v_0, v_1, \cdots, v_n \rangle$ （ただし，各 $1 \leqq i \leqq n$ について $(v_{i-1}, v_i) \in E$）

のことを v_0 から v_n への道といい[†]，n をこの道 P の長さという．v_0 を P の

[†] あるいは，路とか通路とか順路ともいう．それぞれに '有向' という形容詞を付けて呼ぶこともある．(有向) グラフに関する用語は，書物・文献によって定義がかなり異なるので注意が必要である．例えば，本書でいう基本道のことを単純道ということも多い．

始点, v_n を終点と呼ぶ. $\langle v_0 \rangle$ も長さ0の道であることに注意しよう. 道とは, G の頂点の上を辺 (の矢印の向き) に沿ってたどった経路のことである. 同じ辺を2度以上通らない道を**単純道**といい, 同じ頂点を2度以上通らない道を**基本道**という. また, 始点と終点が一致する道を**閉路**という. 長さが3以上で同じ辺を2度以上通らない閉路を**単純閉路**といい, 長さが3以上で終点が始点に一致する以外には同じ頂点を2度以上通らない閉路を**基本閉路**とか**サイクル**という.

例3.12 道, 閉路.

図の G における道, 閉路などの例を挙げよう：

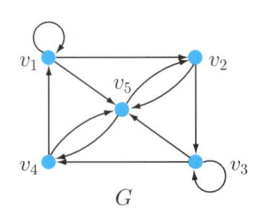

道：$v_1, v_1, v_2, v_3, v_5, v_2, v_3, v_4, v_5$.

単純道：$v_1, v_1, v_2, v_3, v_4, v_5$.

基本道：v_1, v_2, v_3, v_4, v_5.

閉路：$v_1, v_2, v_5, v_2, v_3, v_5, v_2, v_3, v_4, v_1$.

単純閉路：$v_1, v_2, v_5, v_2, v_3, v_4, v_1$.

基本閉路：v_1, v_2, v_3, v_4, v_1.

定義より, 基本閉路は単純閉路であり, 単純閉路は閉路であり, 閉路は道であり, 基本道は単純道であり, 単純道は道であるが, この例に見るようにそれぞれ異なる概念である. また, u から v への道があれば u から v への単純道があり, u から v への単純道があれば u から v への基本道がある.

次の定理は定理3.2と系3.3を有向グラフの立場から述べたものである.

定理 3.11 R を A の上の2項関係, $G = (A, R)$ をその有向グラフとする. 次のことが成り立つ.
(1) $x R^n y \iff G$ において, x から y への長さ n の道が存在する.
(2) $x R^* y \iff G$ において, x から y への道が存在する.
(3) $x R^+ y \iff G$ において, x から y への長さ1以上の道が存在する.

● **部分有向グラフ** 有向グラフ $G = (V, E)$ に対し, $V' \subseteq V$, $E' \subseteq E$ であるような有向グラフ $G' = (V', E')$ を G の**部分有向グラフ**という. 特に, $V' = V$ のとき G' を G の**全域部分有向グラフ**という.

● **連結性** 連結とは「辺でつながっている」という意味であるが，有向グラフの場合，以下に述べるような3種類の連結性が考えられる．まず，頂点 u から頂点 v への道が存在するとき，v は u から**到達可能**であるという．

- G のどの2頂点をとっても少なくとも一方から他方へ到達可能であるならば，G は**片方向連結**であるという．
- G のどの2頂点をとっても互いに一方から他方へ到達可能であるならば，G は**強連結**であるという．
- $G = (V, E)$ において，E を V の上の2項関係と見たとき，元々ある辺だけでなく，それらと逆向きの辺をさらに付け加えてできる有向グラフ $(V, E \cup E^{-1})$ が強連結となるならば G は**弱連結**であるという．すなわち，弱連結とは，矢印の向きを無視して辺をたどれば，どの2頂点も互いに一方から他方へ到達可能なことである．

弱連結でさえもないとき，**非連結**であるという．

G の×××連結な部分有向グラフの中で極大なものを G の×××**連結成分**という．強/弱/片方向の連結成分を総称して単に連結成分という．ここで'極大'という言葉を用いているのは，G の部分有向グラフの上で半順序

$$G_1 \subseteq G_2 \overset{\text{def}}{\Longleftrightarrow} G_1 \text{ は } G_2 \text{ の部分グラフである}$$

を考えると $\subseteq$ に関して極大である，という意味である．すなわち，G' が極大なら，G' に G のどの頂点を追加しても，どの辺を追加しても，それは×××連結でなくなってしまう．

次の定理は連結性の定義を2項関係の言葉で述べ直したものである (問 3.38 参照)．

> **定理 3.12** 有向グラフ $G = (V, E)$ の辺集合 E を V の上の2項関係と見たとき，次のことが成り立つ．
> (1) G は片方向連結 $\iff E^* \cup (E^{-1})^* = V \times V$.
> (2) G は強連結 $\iff E^* \cap (E^{-1})^* = V \times V$.
> (3) G は弱連結 $\iff (E \cup E^{-1})^* = V \times V$.

因みに，$E = V \times V$ である有向グラフは V の上の全関係を表す．

例3.13 連結性.
(1) 位数 3 の有向グラフでそれぞれの連結性の例を示そう.

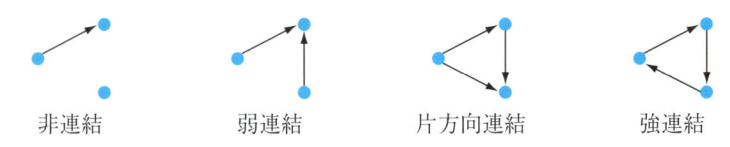

非連結　　　弱連結　　　片方向連結　　　強連結

(2) 下図において,強連結成分などを破線で囲って示した.強連結成分同士,弱連結成分同士は交わらない.その理由は,強連結の場合,頂点集合 V の上で 2 項関係 $\sim$ を

$$u \sim v \iff (u,v) \in E \text{ かつ } (v,u) \in E$$

と定義すれば $\sim^*$ は同値関係となり,その同値類は強連結成分の頂点集合であるからである.弱連結の場合は,「かつ」を「または」に置き換えればよい. □

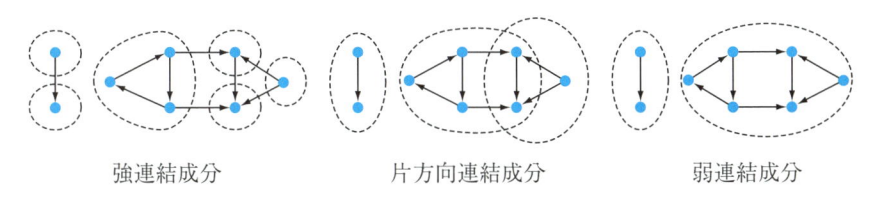

強連結成分　　　片方向連結成分　　　弱連結成分

● **強連結/片方向連結の特徴付け** 有向グラフ G について「全域×××」とは「G のすべての頂点を含んでいる×××」のことである.したがって,全域道 (全域閉路) とはすべての頂点を通過する道 (閉路) のことである.

定理 3.13 (1) G が片方向連結 $\iff$ G には全域道が存在する.
(2) G が強連結 $\iff$ G には全域閉路が存在する.

[証明] (1) を証明すれば (2) は (1) から導かれる.
($\Longleftarrow$) は自明なので,($\Longrightarrow$) を証明する.u, v を G の任意の 2 頂点とする.G は片方向連結なので,u から v への道 P または v から u への道が存在する.前者の場合を考える (後者の場合も証明はまったく同様).以下,頂点 a から頂点 b への道が存在すること (および,そのような道の 1 つ) を

$$a \rightsquigarrow b$$

で表す.P が全域道でない場合,P 上にない頂点 w が存在する.w を含むように道

P を拡張できることを示す．G の片方向連結性より，$u \rightsquigarrow w$ または $w \rightsquigarrow u$ であることに注意する．

<u>場合1</u>　$w \rightsquigarrow u$ のとき．$w \rightsquigarrow u$ に P を継ぎ足したものが求める道である．

<u>場合2</u>　$u \rightsquigarrow w$ のとき．次の2つの場合を考える．片方向連結性より，$v \rightsquigarrow w$ または $w \rightsquigarrow v$ であることに注意する．

<u>場合2.1</u>　$v \rightsquigarrow w$ のとき．P に $v \rightsquigarrow w$ を継ぎ足したものが求める道である．

<u>場合2.2</u>　$v \rightsquigarrow w$ でなく，$w \rightsquigarrow v$ のとき．P の上の頂点 x で次の条件を満たすものを考える (必ず存在し，$u \rightsquigarrow x$ である)．

(a)　x は $x \rightsquigarrow w$ となる P の上の頂点のうち最も v に近いものである．

(b)　P の上で x から隣接する頂点を z とする (必ず存在する) と，(a) により $w \rightsquigarrow z$ である．下図参照．

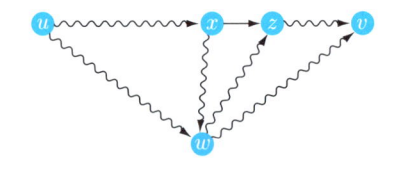

$u \rightsquigarrow x$ に $x \rightsquigarrow w, w \rightsquigarrow z, z \rightsquigarrow v$ をこの順に継ぎ足したものが求める道である．

　P の上にない頂点が存在する限りこのような操作を繰り返すと，いずれすべての頂点を含む u から v への道が得られる．　　□

● **グラフを行列で表す**　有向グラフ $G = (V, E)$ の頂点集合が $V = \{v_1, \cdots, v_p\}$ であるとき，0 または 1 を成分とする p 次正方行列 $A = (a_{ij})$ を次のように定義する[†]：

$$a_{ij} = \begin{cases} 1 & (v_i, v_j) \in E \text{ のとき} \\ 0 & (v_i, v_j) \notin E \text{ のとき．} \end{cases}$$

A を G の**隣接行列**という．また，行列 $B = (b_{ij})$ を

$$b_{ij} = \begin{cases} 1 & v_i \text{ から } v_j \text{ へ到達可能のとき} \\ 0 & \text{そうでないとき} \end{cases}$$

と定義し，これを G の**到達可能性行列**という．

[†] $A = (a_{ij})$ は，A は (i, j) 成分が a_{ij} である行列であることを表す．

3.4 有向グラフ

例3.14 有向グラフ G とその隣接行列，到達可能性行列．

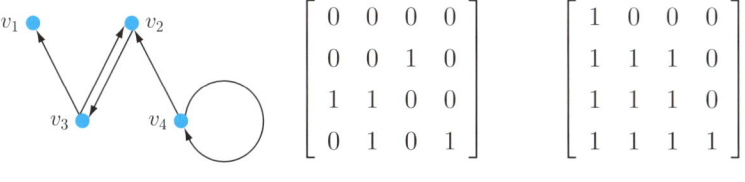

$$\begin{bmatrix} 0 & 0 & 0 & 0 \\ 0 & 0 & 1 & 0 \\ 1 & 1 & 0 & 0 \\ 0 & 1 & 0 & 1 \end{bmatrix} \qquad \begin{bmatrix} 1 & 0 & 0 & 0 \\ 1 & 1 & 1 & 0 \\ 1 & 1 & 1 & 0 \\ 1 & 1 & 1 & 1 \end{bmatrix}$$

G の隣接行列　　　G の到達可能性行列

因みに，接続行列という概念によっても有向グラフを表すことができる (p.111 参照).

定理 3.14 $V = \{v_1, \cdots, v_p\}$ である有向グラフ $G = (V, E)$ の隣接行列を A とすると，A^n の (i, j) 成分は G における v_i から v_j への長さ n の相異なる道の個数である．

[証明] n に関する数学的帰納法で証明する．$A = (a_{ij})$, $A^n = (a_{ij}^{(n)})$ とする．

〔基礎〕 $n = 0$ のとき，長さ 0 の道の定義より，v_i を始点とする道は $\langle v_i \rangle$ のみであり，$i \neq j$ なら v_i から v_j への長さ 0 の道は存在しないから，A^0 を p 次の単位行列と定義すると定理の主張を満たす．

〔帰納ステップ〕 $A^{n+1} = A^n A$ だから，A^{n+1} の (i, j) 成分は

$$a_{ij}^{(n+1)} = \sum_{k=1}^{p} a_{ik}^{(n)} a_{kj} = \sum_{(v_k, v_j) \in E} a_{ik}^{(n)}$$

である．v_j へ隣接する頂点の 1 つを v_k とすると，G における v_i から v_j への長さ $n+1$ の道は v_i から v_k への長さ n の道に辺 (v_k, v_j) をつなげたものであることに注意する．帰納法の仮定から $a_{ik}^{(n)}$ は v_i から v_k への長さ n の道の個数であるから，上式の右辺 $\sum_{(v_k, v_j) \in E} a_{ik}^{(n)}$ は v_i から v_j への長さ $n+1$ の道の個数を表している ($\sum_{(v_k, v_j) \in E}$ は辺 $v_k v_j$ が存在する場合だけをカウントすることを表わしている). □

系 3.15 行列 $B = (b_{ij})$ を，$\sum_{n=0}^{p-1} a_{ij}^{(n)} \geqq 1$ なら $b_{ij} = 1$, $\sum_{n=0}^{p-1} a_{ij}^{(n)} = 0$ なら $b_{ij} = 0$ により定義すると，B は G の到達可能性行列である．

3.4.2 半順序集合とハッセ図*

　半順序集合の有向グラフを描いてみればたいそう辺が混み入ったものになることがわかる (問 3.34). 半順序は反射律，推移律を満たすから，すべての頂点に自己ループがあり，a から b へ辺があり b から c へ辺があれば a から c へも辺があるからである. こうした無駄な辺 (描かなくても存在することがわかるもの) を省略して簡単にした有向グラフをハッセ図 (H. $\overset{\text{Hasse}}{\text{ハッセ}}$, 1898–1979) という.

　$(A, \leqq)$ を半順序集合とし，$x, y \in A$ とする. $x < y$ (すなわち，$x \leqq y$ かつ $x \neq y$) であり，かつ，$x < z < y$ となる $z \in A$ が存在しないとき，y は x より直接大きいということにし，

$$E := \{\, (x, y) \in A \times A \mid y \text{ は } x \text{ より直接大きい} \,\}$$

とおく. 有向グラフ (A, E) のことを半順序集合 $(A, \leqq)$ のハッセ図という. $(x, y) \in E$ のとき平面上で頂点 y を頂点 x の上方に描くと約束すれば，辺の矢印も省略することができる.

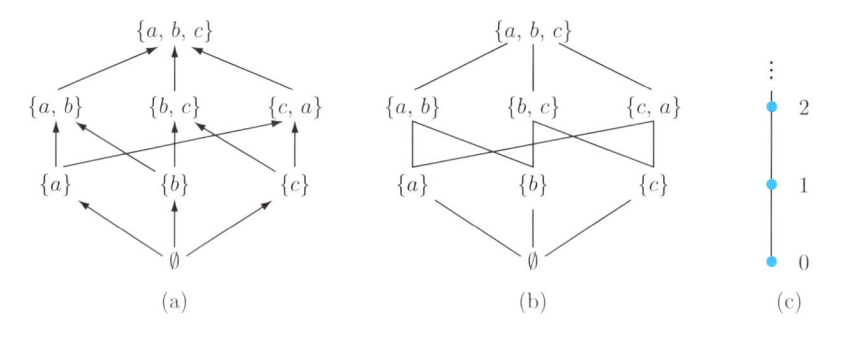

(a) 　　　　　(b) 　　　　　(c)

例3.15　ハッセ図.

（1）図 (a), 図 (b) は $(2^{\{a,b,c\}}, \leqq)$ のハッセ図である.

（2）空でない有限の全順序集合のハッセ図は直線になる. 図 (c) は $(\boldsymbol{N}, \leqq)$ のハッセ図である. $(\boldsymbol{R}, \leqq)$ はハッセ図で表すことができない. ■

　3.4.2 項の全文 (例 3.15 の詳細を含む. 全 3 ページ) は次のウェブサイトからダウンロードできます：

　　　http://www.edu.waseda.ac.jp/~moriya/education/books/DM/

3.4 有向グラフ

3.4 節 理解度確認問題

問 3.34 半順序集合のグラフについて，次の各問に答えよ．
(1) $(2^{\{a,b\}}, \subseteq)$ をグラフとして描け．
(2) $(2^{\{a,b,c\}}, \subseteq)$ をグラフと見たときのサイズはいくつか？

問 3.35 (握手補題) 有向グラフ $G = (V, E)$ において，次の式が成り立つことを示せ：
$$\sum_{v \in V} \text{in-deg}(v) = \sum_{v \in V} \text{out-deg}(v) = |E|$$

問 3.36 半順序の有向グラフについて，その特徴を列挙せよ．

問 3.37 例 3.10 (1) の有向グラフの強連結成分，片方向連結成分，弱連結成分をそれぞれ求めよ．

問 3.38 定理 3.12 を証明せよ．

問 3.39 定理 3.9 より，半順序の有向グラフが持つ特徴は

「どの連結成分も弱連結で閉路がなく，どの頂点にも自己ループがあり，
どの2頂点間にも辺は高々1本しかなく，道がある2頂点間には辺もある」

と言い表すことができる．定理 3.7 (および，系 3.8 の直後に述べたこと) を考慮して，同値関係および擬順序の有向グラフが持つ特徴をこれと同様に述べよ．

問 3.40 正しいか否か？
(1) 同値関係の有向グラフの連結成分は強連結である．
(2) 半順序の有向グラフの連結成分は片方向連結である．
(3) 片方向連結な有向グラフは，ある半順序集合のハッセ図である．

問 3.41 隣接行列の行の和，列の和はどんなことを表しているか？

問 3.42 G が強連結であるための条件を G の隣接行列 A を使って述べよ．

問 3.43 次の半順序集合のハッセ図を描け．
(1) $(\{1, 2, \cdots, 10\}, |)$
(2) $\mathbb{N}$ の上の2項関係 $\sqsubset$ を
$$n \sqsubset m \overset{\text{def}}{\iff} n < m \text{ かつ } n \text{ と } m \text{ は } 1 \text{ 以外の公約数を持つ}$$
と定義する．$(\{1, 2, \cdots, 10\}, \sqsubset^*)$ のハッセ図．

問 3.44 { 本人, 父, 母, 長男, 長女, 孫, 祖父, 兄, 弟, 従兄, 叔父 } を "先祖–子孫" 関係 (先祖 < 子孫) の下で昇順に**トポロジカルソート**[†]せよ．

[†] この例のように，半順序集合の元には比較不能な2元が存在することがあるが，比較不能なものの順序は構わず，比較可能なもの同士についてだけ半順序関係を満たすように並べることをトポロジカルソートという．

3.5 関 係 の 閉 包*

R を A の上の 2 項関係とする．(集合と考えたとき) R を含み推移的であるような最小の 2 項関係 R' を R の**推移閉包**といい，$t(R)$ で表す．すなわち，R' は次の (i) 〜 (iii) を満たすものである：

(i) $R \subseteq R'$．
(ii) R' は推移的である．
(iii) $R \subseteq R''$ かつ R'' が推移的ならば $R' \subseteq R''$ である．

反射閉包 $r(R)$，**対称閉包** $s(R)$ も同様に定義される†．また，R を含み反射的かつ推移的であるような最小の 2 項関係を R の**反射推移閉包**といい，$rt(R)$ で表す．推移反射閉包 $tr(R)$ と $rt(R)$ とは同じものである．反射対称推移閉包 $rst(R)$ 他の閉包も同様に定義される．

定理 3.17 R を A の上の 2 項関係とする．
(1) $r(R) = R \cup id_A$
(2) $s(R) = R \cup R^{-1}$
(3) $t(R) = R^+$
(4) $rs(R) = r(s(R)) = s(r(R)) = R \cup R^{-1} \cup id_A$
(5) $rt(R) = r(t(R)) = t(r(R)) = R^*$
(6) $rst(R) = (R \cup R^{-1})^*$

R^+, R^* をそれぞれ R の推移閉包，反射推移閉包と呼ぶ理由はこの定理 3.17 の (3),(5) にある．その他，次のことが成り立つ：

(7) $r(r(R)) = r(R)$, $s(s(R)) = s(R)$, $t(t(R)) = t(R)$, $r(rs(R)) = s(rs(R)) = rs(R)$, $r(R) \subseteq rs(R)$, $r(R) \subseteq rt(R)$ など．
(8) $s(t(R)) \subseteq st(R) = t(s(R)) = (R \cup R^{-1})^+$．

3.5 節の全文 (例 3.16〜3.17，補題 3.16，および定理 3.17 の証明を含む．全 4 ページ) は次のウェブサイトからダウンロードできます：
    `http://www.edu.waseda.ac.jp/~moriya/education/books/DM/`

---

†r, s, t はそれぞれ reflexive (反射的), symmetric (対称的), transitive (推移的) の頭文字である．

3.6 チャーチ-ロッサー関係（合流性）*

あるシステム (あるいはプロセス，作業，操作，アルゴリズム) が 1 動作 (あるいは 1 単位時間，1 ステップ) で状態 a から状態 b へ移ることを $a \vdash b$ と書くことにする．可能な '状態' すべての集合を X とすると，$\vdash$ は X の上の 2 項関係である．$a \vdash^n b$ は状態 a から n 回の動作により (n 単位時間後に，n ステップを経て) 状態 b へ移行することを表し，$a \vdash^* b$ は a から b へ 0 回 (0 単位時間，0 ステップ) 以上かかって移行することを表している (定理 3.2)．$a \vdash^* b$ であり，かつ $b \vdash c$ となる c が存在しないとき，b は a から到達し得る最終結果と見ることができる．このシステム (プロセス，作業，操作，アルゴリズム) が何らかの最終結果を目指している場合には，推移 $\vdash$ の仕方が何通りあったとしても途中経過いかんにかかわらず最終的に到達する結果が一意的に定まることが望ましい．このような性質をチャーチ-ロッサー性（Church-Rosser）という．

きちんとした定義をしよう．R を集合 A の上の 2 項関係とする．aR^*b であるとき，a から b へ R により**到達可能**であるという．さらに，bRc となる c が存在しないとき，b を**終点**と呼ぶ．a から R により到達可能な終点すべての集合を $R\!\!\downarrow\!\!(a)$ で表す：$R\!\!\downarrow\!\!(a) := \{\,b \in A \mid aR^*b \wedge \not\exists c\,[\,bRc\,]\,\}$．すべての $a \in A$ に対して $|R\!\!\downarrow\!\!(a)| = 1$ であるとき，R は**チャーチ-ロッサー関係である** (**合流性を持つ**) という．また，任意の $a \in A$ に対してある整数 k_a が存在して任意の $b \in A$ に対して $aR^ib \implies i \leq k_a$ であるならば，R は**有限的**であるという．これは，R による推移が (a に依存して回数は変わるかもしれないが) 有限回で終わることを意味する．

> **定理 3.18** （チャーチ-ロッサー性の判定法）　R を A の上の有限的な 2 項関係とする．R がチャーチ-ロッサーであるための必要十分条件は，任意の $a \in A$ に対して次が成り立つことである：
> $$aRb \wedge aRc \implies \exists d\,[\,bR^*d \wedge cR^*d\,]$$

3.6 節の全文 (例 3.18〜3.19，定理 3.18 の証明および理解度確認問題 3.45〜3.53 を含む．全 5 ページ) は次のウェブサイトからダウンロードできます：

http://www.edu.waseda.ac.jp/~moriya/education/books/DM/

3.7 関係データベース*

データベースとは，コンピュータ上で大量に蓄積されたデータを構造をもたせた形式で記録しておくことにより，効率的な利用ができるようにしたものである．データベースを使う際には，データの検索 (特定の条件を満たすデータを探し出すこと)，データの更新 (追加や削除など)，データの加工 (2 つのデータベースを合併したり，既存データベースのうちの一部分を抜き出して新規データベースを作ったりすることなど) などの操作/処理が必要である．

データベースを実現するために考案されている「データを記録するための構造」(データ構造という) としては，階層型，ネットワーク型，リレーショナル型という 3 つの方法がある．

関係データベースを扱う**関係代数**とは，以下のように定義される「関係表」の集合とその上のいくつかの操作演算の集まりのことである．

$A_1, A_2, \cdots, A_n$ を有限集合 (データの集合) とする．直積 $A_1 \times A_2 \times \cdots \times A_n$ の部分集合

$$R \subseteq A_1 \times A_2 \times \cdots \times A_n \quad (\text{または，} R[A_1, A_2, \cdots, A_n] \text{と表す})$$

のことを **n 項関係**とか，**関係表**(または，テーブル) という．n を R の**次数**という．R の元 $(a_1, a_2, \cdots, a_n) \in R$ は，$a_1 \in A_1, a_2 \in A_2, \cdots, a_n \in A_n$ が R の関係にある一組のデータであることを表す．$(a_1, a_2, \cdots, a_n)$ を**タップル**と呼ぶ．$A_1, A_2, \cdots, A_n$ それぞれは，データの集合であると同時にその集合の名称であり，その集合に属すデータが持つ**属性**をも表す．

関係表は，次のように「表」として表す．

$R[A_1, A_2, \cdots, A_n]$

A_1	A_2	$\cdots$	A_n
a_{11}	a_{12}	$\cdots$	a_{1n}
$\cdots$	$\cdots$	$\cdots$	$\cdots$
a_{k1}	a_{k2}	$\cdots$	a_{kn}

3.7 節の全文 (例 3.20〜3.30 および理解度確認問題 3.54〜3.59 を含む．全 14 ページ) は次のウェブサイトからダウンロードできます：

http://www.edu.waseda.ac.jp/~moriya/education/books/DM/

第4章

グラフ

　前章で見たように，有向グラフは 2 項関係そのもの (の図的表現) に他ならないが，特に 2 項関係が対称的な場合にはそれに対応する有向グラフでは頂点 u から頂点 v へ向かう辺があれば v から u へ向かう辺もある．このような場合，これら 2 つの有向辺を向きのない 1 つの辺で置き換えた方がスッキリする．こうして得られるものを (無向) グラフという．有向グラフおよび無向グラフは，様々な事柄を表現する際の有用な道具としてコンピュータサイエンスのあらゆる領域で使われている．この章ではグラフ理論への入門として，グラフについての基本的概念とその幅広い応用の可能性について述べる．

4.1 グラフについての基本的概念

　一旦，有向グラフのことは忘れて，改めてグラフとは何かを定義しよう．グラフとは，有限個の点の集合 V と，V の 2 点を結ぶ何本かの辺の集まり E (とからなる図形) のことである．V の 2 点 u, v に対して，uv 間に辺があることと 2 元からなる V の部分集合 $\{u, v\}$ とを対応させれば，E は $\{\{u, v\} \mid u, v \in V, u \neq v\}$ の部分集合とみることができる．

例4.1　グラフの点集合・辺集合による表現と図的表現．
　$V = \{v_1, v_2, v_3, v_4, v_5\}$, $E = \{\{v_1, v_2\}, \{v_1, v_4\}, \{v_2, v_3\}, \{v_3, v_4\}, \{v_4, v_5\}\}$ は次のようなグラフ $G = (V, E)$ を表している．

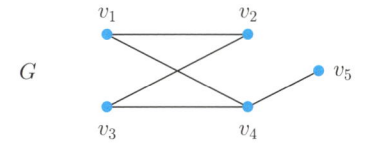

　もう少しきちんと定義しよう．V が空でない有限集合，$E \subseteq \{\{u, v\} \mid u, v \in V, u \neq v\}$ であるとき，V と E の順序対 (V, E) のことを**無向グラフ**あるいは

単に**グラフ**という．このグラフを G と名付けるときには

$$G = (V, E)$$

と表す．V の元を**点**あるいは**頂点**，E の元を**辺**といい，V を**頂点集合**，E を**辺集合**という．グラフの名前 G だけがわかっている場合，G の頂点集合を $V(G)$ で，辺集合を $E(G)$ で表す．すなわち，$G = (V(G), E(G))$．

頂点数 (位数ともいう) $|V(G)| = p$，辺数 (サイズともいう) $|E(G)| = q$ のグラフを $(\boldsymbol{p}, \boldsymbol{q})$ **グラフ**ということがある．定義より，

$$p \geqq 1, \quad 0 \leqq q \leqq \binom{p}{2} = \frac{p(p-1)}{2}$$

である．(1,0) グラフ ($= 1$ つの頂点だけのグラフ) を**自明グラフ**という．

辺 $e = \{u, v\}$ は頂点 u と頂点 v を結んでおり，u と v は辺 e を介して互いに**隣接**しているという．また，頂点 u と辺 e および頂点 v と辺 e は**接続**しているという．辺 e と e' が共通の頂点に接続しているとき，それらは互いに隣接しているという．グラフの定義より，頂点 u と u 自身を結ぶ辺 (自己ループ) は存在しないことに注意する．辺 $\{u, v\}$ を uv あるいは vu と書く．

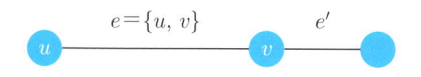

u と v は隣接している．
e と e' は隣接している．
u と e，v と e，v と e' は接続している．

● **グラフをもっと一般化する**　上述のグラフの定義では以下のものはいずれもグラフではないが，それらもグラフと考えることがある．

（1）**ループグラフ**　同じ1つの頂点を結ぶ辺 (自己ループ) がある場合．

（2）**多辺グラフ**　同じ2頂点間を結ぶ辺が複数本ある場合．**多重グラフ**ともいう．多重の自己ループを許すこともある．

（3）**無限グラフ**　頂点や辺の個数が有限でない場合．

（4）**空グラフ**　頂点集合が空集合である場合．

（5）**ハイパーグラフ**　$G = (V, E)$ において $E \subseteq 2^V$ とした場合．ハイパーグラフでは V の任意の部分集合 (元の個数が2個と限らない) によって辺を表す．グラフが2項関係を表したものであるのに対し，ハイパーグラフは一般の多項関係を表す．

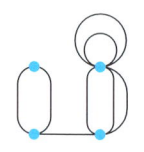

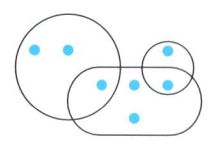

4.1 グラフについての基本的概念

● 「等しい」と「同型」の違い　頂点の配置を変えることによって，同じグラフを図形として外見上異なるように描くことができる．すなわち，次のとき，たとえ描かれ様は違っていても，G_1 と G_2 は同じ(等しい) グラフである：

$$G_1 = G_2 \overset{\text{def}}{\iff} V(G_1) = V(G_2) \text{ かつ } E(G_1) = E(G_2).$$

一方，たとえ $G_1 \neq G_2$ であっても，G_1 と G_2 のグラフとしての本質的構造が同じであるとき，すなわち，$V(G_1)$ から $V(G_2)$ への全単射 φ で

$$uv \in E(G_1) \iff \varphi(u)\varphi(v) \in E(G_2)$$

を満たすものが存在するとき，G_1 と G_2 は**同型**であるといい

$$G_1 \cong G_2$$

と書く．φ を G_1 と G_2 の間の**同型写像**という．同型なグラフは，頂点の配置を変え，頂点の名前を付け替えたものである．

例4.2　同型なグラフ/非同型なグラフ．

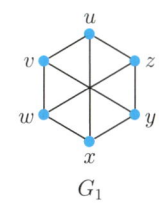

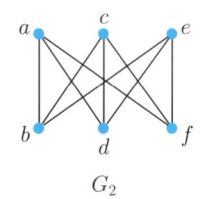

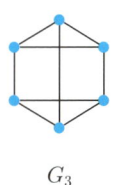

G_1 と G_2 の間には同型写像 φ：

$$\varphi(u) = a, \ \varphi(v) = b, \ \varphi(w) = c, \ \varphi(x) = d, \ \varphi(y) = e, \ \varphi(z) = f$$

が存在するので G_1 と G_2 は同型 ($G_1 \cong G_2$) であるが，$G_1 \not\cong G_3$ (したがって，$G_2 \not\cong G_3$) である．なぜなら，G_3 には3辺形が2つ存在するのに，G_1 にはない (同型写像は頂点の隣接性を保存するから，同型写像によって n 辺形 (n 本の辺で囲まれた領域) は n 辺形に移されるはずである)．　□

● **次数**　1つの頂点 $v \in V(G)$ に接続している辺の本数を**次数**といい，$\deg(v)$ で表す[†]．次数が0の頂点を**孤立点**，次数が1の頂点を**端点**という．

[†]次数：degree. $\deg(v)$ の deg は degree の最初の3文字．

$$\Delta(G) = \max\{\deg(v) \mid v \in V(G)\}, \quad \delta(G) = \min\{\deg(v) \mid v \in V(G)\}$$

はすべての頂点の次数の中の最大値と最小値であり，$\Delta(G)$（ラージ・デルタ）を G の**最大次数**，$\delta(G)$（デルタ）を**最小次数**という．

$\Delta(G) = \delta(G) = n$ であるようなグラフ，すなわち，すべての頂点の次数が n であるグラフを n 次の**正則**グラフという．また，頂点数が n の $n-1$ 次正則グラフ，換言すると，どの 2 頂点も隣接しているグラフを**完全グラフ**という．このグラフを

$$K_n$$

で表す．K_1 は孤立点 1 つだけからなる $(1,0)$ グラフ，すなわち自明グラフに他ならない．奇数次数の頂点を**奇頂点**といい，偶数次数の頂点を**偶頂点**という．

● **部分グラフ** グラフ G と G' が $V(G') \subseteq V(G)$ かつ $E(G') \subseteq E(G)$ という関係にあるとき，G' は G の**部分グラフ**であるといい，

$$G' \subseteq G$$

と書く．特に，$V(G') = V(G)$ のとき，G' を G の**全域部分グラフ**という．

● **辺と頂点の削除と追加** グラフ G からその 1 つの辺 $e \in E(G)$ を除去して得られるグラフを $G - e$ と書く．また，G からその 1 つの頂点 $v \in V(G)$ と v に接続するすべての辺を除去して得られるグラフを $G - v$ で表す．u, v が G の隣接しない 2 頂点のとき，G に辺 uv を付け加えたグラフを $G + uv$ で表す．G に新しい頂点 w を付け加え，w と G のすべての頂点を結ぶ辺も付け加えたグラフを $G + w$ で表す．一般に，$(G - v) + v \not\cong G$ である（なぜか？）：

$$G - v, \quad G - uv, \quad G + v, \quad G + uv$$

● **誘導部分グラフ** U を $V(G)$ の部分集合とする．U を頂点集合とし $\{uv \mid u, v \in U$ かつ $uv \in E(G)\}$ を辺集合とするグラフを，U から生成される G の**点誘導部分グラフ**（あるいは，単に誘導部分グラフ）といい，$\langle U \rangle_G$ で表す．また，$F \subseteq E(G)$ のとき，$\{u, v \mid uv \in F\}$ を頂点集合，F を辺集合とするグラフを F から生成される G の**辺誘導部分グラフ**といい，やはり $\langle F \rangle_G$ で表す．$\langle U \rangle_G$ は U を頂点集合とする G の極大部分グラフであり，$\langle F \rangle_G$ は F を辺集合とする G の極小部分グラフである：

$$\langle U \rangle_G, \langle F \rangle_G, \quad (G \text{ が明らかなら，添え字 }_G \text{ は省略})$$

4.1 グラフについての基本的概念

例4.3 次数，正則グラフ・完全グラフ．

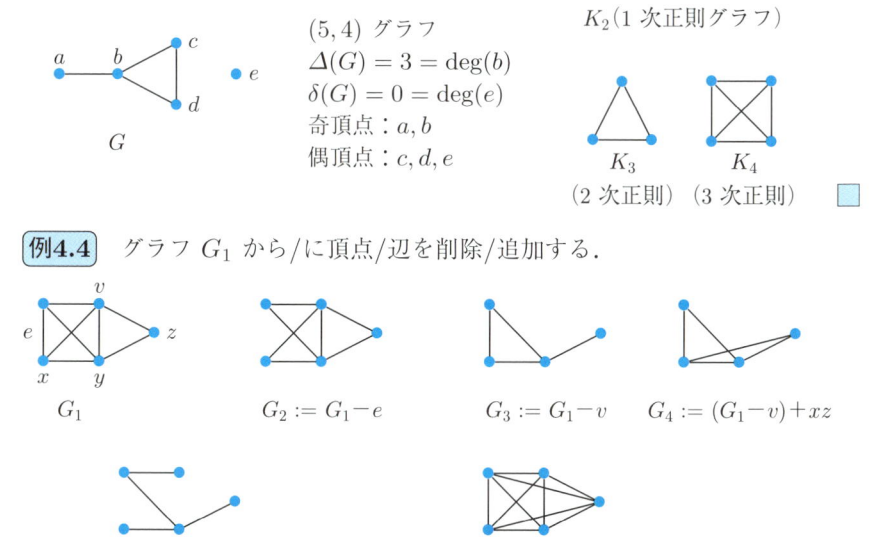

$(5,4)$ グラフ
$\Delta(G) = 3 = \deg(b)$
$\delta(G) = 0 = \deg(e)$
奇頂点：a, b
偶頂点：c, d, e

K_2（1次正則グラフ）

K_3　K_4
（2次正則）（3次正則）

例4.4 グラフ G_1 から/に頂点/辺を削除/追加する．

G_1　　$G_2 := G_1 - e$　　$G_3 := G_1 - v$　　$G_4 := (G_1 - v) + xz$

G_1 の全域部分グラフの1つ　　$G_5 := (G_1 - z) + z$
元の G_1 に戻らない

● **補グラフ**　グラフ G の辺のあるなしを入れ替えたグラフ，すなわち $V(G)$ を頂点集合とし $\overline{E}(G) := \{uv \mid u, v \in V(G), u \neq v \text{ かつ } uv \notin E(G)\}$ を辺集合とするグラフを $\overline{G}$ で表し，G の補グラフという：

$$\overline{G} := (V(G), \overline{E}(G))$$

例4.5 補グラフ，(辺)誘導部分グラフ．
(1) $U = \{v_1, v_3, v_4, v_5\}$, $F = \{v_1 v_2, v_3 v_4, v_3 v_5, v_4 v_5\}$ とする．

G　　$\overline{G}$　　$\langle U \rangle_G$　　$\langle F \rangle_G$

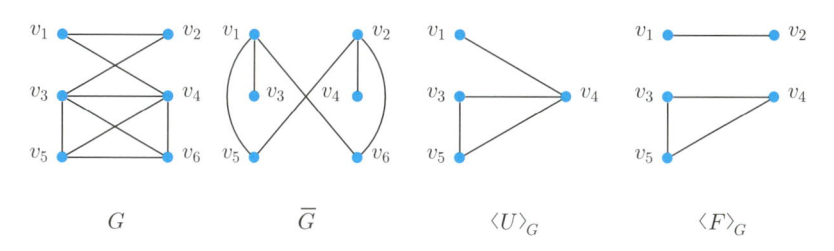

(2) $\overline{K_n}$ は n 個の頂点を持ち，辺が1本もない**全非連結グラフ**である．

● **n 部グラフ** グラフ $G = (V, E)$ において，頂点集合 V を

$$V = V_1 \cup \cdots \cup V_n, \quad V_i \cap V_j = \emptyset \ (i \neq j), \quad V_i \neq \emptyset \ (i = 1, \cdots, n)$$

と分割でき，しかも，どの i についても両端点が同じ V_i の元であるような辺が存在しないならば，G を n 部グラフといい，$G = (V_1, \cdots, V_n, E)$ と表す．さらに，任意の $i \neq j$ に対して V_i のどの頂点と V_j のどの頂点も隣接しているとき，G を**完全 n 部グラフ**という．$|V_i| = p_i \ (i = 1, \cdots, n)$ であるとき，このグラフを $K(p_1, \cdots, p_n)$ とか $K_{p_1, \cdots, p_n}$ で表す[†]（$p_1, \cdots, p_n$ の順序は任意）．

例4.6 (完全) n 部グラフ．

（1） G_1 は任意の n ($n = 2, \cdots, 6$) について n 部グラフである．$n = 2, 3$ の場合を G_2, G_3 に示した．

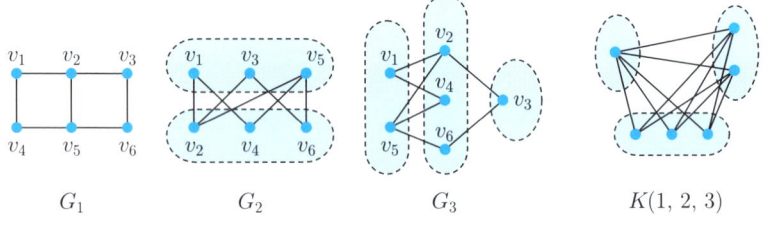

G_1 $\qquad$ G_2 $\qquad$ G_3 $\qquad$ $K(1, 2, 3)$

（2） $K(1, 2, 3)$ は 2 部グラフではない 3 部グラフである (定理 4.13 参照)．

記号のまとめ

$G = (V, E)$	頂点集合が V で辺集合が E のグラフ G
$V(G), E(G)$	G の頂点集合，G の辺集合
$G_1 = G_2, G_1 \cong G_2$	G_1 と G_2 が等しい，同型
$\deg(v), \Delta(G), \delta(G)$	v の次数，G の最大次数，G の最小次数
K_n	完全グラフ
$G_1 \subseteqq G_2$	G_1 は G_2 の部分グラフ
$G - v, G - uv, G + v, G + uv$	頂点/辺の削除/追加
$\langle U \rangle_G, \langle F \rangle_G$	(辺) 誘導部分グラフ
$\overline{G}$	G の補グラフ
$G = (V_1, \cdots, V_n, E)$	n 部グラフ
$K(p_1, \cdots, p_n), K_{p_1, \cdots, p_n}$	完全 n 部グラフ

[†] K_n や $K_{p_1, \cdots, p_n}$ の K は K.クラトウスキー(Kuratowski)(4.3.7 項参照) の頭文字．

4.1 節　理解度確認問題

問 4.1　（握手補題）グラフ G において，$|E(G)| = \frac{1}{2}\sum_{v \in V(G)} \deg(v)$ が成り立つことを証明せよ．したがって，G の奇頂点の個数は偶数である．

問 4.2　下記のグラフ G_1, G_2, G_3 について，以下の各問に答えよ．(7) において K_1 は 1 頂点であることに注意．

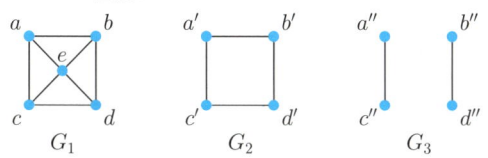

(1) G_1 を $G = (V, E)$ の形式で表せ．
(2) $|V(G_2)|$, $|E(G_2)|$ は？
(3) $\Delta(G_1)$, $\delta(G_1)$ および，これらを与える頂点を示せ．
(4) $G_2 \cong \overline{G_3}$ であることを示せ．
(5) G_1 に最小数の辺を追加または削除して正則グラフにせよ．
(6) G_1, G_2, G_3 の中で 2 部グラフはどれか？ 3 部グラフはどれか？
(7) 次の中で同型なグラフはどれとどれか？

$$G_1 - e, \quad \langle\{a,b,c,d\}\rangle_{G_1}, \quad \langle\{ae,be,ce,de\}\rangle_{G_1}, \quad K_{2,2} + K_1,$$
$$\overline{G_2}, \quad (G_3 + a''d'') + b''c'', \quad (G_1 - a) - de$$

問 4.3　G から頂点 v を除去したグラフ $G-v$ は $G-v := (V(G)-\{v\}, E(G)-\{uv \mid uv \in E(G)\})$ と定義できる．辺 e を除去したグラフ $G-e$, 頂点 w, 辺 e を追加したグラフ $G+w$, $G+e$ を同様に定義せよ．

問 4.4　位数 5 の 1 次および 3 次の正則グラフは存在しないことを示せ．また，位数 5 の 0 次，2 次，4 次正則グラフをすべて求めよ．

問 4.5　パーティに 6 人集まれば，その中には互いに知りあった 3 人，または互いに知らない 3 人が必ずいることを示せ（ヒント：6 人を 6 個の頂点で表し，知りあい同士を辺で結んだグラフ G を考え，位数 6 のグラフには互いに隣接しあった 3 頂点か互いに隣接しない 3 頂点が必ず存在することを示せ）．

問 4.6　$\overline{G} \cong G$ であるグラフ G を**自己補グラフ**という．
(1) 自己補グラフの位数は $4n$ または $4n+1$ ($n \in \boldsymbol{N}$) であることを示せ．
(2) 位数 5 以下の自己補グラフをすべて求めよ．

問 4.7　$n \geqq 3$ ならば，任意の $1 \leqq m < n$ について K_n は m 部グラフではないことを証明せよ．

問 4.8　$K(p_1, \cdots, p_n)$ の位数とサイズを求めよ．

4.2 連 結 性

4.2.1 道 と 閉 路

グラフ G の頂点の有限列

$$P = \langle v_0, v_1, \cdots, v_n \rangle$$

が $v_{i-1}v_i \in E$ ($1 \leqq i \leqq n$) を満たしているとき (つまり, $v_0, v_1, \cdots, v_n$ がこの順に順次隣接しているとき:上図), P を $\boldsymbol{v_0v_n}$道または単に道といい, n を P の長さという (道 P の長さを $|P|$ で表す). v_0 を P の始点, v_n を終点といい, $v_n = v_0$ のとき P は閉じているという. 閉じた道を閉路という.

同じ辺が重複して現れない道を単純道, 同じ頂点が重複して現れない道を基本道という. 長さ3以上の閉じた単純道 (すなわち, すべての辺が異なる閉路) を単純閉路, 長さ3以上の閉じた基本道 (すなわち, すべての頂点が異なる閉路) を基本閉路とかサイクルという. サイクルを持つグラフを有閉路グラフといい, そうでないものを無閉路グラフという. 頂点数が n の閉じていない基本道を P_n で, 頂点数が n のサイクルを C_n で表す. C_n を $\boldsymbol{n}$ 辺形ともいう[†].

uv 道 $P = \langle u, \cdots, v \rangle$ と vw 道 $Q = \langle v, \cdots, w \rangle$ をつなげてできる uw 道 $\langle u, \cdots, v, \cdots, w \rangle$ を PQ で表す.

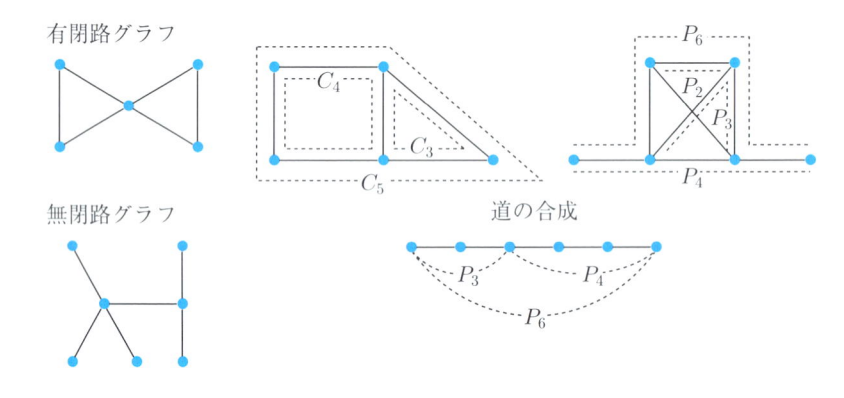

[†] グラフに関する用語は文献によってかなり異なるので注意したい. 例えば, '道 (path)' の代わりに '経路 (walk)' とか '径 (trail)' などが, '閉路 (circuit)' の代わりに '回路' が用いられ, 本書でいう '基本道' のことを '単純道' と呼ぶ書物や論文もある.

> **定理 4.1** どんな uv 道も単純 uv 道を含み，どんな単純 uv 道も基本 uv 道を含んでいる．

[証明] 長さが 1 以下の道は基本道なので，長さが 2 以上の場合について考えればよい．$u := v_0$, $v := v_n$, $P := \langle v_0, v_1, \cdots, v_n \rangle$ とする．P が単純道でないなら重複して通る辺 ($e := v_i v_{i+1}$ とする) が存在するので，P は $P = Q_1 \langle v_i, v_{i+1} \rangle Q_2 \langle v_i, v_{i+1} \rangle Q_3$ (下左図) または $P = Q_1 \langle v_i, v_{i+1} \rangle Q_2 \langle v_{i+1}, v_i \rangle Q_3$ (下右図) と分解できる．前者の場合 $P' := Q_1 \langle v_i, v_{i+1} \rangle Q_3$ とし，後者の場合 $P' := Q_1 Q_3$ とすると，P' は P より長さが短い $v_0 v_n$ 道である．P' が単純道でないなら，P' に同じ操作を行い，P' より長さの短い $v_0 v_n$ 道 P'' が得られる．この操作を，重複して通る辺がなくなるまで繰り返すと得られたものは単純 $v_0 v_n$ 道である．P の長さは有限であり，1 回の操作で道の長さは 2 以上減るので，以上の操作は有限回で終了する．

次に，P が基本道でない単純道なら，重複して通る頂点 $v_i = v_j$ ($i < j$) が存在し $Q = \langle v_i, \cdots, v_j \rangle$ は閉路である．P からこの閉路を削除した道を P' とする．上と同様に，この操作の繰り返しによって，最終的にはどの頂点も 1 回しか現れない $v_0 v_n$ 道が得られる． □

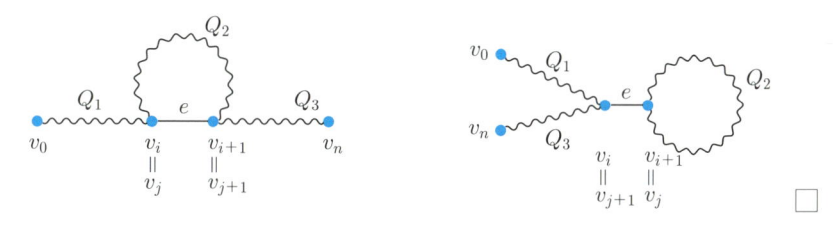

上記の証明は $u = v$ の場合を含んでいることに注意する．したがって，閉路は必ずサイクルを含んでいることもいえる．

● **隣接行列** 無向グラフ $G = (\{v_1, \cdots, v_p\}, E)$ についても，有向グラフと同様に**隣接行列** $A[G] = (a_{ij})$ が定義される．$A[G]$ は 0,1 だけを成分とする $p \times p$ 行列で，

$$v_i v_j \in E \text{ なら } a_{ij} = 1, \quad v_i v_j \notin E \text{ なら } a_{ij} = 0$$

と定義されるものである．$A[G]$ は対称行列である．次の定理は定理 3.14 と全く同様に証明できる．

定理 4.2 $A[G]^n = (a_{ij}^{(n)})$ の (i,j) 成分は，G における長さ n の相異なる $v_i v_j$ 道の個数である．

系 4.3 （1）$a_{ii}^{(2)} = \deg(v_i)$．
（2）$\frac{1}{6}\sum_{i=1}^{p} a_{ii}^{(3)}$ は G における相異なる 3 辺形の個数である．
（3）$p \geqq 2$ のとき，G が 連結 $\iff \sum_{n=0}^{p-1} A[G]^n$ のどの成分も正．

[証明]（1），（3）は明らかであろう．
（2）v_1, v_2, v_3 を頂点とする 3 辺形は，v_1, v_2, v_3 のどれを始点とする閉路と考えるかで 3 通り，そのそれぞれについて右回りか左回りかで 2 通り，計 6 通りの周の回り方がある． □

例4.7 隣接行列と道の個数．
サイクル C_3（左下図）を考える．

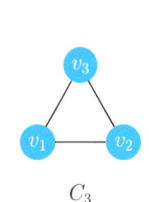

$$A[C_3] = \begin{bmatrix} 0 & 1 & 1 \\ 1 & 0 & 1 \\ 1 & 1 & 0 \end{bmatrix}, \quad A[C_3]^3 = \begin{bmatrix} 2 & 3 & 3 \\ 3 & 2 & 3 \\ 3 & 3 & 2 \end{bmatrix}$$

長さ 3 の $v_1 v_2$ 道：v_1–v_2–v_3–v_2, v_1–v_2–v_1–v_2, v_1–v_3–v_1–v_2．
C_3 の 3 辺形の個数 $= \frac{1}{6}\sum_{i=1}^{3}(A[C_3]^3)_{ii} = \frac{2+2+2}{6} = 1$． □

● **隣接リスト** グラフはさまざまな問題を表現する有用な道具として実際に広く使われているので，コンピュータを使って問題を解く際，グラフをコンピュータ（プログラム）上でどのように表すかは重要である．グラフを表す方法の中で隣接行列は最も自然なものの 1 つである（たいていのプログラミング言語が持っているデータ記憶法である「配列」を使って表すことができる）が，辺数が少ないグラフの隣接行列は成分のうち 0 の個数が圧倒的に多いため，配列に使うスペース（(p,q) グラフなら p^2 に比例するメモリ量）に無駄が多い（1 の個数は全体の $\frac{2q}{p^2}$ %．また，対称な半分は冗長）と考えられる．このような場合，以下に述べる隣接リストによる表し方を用いると $p + 2q$ に比例する程度のメモリ量でグラフを表現することができ，使うメモリ量を少なくできる．

大雑把にいうと，**リスト**†とは，データを一列に並べた列

$$\langle x_1, x_2, \cdots, x_n \rangle$$

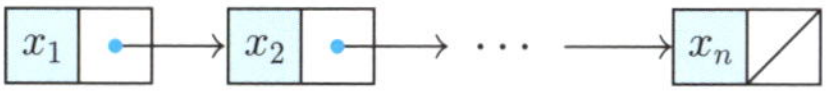

のことで，上図のように → (リンク) でつないで表す．どのデータ x_i も，リストの先頭の x_1 から順次 → をたどってアクセスすることしかできない (したがって，i に比例する時間かかる)．そのため，→ の先にあるほどアクセスに時間がかかるという欠点がある．それに対し，配列ではどのデータにも同じ時間でアクセスできるという利点がある．以上述べた長所・短所を考慮して，隣接行列を使うか隣接リストを使うかを決める．

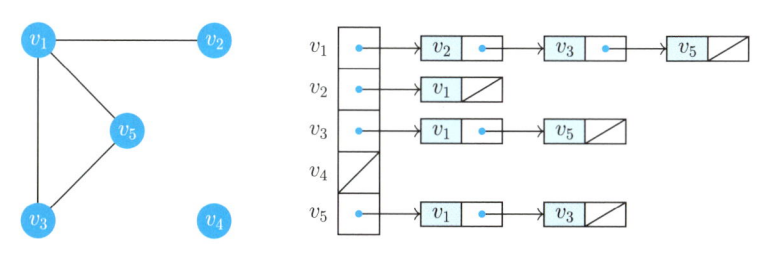

● **接続行列，次数行列**　$V(G) = \{v_1, \cdots, v_p\}$, $E(G) = \{e_1, \cdots, e_q\}$ のとき，G の接続行列 $B[G] = (b_{ij})$ と次数行列 $C[G] = (c_{ij})$ は，次のように定義される $p \times q$ 行列と $p \times p$ 行列である：

$$b_{ij} := \begin{cases} 1 & v_i と e_j が接続しているとき \\ 0 & そうでないとき \end{cases} \qquad c_{ij} := \begin{cases} \deg(v_i) & i = j のとき \\ 0 & i \neq j のとき \end{cases}$$

例4.8　隣接行列，接続行列，次数行列の間の関係．

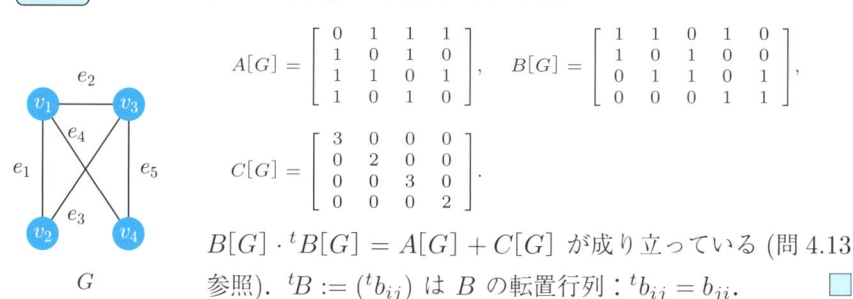

$$A[G] = \begin{bmatrix} 0 & 1 & 1 & 1 \\ 1 & 0 & 1 & 0 \\ 1 & 1 & 0 & 1 \\ 1 & 0 & 1 & 0 \end{bmatrix}, \quad B[G] = \begin{bmatrix} 1 & 1 & 0 & 1 & 0 \\ 1 & 0 & 1 & 0 & 0 \\ 0 & 1 & 1 & 0 & 1 \\ 0 & 0 & 0 & 1 & 1 \end{bmatrix},$$

$$C[G] = \begin{bmatrix} 3 & 0 & 0 & 0 \\ 0 & 2 & 0 & 0 \\ 0 & 0 & 3 & 0 \\ 0 & 0 & 0 & 2 \end{bmatrix}.$$

$B[G] \cdot {}^t B[G] = A[G] + C[G]$ が成り立っている (問 4.13 参照)．${}^t B := ({}^t b_{ij})$ は B の転置行列：${}^t b_{ij} = b_{ji}$．　□

---

† 正確には線形リストという．→ はプログラミング用語では「ポインタ」という．

● **距離** G を連結グラフ (どの 2 頂点間にも道があるグラフ) とする．G の 2 頂点 u と v の間の距離 $\mathrm{d}(u,v)$ とは，uv 道の長さの最小値のことである．任意の $u,v,w \in V(G)$ に対して次のことが成り立つ：

(i) $\mathrm{d}(u,v) \geqq 0$． $\mathrm{d}(u,v) = 0 \iff u = v$．
(ii) $\mathrm{d}(u,v) = \mathrm{d}(v,u)$．
(iii) $\mathrm{d}(u,v) + \mathrm{d}(v,w) \geqq \mathrm{d}(u,w)$．（三角不等式）

$v \in V(G)$ に対して，v から最も遠い頂点までの距離

$$\mathrm{e}(v) := \max\{\mathrm{d}(v,u) \mid u \in V(G)\}$$

を v の**離心数**という．G のすべての頂点の離心数のうちの最大値を G の**直径**，最小値を G の**半径**といい，それぞれ $\mathrm{diam}(G)$, $\mathrm{rad}(G)$ で表す[†]：

$$\mathrm{diam}(G) := \max\{\mathrm{e}(v) \mid v \in V(G)\}, \quad \mathrm{rad}(G) := \min\{\mathrm{e}(v) \mid v \in V(G)\}$$

$\mathrm{e}(v) = \mathrm{rad}(G)$ である頂点 v を G の**中心**という．中心は 1 つとは限らない．

例4.9 $\mathrm{d}(u,v)$, $\mathrm{e}(v)$, $\mathrm{diam}(G)$, $\mathrm{rad}(G)$.

（1） 各頂点の脇に，その頂点の離心数を記した．黒丸の頂点は G の中心．

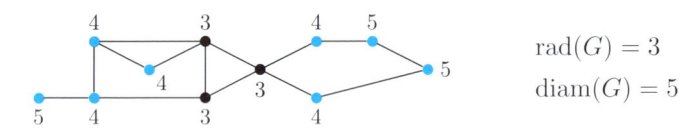

$\mathrm{rad}(G) = 3$
$\mathrm{diam}(G) = 5$

（2） $\mathrm{rad}(K_n) = \mathrm{diam}(K_n) = 1$, $\mathrm{rad}(C_n) = \mathrm{diam}(C_n) = \lfloor \frac{n}{2} \rfloor$, $\mathrm{rad}(P_n) = \lfloor \frac{n}{2} \rfloor$, $\mathrm{diam}(P_n) = n - 1$.

（3） グラフの頂点で 1 つのコンピュータを表し，辺でコンピュータ間のデータ通信回線を表すとき，直径が r であるということは，最も離れたコンピュータ同士がデータ通信を行うためには中間に $r - 1$ 個のコンピュータを介在させる必要があることを示している．中心は，このコンピュータネットワークのセンター (最も頻繁に他のコンピュータとデータ通信するコンピュータ) をどこに設置したら効率良いデータ通信ができるかを示している．

[†] 離心数：eccentricity. 直径：diameter. 半径：radius.

4.2 連 結 性

4.2.1項 理解度確認問題

問 4.9 図に示したグラフ G について，以下のものを求めよ．
(1) $d(v_1, v_7)$
(2) $e(v_3)$
(3) 最長の単純 v_1v_7 道
(4) 最長の基本 v_1v_7 道
(5) 辺数最大のサイクル
(6) サイクルの総数
(7) $\text{rad}(G)$
(8) $\text{diam}(G)$
(9) 中心

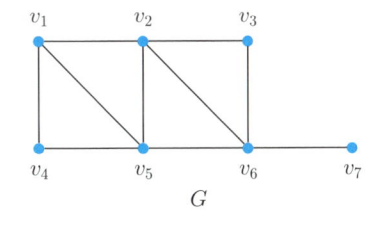

問 4.10 (p, q) グラフを隣接行列と隣接リストで表した場合の長所と短所について，次の表の ① ～ ④ を埋めよ．$O(f(n))$ は $f(n)$ に比例する時間以下でできることを表す．特に，$O(1)$ は定数時間でできることを意味する．

考察項目	隣接行列	隣接リスト
プログラム上での実現法	(2次元) 配列	(線形) リスト
1つの辺へのアクセス時間	$O(1)$	①
必要メモリ量	②	$O(p + 2q)$
辺の追加にかかる時間	$O(1)$	③
辺の削除にかかる時間	$O(1)$	④

問 4.11 接続行列によってグラフを表現することのメリット・デメリットについて考察せよ．

問 4.12 一般に，次のグラフは隣接行列表現，隣接リスト表現のどちらがメモリ容量の点で得か？
(1) K_n (2) C_n (3) 無閉路グラフ
(4) $(p, \frac{p^2}{4})$ グラフ (5) 2部グラフ

問 4.13 グラフ G の隣接行列 $A[G]$，接続行列 $B[G]$，次数行列 $C[G]$ の間に関係
$$B[G] \cdot {}^t B[G] = A[G] + C[G]$$
が成り立つことを証明せよ．よって，接続行列が与えられればグラフを復元できる．

問 4.14 有向グラフに対しても隣接行列，接続行列，次数行列を定義し，前問と同様な関係が成り立つことを示せ．

問 4.15 半径は中心からの距離の最大値であることを示せ．

問 4.16 G が連結グラフなら，$\text{rad}(G) \leqq \text{diam}(G) \leqq 2 \cdot \text{rad}(G)$ が成り立つことを証明せよ．等号が成り立つ例を示せ．

4.2.2 連結グラフ

● **連結とは** u, v をグラフ G の 2 頂点とする．G に uv 道が存在するとき，u と v は**連結している**という．G のどの 2 頂点も連結しているとき，G は**連結**であるという．2 頂点が「連結している」という関係は，グラフ G の頂点集合 $V(G)$ の上の同値関係である．この同値関係の同値類から生成される誘導部分グラフを G の**連結成分**あるいは単に**成分**という．すなわち，G の連結成分とは G の極大な連結部分グラフのことである．G の連結成分の個数を $k(G)$ で表す．したがって，$k(G) = 1$ は G が連結であることを意味する．

例4.10 連結成分．

下図の G は連結グラフである．$G - v_6$ は 3 つの連結成分 G_1, G_2, G_3 からなる：$k(G - v_6) = 3$．

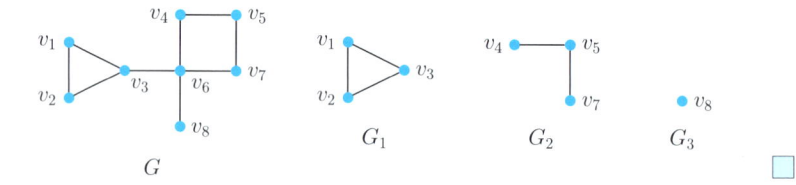

定理 4.4 G が連結グラフならば $|E(G)| \geqq |V(G)| - 1$ である．

[証明] $p = |V(G)|$ に関する数学的帰納法で証明する．$p = 1$ のときは明らか．$p \geqq 2$ のとき，$v \in V(G)$ を任意に選ぶ．$G - v$ が r 個の連結成分 $G_1, \cdots, G_r$ を持つとすると，$\deg(v) \geqq r$ である．よって，

$$|E(G)| = \deg(v) + \sum_{i=1}^{r} |E(G_i)|$$

$$\geqq r + \sum_{i=1}^{r} (|V(G_i)| - 1) \qquad \text{(帰納法の仮定)}$$

$$= \sum_{i=1}^{r} |V(G_i)| = |V(G)| - 1. \qquad \square$$

● **連結であるための十分条件** 定理 4.4 とは逆に，辺数と頂点数がどのような条件を満たすとき G は連結となるであろうか？ まず，一般のグラフに対して

は定理 4.4 の逆は成り立たないことに注意する．例えば，K_n と孤立点 1 つからなるグラフ G を考えると，頂点数は $p = n+1$，辺数は $q = \frac{n(n-1)}{2}$ であり，$n \geq 3$ ならば $q \geq p-1$ が成り立つが G は連結ではない．このグラフは辺が，2 つある連結成分のうちの一方だけに偏ってしまっている極端な例である．実際，辺がこれよりも 1 つでも多ければどんなグラフも連結になる (定理 4.5 (1))．また，辺がグラフ全体に偏りなく存在すれば，やはり連結になる (定理 4.5 (2))．一方，グラフに閉路がなければ定理 4.4 の逆も成り立つ (定理 4.5 (3))．

定理 4.5 グラフ G の頂点数 p と辺数 q の間に次の (1), (2), (3) のどれかが成り立てば G は連結である：
(1) $q \geq \frac{(p-1)(p-2)}{2} + 1$
(2) $\delta(G) \geq \frac{p-1}{2}$
(3) G が閉路をもたず，$q \geq p-1$

[証明] (1) p に関する帰納法．$p = 1$ のときは $q = 0$ であれば，$p = 2$ のときは $q = 1$ であれば G は連結である．条件はこのことを保証している．

$p \geq 3$ のとき，G が完全グラフなら連結なので OK．完全グラフでないときには，$\deg(v) \leq p-2$ なる頂点 v が存在する．もし $\deg(v) = 0$ だとすると，$G' := G - v$ の頂点数は $p' := p-1$ だから G' の辺数 q' は $\frac{(p-1)(p-2)}{2}$ 以下である．ところが，G の辺数 = G' の辺数 だから，これは仮定 $q \geq \frac{(p-1)(p-2)}{2} + 1$ に反する．よって，$1 \leq \deg(v)$．すなわち，v は G' のどれかの頂点に隣接している．$\deg(v) = p-1$ なら明らかに G は連結．$\deg(v) \leq p-2$ のとき，G' が連結であることを示せばよい．

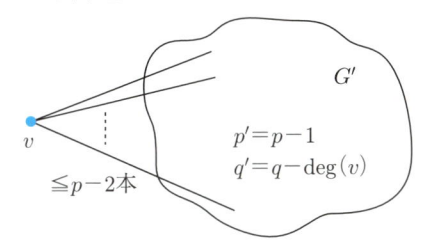

$q \geq \frac{(p-1)(p-2)}{2} + 1$ で $\deg(v) \leq p-2$ だから，

$$q' \geq q - (p-2) = \frac{(p-2)(p-3)}{2} + 1 = \frac{(p'-1)(p'-2)}{2} + 1.$$

よって，帰納法の仮定より G' は連結である．

(2) まず，G が非連結であるための必要十分条件は，その隣接行列が下図のような形となるように頂点に番号付けできることである．これを証明しよう．
$V(G) = \{v_1, \cdots, v_p\}$ とする．

〔必要性〕G' を G の連結成分の 1 つとするとき，$V(G') = \{v_1, v_2, \cdots, v_k\}$ と番号付けすればその隣接行列は B に，残りの部分グラフは C に該当する．

$$A = \left[\begin{array}{c|c} B & 0 \\ \hline 0 & C \end{array}\right]$$

〔十分性〕A の対称性から B, C は正方行列であるとしてよい．B が $r \times r$ 行列であるとすると，行列の形 (0 の部分) から $v_1, \cdots, v_r$ のどれも $v_{r+1}, \cdots, v_p$ のどれとも隣接していない (すなわち，B, C のどの頂点も連結していない) ことがいえる．∴ G は非連結．

さて，G が非連結だと仮定すると，G の隣接行列は上図のように書ける．B, C を $r_1 \times r_1$ 行列，$r_2 \times r_2$ 行列とすると，$r_1 \leqq \frac{p}{2}$ または $r_2 \leqq \frac{p}{2}$．前者の場合 (後者の場合も同様)，v_1 は v_1 自身とも $v_{r_1+1}, \cdots, v_p$ のどれとも隣接していないので $\deg(v_1) \leqq r_1 - 1 \leqq \frac{p}{2} - 1 < \frac{p-1}{2}$ となり，$\delta(G) \geqq \frac{p-1}{2}$ に反する．

(3) ① はじめに，無閉路グラフには次数 1 以下の頂点が存在することに注意する．なぜなら，任意の頂点を始点として，隣接する頂点を順次たどっていくと，G は閉路を持たないので同じ頂点は 2 度とたどられない．ところが，G の頂点の個数は有限なので，いつかはたどる先がなくなる．その終点の頂点の次数は 1 である (ただし，始点が孤立点の場合は次数 0)．

② 次に，無閉路グラフでは $q \leqq p - 1$ が成り立つことを p に関する帰納法で示す．$p = 1$ のときは $q = 0$ なので OK．$p \geqq 2$ のとき，v を次数 1 以下の頂点とする．$G' := G - v$ も無閉路グラフである ((p', q') グラフとする) から，帰納法の仮定により $q' \leqq p' - 1$．一方，$p' = p - 1$ であり，$\deg(v) = 0$ のとき $q' = q$，$\deg(v) = 1$ のとき $q' = q - 1$ であるから，$q \leqq p - 1$．

③ 最後に，定理の主張を証明する．

G が k 個の連結成分 $G_i = (V_i, E_i)$，$1 \leqq i \leqq k$，を持つとし，G_i は (p_i, q_i) グラフであるとする．各 G_i は連結なので，定理 4.4 より，$q_i \geqq p_i - 1$．一方，② より，$q_i \leqq p_i - 1$．∴ $q_i = p_i - 1$．したがって，

$$q = \sum_{i=1}^{k} q_i = \sum_{i=1}^{k} (p_i - 1) = p - k.$$

仮定 $q \geqq p - 1$ より $p - k \geqq p - 1$．∴ $k = 1$．すなわち，G は連結である． □

4.2.2項　理解度確認問題

問 4.17　$\delta(G) \geqq 2$ を満たすグラフ G にはサイクルがあることを示せ.

問 4.18　G が $k(G) = k$ なる (p,q) グラフのとき，$q \geqq p - k$ であることを示せ. 特に, G が無閉路グラフなら $q = p - k$ である.

問 4.19　定理 4.5 (2) を p に関する数学的帰納法で証明せよ.

問 4.20　$K_{n,2n,3n}$ が連結グラフであることは定理 4.5 の (1)〜(3) のうちのどれかで確認できるか？

問 4.21　$G = (V, E)$ が連結グラフなら，V のどんな分割 V_1, V_2 (つまり $V = V_1 \cup V_2$, $V_1 \neq \emptyset$, $V_2 \neq \emptyset$, $V_1 \cap V_2 = \emptyset$ を満たすもの) に対しても，V_1 のある頂点と V_2 のある頂点が必ず隣接していることを示せ.

問 4.22　G が連結グラフでないならばその補グラフ $\overline{G}$ は連結グラフであることを証明せよ. これより，自己補グラフは連結であることが示される. また, 逆は成り立たない (反対は自明グラフ以外の完全グラフ).

問 4.23　連結グラフでは，任意の 2 つの最長基本道は交差する，すなわち共有頂点を持つ. このことを証明せよ. (参考：すべての最長基本道が 1 点を共有するとは限らないことが知られている.)

記号のまとめ(4.2.1 節 〜 4.2.2 節)

$\langle v_1, \cdots, v_n \rangle$	$v_1 v_n$ 道
PQ	道 P と道 Q をつなげた道
$\lvert P \rvert$	道 P の長さ
P_n	位数 n の基本道
C_n	長さ n の基本閉路 (サイクル)
$A[G], B[G], C[G]$	G の隣接行列, G の接続行列, G の次数行列
$\mathrm{d}(u, v)$	頂点 u, v 間の距離
$\mathrm{e}(v)$	頂点 v の離心数
$\mathrm{diam}(G)$	G の直径
$\mathrm{rad}(G)$	G の半径
$k(G)$	G の連結成分の個数
$O(f(n))$	$f(n)$ の定数倍以下 (厳密な定義は 6 章で)「オーダー $f(n)$」と読む
$O(1)$	定数

4.2.3 連 結 度

● **つながりが弱い箇所** グラフ G の頂点 $v \in V(G)$ が $k(G-v) > k(G)$ を満たすならば，v を G の**切断点**とか**関節点**という．すなわち，切断点とは，その頂点を削除することによってその頂点を含む連結成分がその点で切り離されて非連結になってしまうような頂点のことである．また，G の辺 $e \in E(G)$ が $k(G-e) = k(G) + 1$ を満たすならば，e を G の**切断辺**とか**橋辺**という．すなわち，切断辺を削除すると，その辺を含む連結成分は2つに分離してしまう．

例 4.11 切断点と切断辺．

(1) 次のグラフの切断点は v_1, v_2, v_3, v_4，切断辺は e_1, e_2 である．

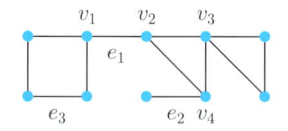

(2) e_3 のように，閉路上にある辺は切断辺ではない．実は，この逆も成り立つ．すなわち，e が切断辺である必要十分条件は e がどの閉路上にもないことである (問 4.31 参照)． □

次の定理は，グラフが情報拠点 (= 頂点) の間のデータ伝送ネットワークを表している場合，切断点や切断辺は，どの情報もそこを通過してはじめて全体に行き渡ることができるという，重要な拠点や伝送路 (であると同時に，情報伝送の渋滞を起こしかねないボトルネック) であることを示している．

定理 4.6 頂点 v (あるいは辺 e) が切断点 (あるいは切断辺) である必要十分条件は，どの uw 道も v (あるいは e) を通るような，v と異なる2頂点 u, w が存在することである．

[証明] 切断点の場合を証明する (切断辺も同様)．G は連結であるとして一般性を失わない．v が切断点なら $G-v$ の異なる連結成分からそれぞれ u, w を選ぶ．もし v を含まないような uw 道があったとすると，この道の上のどの辺も v に接続していないので $G-v$ の辺である．よって，この道は $G-v$ における道でもあり，u と w は $G-v$ の同じ連結成分に属することになり，矛盾．

逆に，題意を満たす u, w が存在したとすると $G-v$ に uw 道は存在しない．これは $G-v$ が非連結であることを意味する． □

● **連結の度合い** 切断点や切断辺を含むグラフは連結度がきわめて弱いグラフと考えられる．そこで，連結の強さを表す尺度として次のような量を考える．

$$\overset{\text{カッパ}}{\kappa}(G) := \min\{|U| \mid U \subseteq V(G),\ G-U \text{ は非連結または自明グラフ}\}$$
$$\overset{\text{ラムダ}}{\lambda}(G) := \min\{|F| \mid F \subseteq E(G),\ G-F \text{ は非連結または自明グラフ}\}$$

$\kappa(G)$ を G の**連結度**，$\lambda(G)$ を**辺連結度**といい，これらを与える U, F をそれぞれ**切断点集合**，**切断辺集合**という．G が非連結グラフなら $\kappa(G) = \lambda(G) = 0$，連結で切断点を持つなら $\kappa(G) = 1$，切断辺を持つなら $\lambda(G) = 1$ である．

例 **4.12** 連結度，辺連結度．
(1) 次のグラフ G を考える：

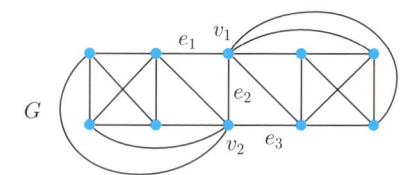

$\kappa(G) = 2 : v_1, v_2$ による．
$\lambda(G) = 3 : e_1, e_2, e_3$ による．
$\delta(G) = 4$．

(2) $n \geq 1$ のとき，$\kappa(K_n) = \lambda(K_n) = n-1$．
$n \geq 3$ のとき，$\kappa(C_n) = \lambda(C_n) = 2$． □

$\kappa(G) \geq n$ であるとき，G は **n 重連結**または単に n 連結であるという．したがって，G が 1 重連結であることと G が非自明連結グラフであることとは同値である．また，G が 2 重連結であることと G が切断点を持たないこととは同値である．一方，$\lambda(G) \geq n$ であるとき，G は **n 重辺連結**または単に n 辺連結であるという．

n 重連結グラフという概念には次のような実用的意味がある．例えば，n 個の電話局を頂点とするグラフを考える．それらの間に直接の電話回線があるかないかを辺の有無に対応させると，このグラフが n 重連結 (n 重辺連結) であることは，たとえどの $n-1$ 箇所の電話局 ($n-1$ 本の回線) に事故が発生し機能マヒに陥っても，残った電話局の間は迂回通信路によってつながっていることを意味する．

> **定理 4.7** (ホイットニー(Whitney)の定理) 任意のグラフ G に対して，不等式 $\kappa(G) \leqq \lambda(G) \leqq \delta(G)$ が成り立つ．

[証明] $\deg(v) = \delta(G)$ である頂点 v はそれに接続している $\delta(G)$ 本の辺を除去することによって孤立点となるので，$\lambda(G) \leqq \delta(G)$ が成り立つ．

次に，$\kappa(G) \leqq \lambda(G)$ について考えよう．$\lambda(G) = 0$ なら $\kappa(G) = 0$ は明らか．$\lambda(G) = 1$ なら G は切断辺 (uv とする) を含む．$E(G) = \{uv\}$ の場合，u または v を除くと自明グラフになる．その他の場合，u または v (次数が 1 でない方) は切断点である．いずれの場合も $\kappa(G) = 1$ である．

$\lambda(G) \geqq 2$ の場合を考える．それらの除去により G を非連結たらしめる $\lambda(G)$ 本の辺を $e_1, e_2, \ldots, e_{\lambda(G)}$ とする．$e_1 = uv$ 以外の $\lambda(G) - 1$ 本の各辺ごとに u, v とは異なる 接続点を 1 つ選び，それらの頂点を G から除去したグラフを H とする．H が非連結なら $k(G) < \lambda(G)$ である．H が連結の場合，辺 uv だけが残るか，そうでなければ u または v は切断点である (なぜか?)．いずれの場合も，u または v を除去すれば非連結または自明グラフになる．よって，$\kappa(G) \leqq \lambda(G)$ である． □

等号が成り立つグラフの例：K_n, $K_{n,2n,3n}$, C_n など．さらに，次の事実も知られている．G を (p, q) グラフとする：
 (1) $\delta(G) \geqq \frac{p}{2}$ なら $\lambda(G) = \delta(G)$ である．
 (2) $q \geqq p - 1$ のとき，$\kappa(G) \leqq \frac{2q}{p}$．

● **2 頂点間の道の本数**　グラフ G が 1 重連結 (すなわち，連結) であるとは，G の相異なるどの 2 頂点の間にも道が少なくとも 1 本存在することであった．この事実の一般化のうち，次に述べるメンガー(Menger)の定理 (オーストリア生，K. メンガー，1927) は応用が広く重要である．このために，以下の用語が必要である．

G を連結グラフとする．$u, v \in V(G)$, $S \subseteq V(G)$ (または $S \subseteq E(G)$) とする．$G - S$ が非連結となり，しかも u と v が異なる連結成分に属すとき，S は u と v を**分離する**といい，S を (u, v) カットまたは単に**カット**と呼ぶ．

グラフ G_1 と G_2 とが**辺素**であるとは $E(G_1) \cap E(G_2) = \emptyset$ となること，すなわち共通の辺がないことをいう．uv 道 P の**内点**とは，u または v 以外の P 上の頂点のことをいう．始点と終点が同じ 2 つの道が**内点素**であるとは，それらが内点を共有しないことをいう．

例 **4.13** 頂点の分離，頂点間の内点素な道・辺素な道．
次のグラフ G を考える：

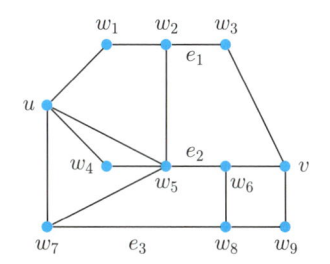

(1) $\{w_2, w_5, w_7\}$，$\{e_1, e_2, e_3\}$ はそれぞれ，u と v を分離する頂点集合/辺集合の中で頂点数/辺数が最小のものの1つである．

(2) $\langle u, w_1, w_2, w_3, v \rangle$，$\langle u, w_4, w_5, w_6, v \rangle$，$\langle u, w_7, w_8, w_9, v \rangle$ の3つの道は，互いに内点素な uv 道であり (G において，互いに内点素な uv 道は最大3個しかない)，互いに辺素な道でもある (G において，互いに辺素な uv 道は最大3個しかない)．

(3) (1),(2) を次の定理 4.8 に照らし合わせてみよ．

(4) 定理 4.8 (1),(2) の違い (下線部) に注意のこと．上図で辺 uv を追加して (1),(2) を再考せよ．

定理 4.8 (1) (メンガーの定理 Menger) u, v が G の相異なる<u>隣接しない</u>頂点ならば，G において互いに内点素な uv 道の最大本数は，u と v を分離する頂点の最小個数に等しい．
(2) u と v が G の相異なる頂点ならば，G において互いに辺素な uv 道の最大本数は，u と v を分離する辺の最小本数に等しい．

本書では証明しないが，この定理から多くのことが導かれる：
(1) 非自明グラフ G が n 重連結であることと，G の隣接しないどの2頂点間にも少なくとも n 本の内点素な道が存在することとは同値である．
(2) 非自明グラフ G が n 重辺連結であることと，G の相異なるどの2頂点間にも少なくとも n 本の辺素な道が存在することとは同値である．
(3) G が位数 $p \geq 2$ のグラフで，任意の $v \in V(G)$ に対して $\deg(v) \geq \frac{p+n-1}{2}$ ならば G は n 重連結である．

4.2.3 項　理解度確認問題

問 4.24 下図のグラフ G に対し，次のものを (あれば) 求めよ．
（1）切断点
（2）切断辺
（3）$\kappa(G-e)$
（4）$\lambda(G-e)$
（5）b, i 間の辺素な道の集合
（6）a, j 間の内点素な道の集合

問 4.25 偶頂点だけのグラフは切断辺を持たないことを示せ．

問 4.26 頂点数が p のグラフは最大何本の切断辺を持ち得るか？

問 4.27 3頂点以上の非自明連結グラフは非切断点を2つ以上持つことを示せ．

問 4.28 $\kappa(G)=1$ なる r 次正則グラフは $\lambda(G) \leqq \frac{r}{2}$ であることを示せ．

問 4.29 定理 4.7 の証明でアンダーライン部分が必要である理由を示せ．

問 4.30 $\kappa(G)=2$ である G の，ある頂点 u, v を分離する頂点の最小数は3であるという．G の一例を示せ．G には内点素な uv 道は最大何本あるか？このことより，グラフの連結度と頂点間の連結度とは違うことを認識せよ．

問 4.31 辺 e が切断辺でない $\iff$ e は閉路上にある，を示せ．これより，G が2重辺連結 $\iff$ G のどの辺も閉路上にある，が成り立つ．しかし，G が2重連結 $\iff$ G のどの頂点も閉路上にある，は成り立たない．反例を示せ．次問参照．

問 4.32 G が2重連結 $\iff$ G のどの2頂点も同一サイクル上にある，を証明せよ[†]．その他の同値な条件 (頂点数が3以上の場合)：（1）どの2辺も同一サイクル上にある．（2）どの1点とどの1辺も同一サイクル上にある．

問 4.33 $\kappa(G) \geqq k, \delta(G) \geqq k+1$ を満たすグラフ G には，$\kappa(G-e) \geqq k$ を満たす辺 e が存在する．$k=1, 2$ の場合について，このことを証明せよ．

問 4.34 次のグラフの連結度と辺連結度を求めよ：
（1）$P_n \quad (n \geqq 0)$
（2）$n \geqq 5$ のとき C_n^2 (定義は次ページ)
（3）$K_{n, 2n, 3n} \quad (n \geqq 0)$
（4）$C_9 + K_1$
（5）$\delta(G) \geqq \frac{|V(G)|}{2}$ を満たす正則グラフ

問 4.35 $\kappa(G) \geqq n$ なら $|E(G)| \geqq n\frac{|V(G)|}{2}$ が成り立つことを示せ．

[†]切断点を含まないグラフ (自明グラフを除く) をブロックということがある．頂点数が2のブロックは K_2 だけであり，頂点数が3以上のブロックとは2重連結グラフのことである．

4.3 いろいろなグラフ

この節では，いくつかの特殊なグラフについて考える．まずはじめに，与えられたグラフから新しいグラフを作るための各種の演算を導入する．これらの演算はいろんな特殊グラフを定義するのに便利である．

4.3.1 グラフ上の演算 *

2つのグラフ $G_1 = (V_1, V_2)$ と $G_2 = (V_2, E_2)$ の**和** $G_1 \cup G_2$, **直和** $G_1 + G_2$, **差** $G_1 - G_2$, **直積** $G_1 \times G_2$, G_1 の **n 乗** G_1^n を次のように定義する：

$G_1 \cup G_2 := (V_1 \cup V_2,\ E_1 \cup E_2)$

$G_1 + G_2 := (V_1 \cup V_2,\ E_1 \cup E_2 \cup \{v_1 v_2 \mid v_1 \in V_1,\ v_2 \in V_2\})$

$G_1 - G_2 := (V_1 - V_2,\ E_1 - E_2 - \{uv \mid u \in V_2\ \text{または}\ v \in V_2\})$

$G_1 \times G_2 := (V_1 \times V_2,$
$\qquad \{(u_1, u_2)(v_1, v_2) \mid u_1 = v_1\ \text{かつ}\ u_2 v_2 \in E_2,\ \text{または}$
$\qquad\qquad u_2 = v_2\ \text{かつ}\ u_1 v_1 \in E_1\})$

$G_1^n := \overbrace{G_1 \times \cdots \times G_1}^{n}$ 特に，$G_1^0 := K_1$

ただし，直和 (や，頂点が明示されていない和) は $V(G_1) \cap V(G_2) = \emptyset$ の場合にだけ定義できるものとする．また，G_2 は必ずしもグラフに限らず，任意の頂点集合と辺集合の対でもよいものとする．特に，1頂点 v や 1辺 e を加除したグラフ $G_1 \pm v$, $G_1 \pm e$ はそれぞれ G_2 が $(\{v\}, \emptyset), (\emptyset, \{e\})$ の場合の略記である．

例4.14 いろいろなグラフを演算で表す．

(2) $\cup, +, \times$ はいずれも可換で結合律も満たす．K_1 は $\times$ の単位元であり，任意の G に対して，$G \times K_1 \cong G$.

(3) $K_1^n \cong K_1$, $K_n \cong \overbrace{(\cdots (K_1 + K_1) + \cdots) + K_1}^{n}$, $K_{m,n} \cong \overline{K_m} + \overline{K_n}$.

(4) $Q_n := K_2^n$ を **n 次元立方体**という． □

4.3.1項の全文 (例 4.14 (1), (5) を含む．全2ページ) は次のウェブサイトからダウンロードできます：

```
http://www.edu.waseda.ac.jp/~moriya/education/books/DM/
```

4.3.2 オイラーグラフ

18世紀初頭,プロイセン王国のケーニヒスベルク市内のプレーゲル川[†]には下左図のように7つの橋が架けられていた.これらすべてを丁度1回ずつ通って出発点へ戻って来る道順があるかどうかは当地の住民の関心事であった.試行錯誤により答はノーであろうと予想はできたが,そのような道順が存在しないことを初めてきちんと"証明"したのは大数学者のL.オイラー(Euler)(1736)である.

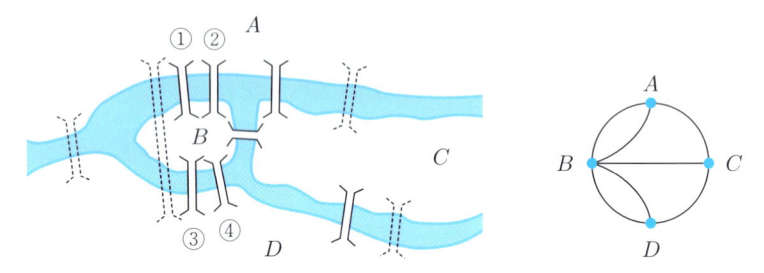

2006年現在,〰〰 が増設され,①,②,③,④はない.

この問題は,上右図のような多辺グラフが与えられたとき,各々の辺を丁度1回ずつ通る道があるかどうか(すなわち,このグラフを**一筆書き**できるかどうか)という問題と同値である.一般に,(多辺,有向)グラフ G の各辺を丁度1回ずつ通る道(あるいは閉路)のことを**オイラー道**(あるいは**オイラー閉路**)という.オイラー閉路を持つグラフを**オイラーグラフ**という.

> **定理 4.9** (**オイラーの定理**) 自明でない連結な(多辺)グラフ G がオイラー道を持つための必要十分条件は,G の奇頂点を持たないか丁度2個だけ持つことである.特に,G がオイラー閉路を持つ必要十分条件は,G が奇頂点を持たないことである.

[証明] ($\Longrightarrow$) G のオイラー道 $\langle v_1, \cdots, v_i, \cdots, v_n \rangle$ を考えよう.仮定より G は連結だから,すべての頂点がこのオイラー道の上にあることに注意する.始点 v_1 と終点 v_n 以外の v_i は,v_i へ入る辺と v_i から出る辺を持ち,すべての辺は丁度1回ずつこのオイラー道に現れるのだから,v_1, v_n 以外の頂点の次数は偶数である.$v_1 = v_n$ ならば v_1 も v_n も偶頂点であり,$v_1 \neq v_n$ ならば v_1 と v_n だけが奇頂点である.

[†]Königsberg の Pregel 川.第2次大戦後,ソビエト(現在はロシア)領となり,カーリニングラード (Kaliningrad) に改名された.現在の川名はプレゴーリャ川 (Pregolya).

($\Longleftarrow$)　逆は，$q = |E(G)|$ に関する数学的帰納法で証明する．

　$q \leqq 2$ のときは明らか．$q > 2$ とする．G が奇頂点を持つ場合，それらを v_1, v_2 とする．G が奇頂点を持たない場合，任意に v_1 を選ぶ．v_1 を始点として，どの辺も 2 回以上通らないように G の辺を可能な限り次々とたどっていき，それ以上たどれないような頂点 v に到達したとする．G が奇頂点を持たない場合は $v = v_1$ であり，そうでない場合は $v = v_2$ である．もし，これで G のすべての辺がたどられたならば，この道 (P とする) が求めるオイラー道 (G が奇頂点を持たない場合はオイラー閉路) である．まだたどられていない辺が残っている場合には，G から P を取り除いた (多辺) グラフ G' (連結とは限らない) を考えると，このグラフのすべての頂点は偶頂点である．帰納法の仮定から G' のどの連結成分もオイラー閉路を持つ．G は連結であったから，G' のどの連結成分も P と少なくとも 1 つの頂点を共有しているはずである．P において，この共有点のところにそこを共有する連結成分のオイラー閉路を挿入してやれば G のオイラー道 (またはオイラー閉路) が求まる． □

> **系 4.10**　有向 (多辺) グラフ G がオイラー道を持つための必要十分条件は，G が連結で，(1) または (2) が成り立つことである．
> (1) すべての頂点の入次数と出次数が等しい．
> (2) 2 つの頂点 v_1 と v_2 以外のすべての頂点の入次数と出次数が等しく，かつ out-deg$(v_1) = $ in-deg$(v_1) + 1$, in-deg$(v_2) = $ out-deg$(v_2) + 1$ が成り立つ．
> 　特に，G がオイラー閉路を持つための必要十分条件は，すべての頂点の入次数と出次数が等しいことである．

例4.15　オイラーグラフであるための条件とその応用．

(1) ケーニヒスベルクの橋の問題の答は「ノー」である．なぜなら，陸地を頂点，橋を辺にした，地図に対応する多辺グラフには 4 個の奇頂点があるのでオイラー道 (すべての橋を丁度 1 回ずつ通る道) さえ存在しない．

(2) どんな連結グラフに対しても，各辺をちょうど 2 回ずつ通って出発点へ戻ってくる閉路が存在する．各辺を倍に増やした多辺グラフを考えよ．

(3) Q_n は n 次正則グラフで，$|V(Q_n)| = 2^n$, $|E(Q_n)| = n2^{n-1}$, どの頂点の次数も n なので (n に関する帰納法で証明せよ)，n が偶数ならオイラーグラフであり，n が 3 以上の奇数ならオイラー道さえ存在しない． ■

4.3.3 ハミルトングラフ

グラフ G の各頂点を丁度 1 回ずつ通過する道 (あるいは閉路) を**ハミルトン道** (あるいは**ハミルトン閉路**) という. この名前は, アイルランドの数学者 W.R. ハミルトンに由来する. 1857 年, ハミルトン卿は木で正 12 面体を作り, 12 面体の稜に沿ってすべての頂点 (各頂点にはその時代の主要都市名が付けられていた) を丁度 1 回だけ通って出発点に戻ってくる道順を求める「世界周遊ゲーム」を考案した. これは図のようなグラフにおいてハミルトン閉路を求めることと同値である. ハミルトン閉路を持つグラフを**ハミルトングラフ**という.

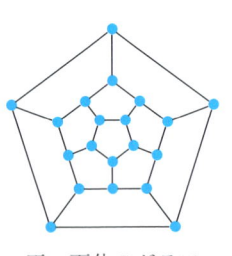

正12面体のグラフ

オイラーグラフとハミルトングラフとは一見よく似た概念である. ところが, オイラーグラフには定理 4.9 のような有効な特徴付けがあるのに対し, ハミルトングラフにはそのような特徴付けは知られていない. ここでは, ハミルトングラフとなるための十分条件を 1 つだけ述べておこう.

定理 4.11 (**オアの定理**) G が位数 $p \geqq 3$ のグラフで, かつ, 隣接しない任意の 2 頂点 u, v ($u \neq v$) に対して $\deg(u) + \deg(v) \geqq p$ が成り立っているならば, G はハミルトングラフである.

[証明] 背理法による. G は定理の仮定を満足するがハミルトングラフではないとする. このような G のうち (辺数に関して) 極大なものを考える. すなわち, どの隣接しない u, v に対しても $G + uv$ がハミルトングラフになってしまうとする (もし極大でなかったら, 極大になるまで辺を加えたものを G とすればよい. 辺を加えても仮定 $\deg(u) + \deg(v) \geqq p$ はくずれない). $G + uv$ のどのハミルトン閉路 C も辺 uv を含んでいるはずである: $C = \langle u, v = v_1, v_2, \cdots, v_p = u \rangle$.

もし, ある i ($2 \leqq i \leqq p$) に対して $v_1 v_i \in E(G)$ だとすると $v_{i-1} v_p \notin E(G)$ が成り立つ. なぜなら, $i = 2$ のときは仮定より $v_1 v_p = uv \notin E(G)$. $i = p$ のときは前提が成り立たないので OK. それ以外の場合, もし $v_{i-1} v_p \in E(G)$ であったとすると $\langle v_1, v_i, v_{i+1}, \cdots, v_p, v_{i-1}, v_{i-2}, \cdots, v_1 \rangle$ が G のハミルトン閉路となってしまう. ゆえに, $\deg(v_1) \leqq (v_p$ と隣接しない頂点の数$)$. これより,

$\deg(v_p) = (v_p$ 以外の頂点の数$) - (v_p$ と隣接しない頂点の数$) \leqq (p-1) - \deg(v_1)$.

すなわち, $\deg(u) + \deg(v) \leqq p - 1$ が成り立つ. これは仮定に反する. □

4.3 いろいろなグラフ

> **系 4.12** G が位数 $p \geqq 3$ のグラフで，かつ，隣接しない任意の 2 頂点 u, v ($u \neq v$) に対して $\deg(u) + \deg(v) \geqq p - 1$ であるならば，G はハミルトン道を持つ．

[証明] $p \geqq 3$ のとき，G に新しい頂点 v_0 を付け加え，v_0 と $V(G)$ のすべての頂点とを辺で結んだグラフを $G_0 := G + v_0$ とする．G_0 は定理の条件を満足するので，G_0 にはハミルトン閉路 $\langle v_0, v_1, \cdots, v_p, v_0 \rangle$ が存在する．$\langle v_1, \cdots, v_p \rangle$ は G のハミルトン道である． □

例 4.16 ハミルトングラフの例と応用．

(1) 定理 4.11 により，任意の正整数 n について $K(n, 2n, 3n)$ はハミルトングラフである．一方，$K(n, 2n, 3n+1)$ はハミルトングラフではない．なぜなら，ハミルトン閉路が存在したとすると，それを構成する辺は 3 つの部それぞれから $2n, 4n, 6n+2$ 本ずつが他の部の頂点に接続していなければならない．ところが，$6n + 2 \neq 2n + 4n$ なので，それは不可能である (ただし，ハミルトン道は持つ)．

(2) 定理 4.11 と系 4.12 から次のことが導かれる：

$p \geqq 3, \delta(G) \geqq \frac{p}{2}$ ならば G はハミルトングラフである．

$p \geqq 1, \delta(G) \geqq \frac{p-1}{2}$ ならば G はハミルトン道を持つ．

この応用例として次の問題を考える．$n - 1$ 人 ($n \geqq 2$) を招待してパーティを開くことになった．誰もが主催者を含めた参加者の半数以上と知り合いであるなら，主催者も含めて各人の両隣りに知り合いが来るように円形テーブルの座席順を決めることができる．なぜなら，参加者を頂点とし，知り合い同士の 2 人を辺で結んだグラフ G を考えると $\delta(G) \geqq \frac{n}{2}$ が成り立つから． □

4.3.3 項補足

有向グラフに対しても定理 4.11，系 4.12 と同様な結果が知られている．

(1) G が位数 p の強連結な (あるいは，任意の) 有向グラフで，隣接しない任意の 2 頂点 u, v ($u \neq v$) に対して $\deg(u) + \deg(v) \geqq 2p - 1$ (あるいは $\deg(u) + \deg(v) \geqq 2p - 3$) であるならば，$G$ はハミルトン閉路 (あるいはハミルトン道) を持つ．したがって，特に完全有向グラフ (p.89) はハミルトン道を持つ．

(2) トーナメント (どの 2 頂点 u, v 間にも，辺 (u, v) または辺 (v, u) のどちらか 1 つだけがあるグラフのこと) はハミルトン道を持つ．また，頂点数が 3 以上のトーナメントがハミルトングラフである必要十分条件は強連結なことである．

4.3.1 〜 4.3.3項　理解度確認問題

問 4.36　次のグラフを同型なもので分類せよ．

$$K_1 + K_1, \quad K_{1,2}, \quad K_3, \quad K_1 \times K_2, \quad P_1 + P_2, \quad K_{2,3}, \quad C_5, \quad \overline{C_4},$$
$$\overline{P_2} + \overline{P_3}, \quad \overline{C_5}, \quad K_2, \quad \overline{K_2} \times K_1, \quad P_2 \cup P_2, \quad K_2^2, \quad P_3, \quad C_3$$

問 4.37　次の式が成り立つ例と成り立たない例を (あれば) 挙げよ．
(1) $\overline{G_1 + G_2} = \overline{G_1} + \overline{G_2}$
(2) $\overline{G_1 \times G_2} = \overline{G_1} \times \overline{G_2}$

問 4.38　G が n 重連結なら $G + K_1$ は $n+1$ 重連結であることを示せ．

問 4.39　現在のカーリニングラードでは橋が p.124 の図に示したように架けられている．すべての橋を 2 回ずつ通って出発点へ戻って来る道順はあるか？

問 4.40　定理 4.11 について答えよ．
(1) 逆が成り立たないような例を示せ．
(2) 隣接しないどの 2 頂点 u, v も $\deg(u) + \deg(v) \geqq p - 1$ を満たし，かつハミルトングラフでない例を示せ．

問 4.41　ある学校では 7 科目を何人かの先生が教えている．1 日に 1 科目ずつ 1 週間連続して試験を行いたい．ただし，同じ先生が教えている科目の試験が 2 日続けて行われることがないようにしたい．5 科目以上を担当する先生がいなければ，このような試験日程を組めることを示せ．

問 4.42　できるだけ少ない頂点数で，ハミルトングラフであるがオイラーグラフでない例，オイラーグラフであるがハミルトングラフでない例を示せ．

問 4.43　次のことは正しいか否か，理由をつけて答えよ．
(1) K_{100} はオイラーグラフである．
(2) ハミルトン道を持つ無閉路グラフは P_n だけである．

問 4.44　例 4.16 (2) の類題．パーティの参加者 n 人 $(n \geqq 4)$ のどの 2 人もそのどちらかが残りの $n-2$ 人と知人である場合にも解があることを示せ．

問 4.45　プリンタが 1 台だけ付いているコンピュータで n 個のプログラムを実行して結果を印刷したい．プログラム i は計算に c_i 分，印刷に p_i 分かかる．どの i, j に対しても $p_i \geqq c_j$ であるか $p_j \geqq c_i$ であるなら，プリンタが休みなく印刷しつづけるようなプログラムの実行順序があることを示せ．

問 4.46　Q_n $(n \geqq 2)$ はハミルトングラフであることを示せ．

問 4.47　ハミルトングラフの直積はハミルトングラフであることを示せ．

問 4.48　G を (p, q) グラフとする．$p \geqq 3$, $q \geqq \frac{p^2 - 3p + 6}{2}$ なら G はハミルトングラフであることを示せ．

4.3.4 2部グラフ

2つの集団 A, B があり，各集団内のメンバー間のことは考えず，A のメンバーと B のメンバーとの間の関係だけを問題にすることがよくある．例えば，男と女の間の関係，求人と求職者の間の関係 etc. こういった問題は2部グラフによって表すことができる．ここでは，そのような2部グラフの基本的性質を1つ述べておく．2部グラフの応用については 4.5.6 項も見よ．

> **定理 4.13** (ケーニヒ(König)の定理) 自明でないグラフ G が2部グラフであるための必要十分条件は，長さ奇数のサイクルを含んでいないことである．

[証明] G が2部グラフ $\iff$ G の自明でないどの連結成分も2部グラフ，であることに注意すると，G が連結グラフである場合を考えればよい．

($\Longrightarrow$) 2部グラフ $G = (V_1, V_2, E)$ に道 $\langle v_0, v_1, \cdots, v_n \rangle$ が存在したとすると，2部グラフの性質から，これには V_1, V_2 の元が交互に現れている．したがって，v_0 が再び現れるとするとそれは最初の v_0 から偶数番目のところである．よって，G にサイクルがあったとするとその長さは偶数である．

($\Longleftarrow$) $v_0 \in V(G)$ を任意にとり，

$$V_1 := \{v \in V(G) \mid \mathrm{d}(v_0, v) \text{ は偶数 }\}, \quad V_2 := V(G) - V_1$$

と定義すると，$v_0 \in V_1$．また，G は自明グラフではないから V_2 も空ではない．明らかに，$V_1 \cap V_2 = \emptyset$．以下で，V_2 のどの2頂点も隣接していないことを証明する (V_1 の2頂点については，$V_2 \neq \emptyset$ なので，V_2 の任意の点を v_0 として以下の議論と同様に考えればよい)．

$|V_2| = 1$ なら OK．$|V_2| \geqq 2$ のとき，任意の2頂点 $u, w \in V_2$ に対し，

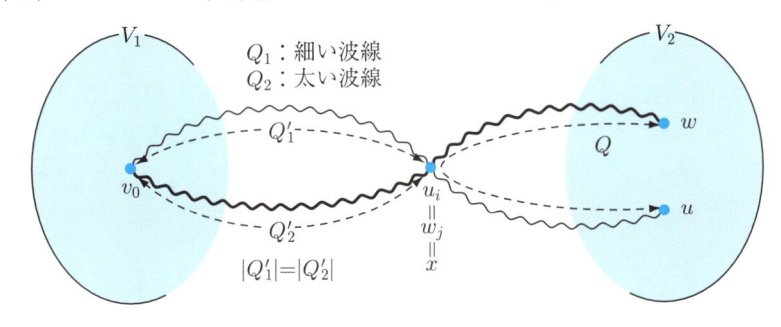

$uw \notin E(G)$ を証明すればよい. G は連結であるから v_0u 道, v_0w 道が存在する. それらの最短のもの (2 頂点間の距離を与えるもの) をそれぞれ

$$Q_1 := \langle v_0 = u_0, u_1, \cdots, u_n = u \rangle, \quad Q_2 := \langle v_0 = w_0, w_1, \cdots, w_m = w \rangle$$

とする. $u, w \in V_2$ だから n, m は奇数である. $u_i = w_j = x$ となる最大の i, j を考える (i, j は必ず存在する).

$$Q_1' := \langle u_0, u_1, \cdots, u_i \rangle, \quad Q_2' := \langle w_0, w_1, \cdots, w_j \rangle$$

はともに v_0x 道であるが, Q_1, Q_2 を最短にとったことより, これらの道の長さは等しい (例えば $|Q_1'| < |Q_2'|$ とすると, $Q_1'(Q_2 - Q_2')$ は Q_2 より長さが短い v_0w 道となってしまう). このとき, $Q := \langle u_n, u_{n-1}, \cdots, u_i \rangle \langle w_j, w_{j+1}, \cdots, w_m \rangle$ は長さが偶数の基本 uw 道である. もし $uw \in E(G)$ だとすると $Q + uw$ は長さが奇数のサイクルとなり仮定に反するので, $uw \notin E(G)$ でなければならない. □

例4.17 2 部グラフと多辺形・多面体.
（1） 2 部グラフは n 辺形 (n は奇数) を含まない.
（2） 正多面体 (4,6,8,12,20 面体しかない) の稜を辺とするグラフを考える. どのグラフも正則グラフでありハミルトングラフである. その中で, 立方体 (正 6 面体) のグラフ $Q_3 = K_2^3$ は 2 部グラフであるが, 正 4 面体 $K_3 + K_1$, 正 8 面体 $K_{2,2,2}$, 正 12 面体 (ハミルトングラフの項参照), 正 20 面体 (各面は 3 辺形) のグラフはいずれも奇数長のサイクルを含むので 2 部グラフではない. □

4.3.5 区間グラフ・弦グラフ

ある集合 S の部分集合の族 $\mathcal{S} \subseteq 2^S$ を考える. $\mathcal{S}$ の元を頂点とし, $X \cap Y \neq \emptyset$ を満たす頂点 X, Y の間に辺があるように定義されたグラフを $\mathcal{S}$ の**交わりグラフ**と呼ぶ. どんなグラフも, $\mathcal{S}$ をうまく選べば交わりグラフになる (問 4.54). 特に, S が実数の集合 $\mathbf{R}$ で, $\mathcal{S}$ が $\mathbf{R}$ 上の区間の族であるとき, $\mathcal{S}$ の交わりグラフ (と同型なグラフ) を**区間グラフ**と呼ぶ. 区間グラフは非常に特殊なグラフなので, それに関する問題を解くためのアルゴリズムが簡単である (計算量が小さい) 例としてしばしば登場する.

長さが 4 以上のサイクル $\langle v_1, v_2, \cdots, v_n, v_1 \rangle$ には**弦**($i \neq j \pm 1 \mod n$ なる 2 頂点 v_i, v_j を結ぶ辺＝サイクルを円と見たとき弦に相当するもの) が必ず 1 本以上存在するグラフを**弦グラフ**という. 区間グラフは弦グラフである (問 4.56).

4.3 いろいろなグラフ

例4.18 区間グラフの例と性質．

(1) $A := \{0, 1, 2\}$, $B := \{1.5, 2, 3, 4\}$, $C := \{3, 4, 5, 5.5\}$, $D := \{4, 5\}$ とする．$\mathcal{S} := \{A, B, C, D\}$ の交わりグラフは右下図．

このグラフは区間の族

$$\left\{ \begin{array}{ll} I_A := [0, 2], & I_B := (1, 4], \\ I_C := (3, 6), & I_D := [4, 5] \end{array} \right\}$$

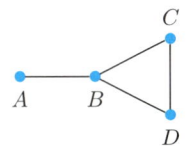

の交わりグラフと同型 (集合 X と区間 I_X が対応する) なので，区間グラフでもある．

(2) 任意の n に対し P_n は区間グラフであり弦グラフでもあるが，C_n ($n \geqq 4$) は区間グラフではないが弦グラフである (問 4.55)．

(3) 完全グラフ K_n はどれも区間グラフかつ弦グラフである．左下図の弦グラフでは，どのサイクル内の2頂点間にも弦があり，その部分は完全グラフ[†]になっている (ただし，そのことは弦グラフであるための必要条件ではない)．

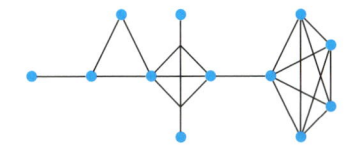

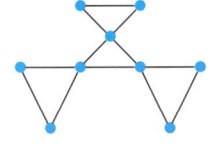

(4) 右上図は区間グラフではない弦グラフである．(なぜか？)

記号のまとめ(4.3.1 項 ～ 4.3.5 項)

$\overset{カッパ}{\kappa}(G)$	G の連結度
$\overset{ラムダ}{\lambda}(G)$	G の辺連結度
$G_1 \cup G_2$, $G_1 + G_2$, $G_1 - G_2$	G_1 と G_2 の和，直和，差
$G - v$, $G - e$	頂点 v の除去，辺 e の除去
$G_1 \times G_2$, G^n	直積，n 乗
Q_n	n 次元立方体

[†]このような，極大な完全部分グラフのことを**クリーク**(clique) と呼ぶ．clique は徒党，派閥の意．

4.3.4 〜 4.3.5 項　理解度確認問題

問 4.49　英小文字 a 〜 z と数 0 〜 9 を次のように対応させる．a 〜 z にこの順に番号 1 〜 26 を振り，英字○には (○の番号 mod 10) を対応させる．このとき，英字と数との対応を 2 部グラフとして表せ．

問 4.50　$|V_1| \neq |V_2|$ である 2 部グラフはハミルトングラフでないことを示せ．

問 4.51　$(p, \frac{p^2}{4})$ グラフは長さ奇数の基本閉路を含むか，あるいは，$K(\frac{p}{2}, \frac{p}{2})$ と同型であることを証明せよ．

問 4.52　定理 4.13 により，完全 2 部グラフ $K(\frac{n}{2}, \frac{n}{2})$ は 3 辺形を含まない $(n, \frac{n^2}{4})$ グラフである．一般に，3 辺形を含まない (p, q) グラフは $q \leqq \frac{p^2}{4}$ を満たすことを証明せよ．

問 4.53　正しかったら証明し，正しくない場合は反例を挙げよ．
(1)　G_1, G_2 が 2 部グラフなら $G_1 \times G_2$ も 2 部グラフである．
(2)　G_1, G_2 が完全 2 部グラフなら $G_1 + G_2$ も完全 2 部グラフである．
(3)　G_1, G_2 がオイラーグラフなら $G_1 + G_2$ もオイラーグラフである．

問 4.54　どんなグラフも交わりグラフであることを示せ．

問 4.55　例 4.18 (2), (3) を示せ：P_n, K_n は区間グラフであるが，C_n ($n \geqq 4$) は区間グラフでない．

問 4.56　区間グラフは弦グラフであることを示せ．

問 4.57　G が弦グラフなら G には長さ 3 以上のサイクルが存在しないか，または，ある頂点 v を含む長さ 3 のサイクルが存在して $G - v$ も弦グラフである．このことを証明せよ．

問 4.58　有向グラフが**準完全 n 部**グラフであるとは，辺の向きを無視して無向グラフとして見ると n 部多辺グラフであり (つまり，同一部内のどの 2 頂点を結ぶ有向辺も存在しない)，かつ，異なる部に属すどの 2 頂点の間にも少なくともどちらか向きに有向辺が必ず存在することをいう．
(1)　準完全有向 2 部グラフである例と，ない例を示せ．
(2)　2 つの部の頂点数が同じでハミルトン閉路を持たない準完全有向 2 部グラフの例を挙げよ．
(3)　次のグラフはハミルトン閉路を持つことが知られている．例を示せ．
　(a)　正則な (ある k が存在して，どの頂点の入次数も出次数も k である) 準完全有向 n 部グラフ
　(b)　強連結な準完全有向 2 部グラフ

4.3.6 木

無閉路グラフ (したがって,サイクルを含んでいない) を**森**とか**林**といい,連結な無閉路グラフを**木**†という.したがって,森の連結成分はそれぞれ木である.木はコンピュータサイエンスのあらゆる領域に登場するきわめて重要な概念である.木の特徴付けのいくつかを次の定理にまとめて述べる.

> **定理 4.14** G を (p,q) グラフとする.次の (1)〜(7) は同値である.
> (1) G は木である.
> (2) G は連結で,G のどの辺も切断辺である.
> (3) G は連結で,$p=q+1$ である.
> (4) G にはサイクルがなく,$p=q+1$ である.
> (5) G には閉路がなく,$p=q+1$ である.
> (6) G のどの 2 頂点の間にも基本道が丁度 1 つだけ存在する.
> (7) G にはサイクルがなく,G の隣接しない 2 頂点間のどこに辺を付け加えてもサイクルができる.

[証明] (1) $\Longrightarrow$ (2):G を木とし,$e=uv \in E(G)$ が切断辺でないとすると,$G-e$ は連結である.よって,$G-e$ には基本 uv 道 P が存在する (定理 4.1).$P+e$ は G のサイクルとなり,G が無閉路グラフであることに矛盾.

(2) $\Longrightarrow$ (3):p に関する数学的帰納法.$p=1$ のとき,明らかに $q=0$ である.
$p \geqq 2$ のとき,G のどの辺 e に対しても $G-e$ は 2 つの連結成分 G_1, G_2 に分かれ,その各々においてどの辺も切断辺である.帰納法の仮定から,$|V(G_i)|=|E(G_i)|+1$ $(i=1,2)$.よって,$p=|V(G)|=|V(G_1)|+|V(G_2)|=|E(G_1)|+|E(G_2)|+2=|E(G)|+1=q+1$.

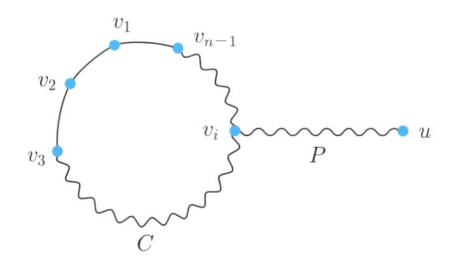

---
†木:tree.後ほど定義される根付き木と区別するため,**自由木**ということもある.

（3）$\Longrightarrow$（4）：G にサイクル $C := \langle v_1, v_2, \cdots, v_n = v_1 \rangle$ があったとする．C 上の頂点の個数と辺の個数は等しい．G は連結であるから，C の上にないどの頂点 u に対しても，C 上のある頂点 v_i から u へ至る C と辺素な道 P が存在する．なぜなら，まず，定理 4.1 の証明にしたがって C 上の任意の頂点から u への基本道をとり，それが C と複数の頂点を共有していたら，それらの共有頂点の中で u に最も近い v_i をとればよい．P 上の辺数と頂点数（v_i は除く）は等しい．P を可能な限り延長し，もし C 上の頂点 v_j に到達できるなら（P 上の辺数）$>$（P 上の頂点数（v_i, v_j は除く））であり，そうでないなら（P 上の辺数）$=$（P 上の頂点数）である．この操作の結果，C 上にも P 上にもない点 u' がまだ残っていたら，C または P 上の点から C とも P とも辺素な u' への基本道がとれる．この基本道を可能な限り延長すると，上述と同様な理由で この基本道上の辺数 $\geqq$ 頂点数 である．このことをすべての頂点がカウントされるまで繰り返すと，$|E(G)| \geqq |V(G)|$ であることが導かれ（しかも，たどられていない辺がまだ残っているかもしれない），仮定 $p = q+1$ に反す．

（4）$\Longrightarrow$（5）：明らか．

（5）$\Longrightarrow$（6）：G は k 個の連結成分 $G_1, G_2, \cdots, G_k$ を持つとする．G_i を (p_i, q_i) グラフとすると，（1）$\Longrightarrow$（3）はすでに証明が済んでいるので，G_i が木であることから $p_i = q_i + 1$ であることが導かれる．よって，

$$p = \sum_{i=1}^{k} p_i = \sum_{i=1}^{k} (q_i + 1) = q + k$$

となり，これより $k = 1$ を得る．すなわち，G は連結である．

u と v の間に 2 つの基本道が存在したとすると，それらによって G における閉路が生じ，G が無閉路であることに反す．

（6）$\Longrightarrow$（7）：G にサイクルがあるとすると，このサイクル上の 2 頂点間には 2 つの異なる基本道が存在することになってしまう．よって，G にサイクルはない．一方，どの非隣接な 2 頂点 u, v 間にも基本道があるのだから，これに辺 uv を付け加えるとサイクルができる．

（7）$\Longrightarrow$（1）：G が連結でないとすると，ある 2 頂点 u, v 間には道が存在しない．ゆえに，辺 uv を付け加えてもサイクルはできず，仮定に反す． □

系 4.15 頂点数 p の森 G は $p - k(G)$ 本の辺を持つ．

4.3 いろいろなグラフ

● **根付き木** コンピュータサイエンスにおいて '木' といえば，自由木において 1 つの頂点を '根' として指定した '根付き木' を指すのが普通である．また，木の頂点は**ノード**（節，node）と呼ばれ，辺は**枝**と呼ばれることが多い．

きちんと定義しよう．G を木とし，$r \in V(G)$ とするとき，順序対

$$T = (G, r)$$

を**根付き木**といい，r を T の**根**という．根 r から頂点 x へは丁度 1 つの道があり（∵ 定理 4.14 による），y がこの道の上の頂点であるとき，y は x の**先祖**であるといい，x は y の**子孫**であるという．定義より，x は x 自身の先祖であり子孫である．特に，yx が辺である場合には y を x の**親**，x を y の**子**という．y と z の親が同じとき，y と z は**兄弟**であるという．子を持たない頂点を**葉**（ときには，**外点**）といい，葉でない頂点を**内点**という．x の子孫（x 自身を含む）全体が成す T の部分グラフ[†]を x を根とする T の**部分木**という[††]．

例4.19 木は根を上に葉を下に描く（自然界の樹木とは上下が逆さま）．

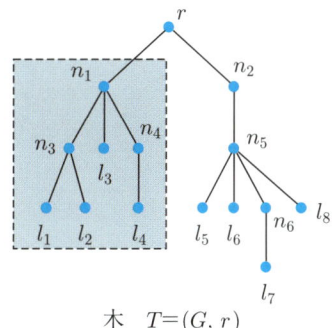

T の根：r
T の葉：$l_1 \sim l_8$
r の子供：n_1 と n_2
n_1 は n_3, l_3, n_4 の親
n_3, l_3, n_4 は互いに兄弟
n_5 の子孫：$n_5, n_6, l_5 \sim l_8$
l_8 の先祖：l_8, n_5, n_2, r

木 $T = (G, r)$ ⬚ の部分は n_1 を根とする T の部分木

● **順序木** 一般に，木では子供同士の間の関係は何も定められていない．例えば，次ページの図の (a) と (b) はグラフとして同型なので自由木として見た場合には両者は同じ木であると考えるが，根付き木として見た場合でもやはり同じ木であると考える．これに対し，子供の間に並ぶ順序が定められている木の

[†] 正確にいうと，$U_x := \{z \in V(G) \mid z \text{ は } x \text{ の子孫}\}$ から生成される誘導部分グラフ $\langle U_x \rangle$ は木であるから，その中の x を根とする根付き木 $(\langle U_x \rangle, x)$ のこと．
[††] 根付き木：rooted tree，根：root，葉：leaf，親：parent，子：child，兄弟：sibring，内/外点：interior/exterior vertex，部分木：subtree，順序木：ordered tree．

ことを順序木という．順序木として見た場合，(a) と (b) は異なるものである．
特に断わらなくても，木といえば根付き順序木を指すのが普通である．

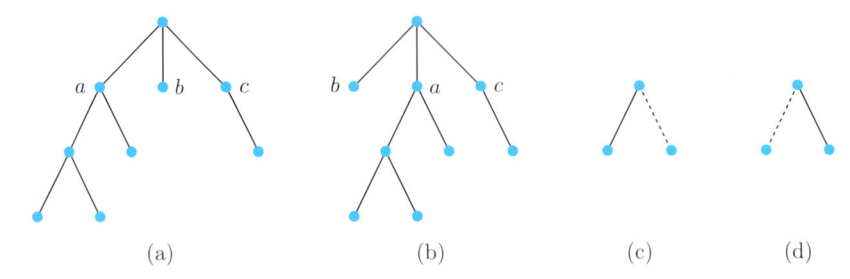

(a)   (b)   (c)   (d)

● **n 分木・2 分木** どの頂点も高々 n 人の子供しか持っていない根付き木を n 分木という．n 分木のうち特に重要なのは**2 分木**である．根付き 2 分順序木においては，図的に左側に書かれる子を**左の子**，右側に書かれる子を**右の子**といい，子供が 1 人しかいない場合でもそれが左の子か右の子かを区別する[†]．例えば，上図の (c) と (d) を 2 分順序木と見る場合，(c) には右の子がなく，(d) には左の子がない，異なる木である．このように，図に描く場合も，左の子か右の子か区別できるように描く．

頂点 x の左の子を根とする部分木を x の**左部分木**，右の子を根とする部分木を**右部分木**という (右図参照)．

根付き木 $T = (G, r)$ において，根 r から頂点 x への距離を x の**深さ**といい (**レベル**ということもある)，
$$\mathrm{depth}(x)$$
で表す．$\max\{\mathrm{depth}(x) \mid x \in V(G)\}$ を T の**高さ**といい，
$$\mathrm{height}(T)$$
で表す．例えば，例 4.19 の木 T において，深さ 2 の頂点は n_3, l_3, n_4, n_5 の 4 個あり，T の高さは 4 である．

葉以外のすべての頂点に丁度 n 人の子供がいる根付き木を**正則 n 分木**といい，すべての葉が同じ深さにある正則 n 分木を**完全 n 分木**という．

[†]一般に，2 分木に限らず，子供の位置が「左から何番目の子」と指定されている木のことを**位置木**(positional tree) という．位置木では子供の存在しない位置が許される．文献によっては (本書でも)，2 分木といえば 2 分位置木のことを指す．

例 4.20　正則/完全木とその高さ.
(1) x を根とする部分木の高さを x の**標高**ということがある.

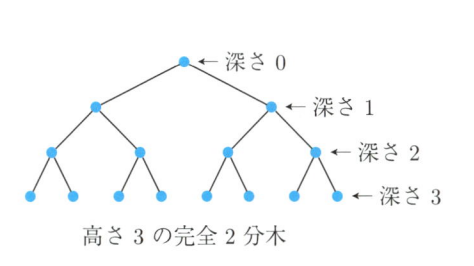

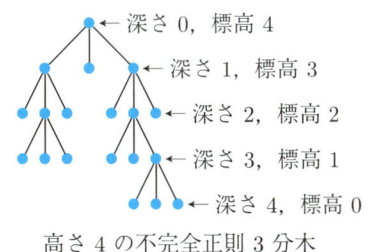

　　　　←深さ 0　　　　　　　　　　　←深さ 0, 標高 4
　　　　←深さ 1　　　　　　　　　　　←深さ 1, 標高 3
　　　　←深さ 2　　　　　　　　　　　←深さ 2, 標高 2
　　　　←深さ 3　　　　　　　　　　　←深さ 3, 標高 1
　　　　　　　　　　　　　　　　　　　←深さ 4, 標高 0

　高さ 3 の完全 2 分木　　　　　　　　高さ 4 の不完全正則 3 分木

(2) 高さ 2 の 2 分順序木のうち, 完全木は 1 個, 正則木は 3 個, 非正則なものは 18 個ある (読者自ら列挙してみよ).　　□

定理 4.16　T は位数 p の n 分木とする. 次の式が成り立つ.
(1)　$\mathrm{height}(T) \geqq \lceil \log_n((n-1)p+1) \rceil - 1$
　　　$\mathrm{height}(T) \geqq \lceil \log_n(T \text{の葉の数}) \rceil$
(2)　T が正則ならば, $(n-1)(T \text{の内点の数}) = (T \text{の葉の数}) - 1$

[証明]　(1) $\mathrm{height}(T) = h$ とする. T の頂点の数および葉の数が最も多いのは完全 n 分木のときで, このとき

$$(\text{頂点の数}) = \sum_{i=0}^{h}(\text{深さ } i \text{ の頂点の数}) = \sum_{i=0}^{h} n^i = \frac{n^{h+1}-1}{n-1},$$
$(\text{葉の数}) = n^h$

である. よって, 一般には, T の $(\text{頂点の数}) \leqq \frac{n^{h+1}-1}{n-1}$ であり, $(\text{葉の数}) \leqq n^h$ である.

(2) 正則 n 分木を, n 人の選手が対戦し, そのうちの 1 人だけが勝ち残るゲームの大会トーナメント表と考える (葉は参加者, どの内点 v についてもその n 人の子供達は 1 ゲームの対戦者で v はその勝ち残り者, 根は優勝者をそれぞれ表す). 各内点にそのゲームにおける $n-1$ 人の敗者を対応させると, 大会の優勝者 1 人を除く (葉の数 − 1) 人はどれかの内点に一意的に対応する. 特に, (正則とは限らない) 2 分木の場合, 内点の数と葉の数の間には次の関係式が成り立つ (問 4.66 参照):

$$(\text{内点の数}) \geqq (\text{葉の数} - 1).$$
　　□

例4.21 (1) n チームが参加してトーナメント方式で行われる野球大会を考えよう．トーナメント表は，参加チームを葉，勝利チームを内点，優勝チームを根とする正則2分木で表される．この木の高さは優勝までに必要な試合数の最大値を表しており，それは $\lceil \log_2 n \rceil$ である．また，内点の個数は試合総数に等しく，それは $n-1$ である．

(2) 9個の電化製品がある．これらを，出力口が3個付いている分電器を何個か使って，1つしかないコンセントに接続するのに必要な分電器の個数を求めよう．電化製品を葉，コンセントを根，分電器を内点とし，接続関係を親子関係とする根付き木を考えれば，定理4.16(2) により $(3-1) \cdot$ 分電器の数 $= 9-1$ だから，分電器は4個必要なことがわかる． □

この節で導入した順序木の定義は厳密とはいい難い．ここで，形式言語(1.6節参照)を用いた厳密な定義を1つ紹介しておこう．n を自然数とし，$1, 2, \cdots, n$ それぞれを記号と考えたアルファベットを $[n] := \{1, 2, \cdots, n\}$ で表す．$[n]^*$ の部分集合 $\mathcal{D}$ が次の3条件を満たすとき，$\mathcal{D}$ を $(n$ 分木の$)$ **樹形** と呼ぶ．

(i) $\lambda \in \mathcal{D}$. (λ は木の根を表す)

(ii) どの $x \in \mathcal{D}$ のどの接頭語も $\mathcal{D}$ の元である．
(一般に x の任意の接頭語は x の先祖を表す)

(iii) 任意の $x \in \mathcal{D}$，任意の自然数 i に対して，$xi \in \mathcal{D}$ ならば $1 \leq j \leq i$ であるどんな j についても $xj \in \mathcal{D}$ である．(xj は x の j 番目の子供を表す)

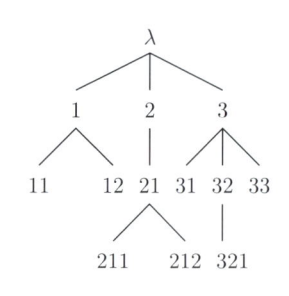

(i) は (ii) より導かれる冗長な条件である．(iii) は欠けた子供がないことをいっており，条件 (iii) をなくすと位置木の定義が得られる．

記号のまとめ(4.3節)

$T = (G, r)$	r を根とする根付き木
$\text{depth}(x), \text{altitude}(x)$	ノード x の深さ (レベル), 標高
$\text{height}(T)$	根付き木 T の高さ

4.3.6項　理解度確認問題

問 4.59　次のそれぞれの場合について，頂点数が 3 のものをすべて示せ．
(1) 自由木　(2) 根付き木　(3) 順序木　(4) 位置木

問 4.60　次数 4 の頂点が 1 個，次数 3 の頂点が 2 個，次数 2 の頂点が 3 個の木において，次数 1 の頂点は何個か？

問 4.61　例 4.13 のグラフの無閉路部分グラフのうち，辺の個数が最も多いものを 1 つ示せ．しかも，根とすべき頂点をうまく選んでその無閉路グラフを根付き木として表したとき，高さが最小となるようにせよ．

問 4.62　正則 2 分木の頂点は奇数個であることを示せ．

問 4.63　高さ h の正則 n 分木は何個以上の葉を持つか？

問 4.64　木の中心は 1 個または隣接する 2 頂点であることを示せ．

問 4.65　G が木のとき，$d(u,v) = \mathrm{diam}(G)$ ならば uv 道は G の中心を通ることを示せ．木でない場合はどうか？

問 4.66　正則とは限らない任意の根付き木において，

$$(葉の枚数) - 1 = \sum_{内点 v}(v の子供の数 - 1)$$

が成り立つことを証明せよ．系として，

① 2 分木において子供が 2 人の頂点の個数は (葉の枚数) -1 に等しい
② 自由木では (頂点の総数) $-1 =$ (枝の総数) が成り立つ (定理 4.14)

が得られる (②では，(枝の総数) $= \sum_{内点 v}(v の子供の数)$ と考える)．

問 4.67　有向グラフを用いて '根付き木' を定義せよ．

問 4.68　根付き n 分位置木を $[n]^*$ の部分集合として形式言語で表すとき，木 T_1 に木 T_2 を接ぎ木する演算 $\oplus$ を定義しよう．$x \in T_1$, $xa \notin T_1$ ($x \in [n]^*$, $a \in [n]$) であるとき，xa を接ぎ木可能部位といい，T_1 の接木可能部位 xa において T_2 を接ぎ木して得られる木を次のように定義する：

$$T_1 \oplus_{xa} T_2 := T_1 \cup \{xat \mid t \in T_2\}$$

(1) 3 分順序木 $T_1 = \{\lambda, 1, 2, 3, 11, 12, 13, 21, 22, 211, 212, 213, 222\}$ および $T_2 = \{\lambda, 1, 11, 12\}$ を考える．

(a) T_1, T_2 をそれぞれ図示せよ．
(b) $T_1 \oplus_{221} T_2$ を図示せよ．

(2) T および T' を 2 分順序木とし，$x \in T$ とする．

(c) $|x|, \max\{|x| \mid x \in T\}$ はそれぞれ何を表すか？グラフの用語で答えよ．
(d) T が正則であるための条件，T において T' が x の左部分木であるための条件，をそれぞれ $\{1,2\}$ 上の言語を用いた式で表せ．

4.3.7 平面グラフ

● **平面グラフと平面的グラフ**　どの 2 つの辺も交わらないように平面上に描けるグラフを平面的グラフといい, 実際に平面上にそのように描かれたグラフを平面グラフと呼ぶ[†]. 例えば, 下図の (a) は平面グラフではないが, これは (b) のように描きなおせるので K_4 は平面的グラフである. ところが, (c) の 2 つのグラフ K_5 と $K_{3,3}$ は平面上にどのように描いても必ずどれか 2 つの辺が交わってしまう**非平面的グラフ**の代表的例である. これについては後で再び述べる (p.142 および定理 4.19).

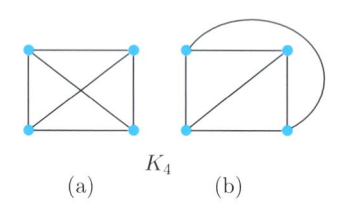

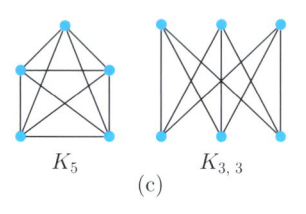

(a)　　K_4　(b)　　　K_5　(c)　$K_{3,3}$

平面グラフは平面をいくつかの**領域**に分ける. 例えば, (b) のグラフは平面を 4 つの領域 に分ける. もう少し形式的に言うなら, 領域とはいくつかの辺によって囲まれた平面の部分で極小なもの (すなわち, それ以上小さな部分へ分割できないもの) のことである.

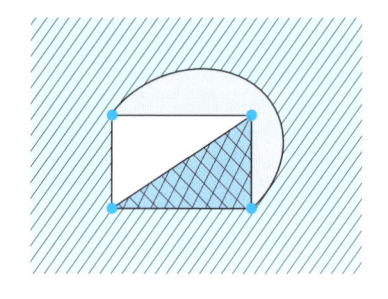

1 つだけ無限の領域 (**外領域**という) が必ず存在する.

● **オイラーの公式**

> **定理 4.17**　任意の連結な平面グラフ G に対して
> $$p - q + r = 2 \qquad (*)$$
> が成り立つ. ただし, p, q, r はそれぞれ G の頂点の個数, 辺の本数, 領域の個数である.

[†] 平面グラフ: plane graph, 平面的グラフ: planar graph. 本書でいう平面的グラフのことを平面グラフということもある.

[証明]　q に関する数学的帰納法で証明する．$q=0$ のとき，$p=r=1$ であることは明らかで，$(*)$ は成り立つ．

帰納ステップとして，$q \geqq 1$ であるグラフ G を考える．まず，G が次数 1 の頂点 v を持つ場合，$G' := G - v$ を考えると，帰納法の仮定から G' は $(*)$ を満たす．G は G' に頂点 v と辺 e を追加したものであり，それによって領域は増えないので，G に対しても $(*)$ が成り立つ (下図 (a) 参照)．

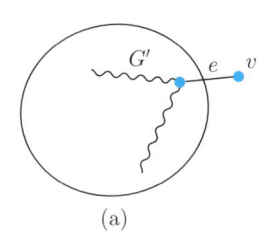

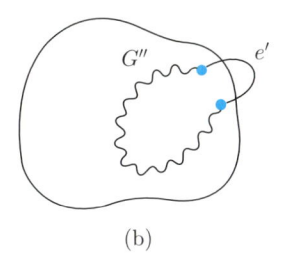

一方，G が次数 1 の頂点を持たない場合，G には閉路が存在する (なぜなら，閉路を持たないとすると G は木であり，根付き木として見たとき $p \geqq 2$ なので根でない葉を持つ．葉の次数は 1 である)．この閉路上の 1 辺 e' を除去したグラフ $G'' := G - e'$ を考えると，帰納法の仮定により G'' は $(*)$ を満たす．すると，除去した e' を元に戻した G においては，辺の個数と領域の個数がそれぞれ 1 だけ増えるので，G もまた $(*)$ を満たす (上図 (b) 参照)．　□

> **系 4.18**　G が平面グラフならば $p - q + r = 1 + k(G)$ である．

例4.22　連結な平面グラフでは $p - q + r = 2$．

$p=4, q=6, r=4$

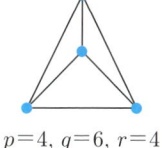

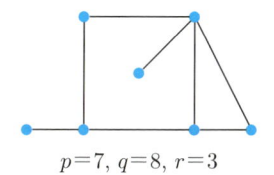

$p=7, q=8, r=3$

面白いことに，平面的グラフはどの辺も交差しない直線だけで平面上に描くことができる (なぜか？)．例えば，K_4 は前ページのように描くと曲線が必要であるが，直線だけで上図左のように描くこともできる．

● **オイラーの多面体公式** 平面グラフと多面体とは密接な関係がある．どの多面体 P にも，P の頂点を頂点とし，P の稜を辺とする連結な平面グラフを対応させることができる (下図参照)．底面には無限領域が対応するように描く．

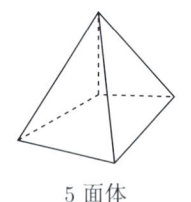

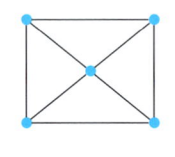

5 面体　　　5 面体の平面グラフ

したがって，多面体の頂点の個数を V，稜の個数を E，面の個数を F とすると，$V - E + F = 2$ が成り立つ．これより，正多面体は，正 $4, 6, 8, 12, 20$ 面体の 5 つしかないことを示すことができる[†]．

● **平面グラフの頂点数と辺数** 頂点数が $p \geqq 3$，辺数が q の有閉路平面グラフを考える．すべての領域は 3 本以上の辺で囲まれていることと，どの辺も高々 2 つの領域の境界になっていることより，領域数を r とすると $2q \geqq 3r$．この式は閉路がない場合 ($r = 1$) も成り立つ．よって，オイラーの公式より

> $p \geqq 3$ となる平面グラフでは $q \leqq 3p - 6$ が成り立つ．

K_5 は $p = 5, q = 10$ だからこの不等式を満たさない．

次に，$K_{3,3}$ を考える．もしこのグラフが平面的だとすると各辺は丁度 2 つの領域の境界になっていて，かつ各領域は 4 本以上の辺で囲まれるので，$2q \geqq 4r$．これとオイラーの公式より $q \leqq 2p - 4$．$K_{3,3}$ はこの不等式を満たさない．

以上の考察により，次のことが示された：

> K_5 も $K_{3,3}$ も平面的グラフではない．

[†]次数 n の頂点の個数を V_n，n 辺形の個数を F_n で表すと，握手補題 (問 3.35, 問 4.1) と同じ考え方により $2E = \sum_{n \geqq 3} nV_n = \sum_{n \geqq 3} nF_n$ であることがわかる．よって，$-8 = -4V + 4E - 4F = (2E - 4F) + (2E - 4V) = \sum_{n \geqq 3}(n - 4)F_n + \sum_{n \geqq 3}(n - 4)V_n$．$F = F_s, V = V_t$ であるとすると，$-8 = (s - 4)F_s + (t - 4)V_t$．$3 \leqq s, t \leqq 5$ (問 4.74 参照) であることに注意すると，9 通りの (s, t) だけ調べればよく，$(F_3 = 4, V_3 = 4), (F_3 = 8, V_4 = 6), (F_3 = 20, V_5 = 12), (F_4 = 6, V_3 = 8), (F_5 = 12, V_3 = 20)$ が得られる (問 4.75 参照)．

4.3 いろいろなグラフ

● **平面的グラフの特徴付け** グラフ G から辺 uv を除去し，代わりに 1 点 w と 2 辺 uw, wv を付け加えて得られるグラフを G' とする (下図 (a))．この操作を $G \rightarrowtail G'$ と書こう．逆に，G' に 2 辺 uw, wv があり，u, v が隣接点でなく，かつ $\deg(w) = 2$ であるとき，G' からこれらの 2 辺を除去し代わりに辺 uv を付け加えてグラフ G が得られるとき (下図 (b))，$G \leftarrowtail G'$ と書くことにする．$G \rightarrowtail G'$ ならば $G \leftarrowtail G'$ が成り立ち，$G \leftarrowtail G'$ ならば $G \rightarrowtail G'$ が成り立つことに注意する．そこで，

$$G \rightleftharpoons G' \iff^{\text{def}} G \rightarrowtail G' \text{ または } G \leftarrowtail G'$$

と定義すると，$\rightleftharpoons$ はグラフ上の対称的な 2 項関係であり，その反射推移閉包 $\rightleftharpoons^*$ は同値関係である (定理 3.7 参照)．$\rightleftharpoons^*$ の同じ同値類に属する 2 つのグラフ (すなわち，変換 $\rightleftharpoons$ によって互いに他に移れるグラフ) は **位相同型** であるという．

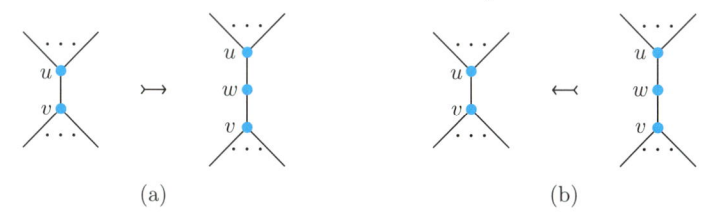

(a)　　　　　　　　　　　　(b)

> **定理 4.19** (**クラトウスキーの定理**) グラフ G が平面的であるための必要十分条件は，G が K_5 または $K_{3,3}$ と位相同型なグラフを部分グラフとして含んでいないことである．

例 4.23 クラトウスキーの定理の応用．

(1) $l, m \geqq 3, n \geqq 5$ のとき $K_n, K_{l,m}$ それぞれは，$K_5, K_{3,3}$ を部分グラフとして含むので，定理 4.19 により，平面的グラフではない．

(2) あるアパートの 1 階にある 3 室の各々にガス管，水道管，下水管を引きたい．ガス管と水道管の元栓，および排水口がそれぞれ 1 つしかないとするとき，これらの管を平面上に交差することなく設置することはできない．なぜなら，これは 3 室と 3 つの元栓または排水口を頂点とし，管を辺とするグラフ $K_{3,3}$ が平面的グラフか否かを問う問題と同値だからである．

(3) 集積回路を設計する際，いかに回路素子 (トランジスタ等) を配置すれば配線を交差させないですむかという問題はグラフの平面性判定問題である． ■

4.3.7項　理解度確認問題

問 4.69　次のうち，平面的グラフはどれとどれか？ また，頂点の個数 p, 辺の本数 q, 領域の個数 r が定まる場合は求めよ．
(1) 木　　　(2) C_n　　　(3) 7重連結グラフ
(4) $P_3 + P_3$　(5) $K_3 \times K_3$　(6) $K_3 \cup K_3$

問 4.70　定理 4.17 が成り立たないような平面グラフの例を示せ (ヒント：連結なグラフではありえない)．

問 4.71　オイラーグラフでもハミルトングラフでも平面的グラフでもない例を1つ示せ．

問 4.72　右のグラフは平面的グラフである．平面上に，辺が交差しないように，直線の辺だけを使って描け．辺を1本追加しても平面的グラフのままか？

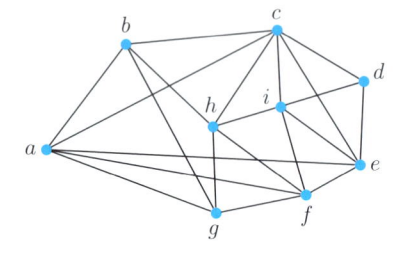

問 4.73　平面グラフに，どの辺とも交差しないように辺を追加していき，それ以上追加できなくなったグラフを**極大平面グラフ**という．頂点の個数が4以上の極大平面グラフは3重連結であることを示せ．次の定理を使ってもよい．

> **定理**　G が極大平面グラフであるための必要十分条件は G のすべての領域が3辺形であることである．したがって，極大平面グラフでは $q = 3p - 6$, $r = 2p - 4$ が成り立つ．一般には，$r \leqq 2p - 4$．

問 4.74　どんな平面グラフも次数が5以下の頂点を必ず含むことを示せ．したがって，どんな平面グラフも連結度が5以下である．

問 4.75　p.142 の脚注の (F_s, V_t) を確かめよ．

問 4.76　G を連結な (p, q) 平面グラフとする．次のことを示せ．
(1) G のどの領域も5辺形で $p = 8$ なら $q = 10$, $r = 4$.
(2) $p \geqq 3$ で G のどの領域も3辺形でないなら $q \leqq 2p - 4$.
(3) $p \geqq 3$ で G が2部グラフであるなら $q \leqq 2p - 4$.

問 4.77　G のいくつかの辺をそれぞれ適当な長さ (異なってもよい) の基本道 P_k ($k \geqq 2$) で置き換えたグラフを G の**細分**という．また，G の1つの辺 uv を除きその両端の頂点を同一視する (その結果，多重辺や自己ループが生じたら削除する) 操作を**縮約**という．細分，縮約と $\longrightarrow$, $\longleftarrow$ との関係を考察せよ．また，定理 4.19 をこれらを使って述べ直せ．

4.4 ラベル付きグラフ

4.4.1 情報・データをラベルとして付ける

ある事柄をグラフで表すとき，頂点や辺は単なる隣接関係以上の何らかの情報を持っていることが多い．このような情報を頂点や辺のラベル(名札)として付け加えたグラフを**ラベル付きグラフ**という．特にラベルが数値の場合には**重み付きグラフ**ともいう．形式的には，ラベル付きグラフは

$$G = (V, E, f, g), \qquad f : V \to L_V, \quad g : E \to L_E$$

によって定義される．ここで，G は有向あるいは無向グラフであり，f, g はそれぞれ頂点，辺に付ける**ラベル**(あるいは**重み**)を指定する関数であり，L_V と L_E は使うことのできるラベルの集合である．ラベルは数，記号，文字列など何でもよい．頂点のみにラベル付けする場合は (V, E, f) によって，辺のみにラベル付けする場合は (V, E, g) によって表す．

例4.24 いろいろなラベル付きグラフ．

（1） 100円のジュースを販売する自動販売機における硬貨の投入状況は下図のような重みつき有向グラフ (V, E, f, g) で表すことができる．使用可能硬貨は 10 円，50 円，100 円のみとする．

$$L_V = \{0 \text{円}, 10 \text{円}, \cdots, 100 \text{円}\}, \quad L_E = \{10 \text{円}, 50 \text{円}, 100 \text{円}\}$$

であり，$f : V \to L_V$, $g : E \to L_E$ である．図において，例えば，$f(u) = 0$ 円，$f(v) = 10$ 円，$g((u,v)) = 10$ 円，のようにラベルが付けられている．

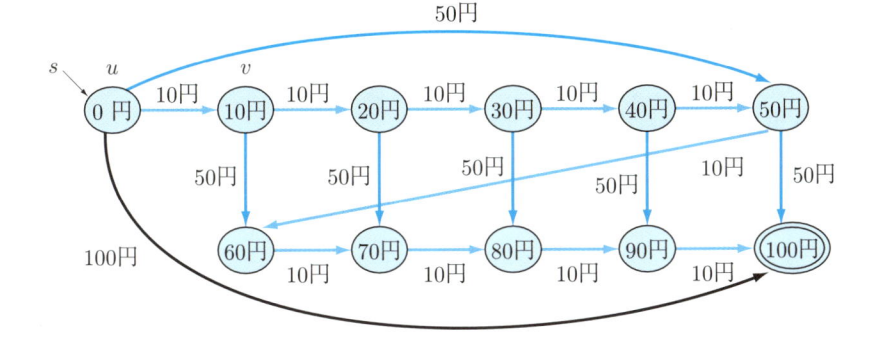

（2） 左下図は，都市間の交通網を表す重み付きグラフである．頂点は都市，辺は道路，それに付けられた重みは距離をそれぞれ表す．

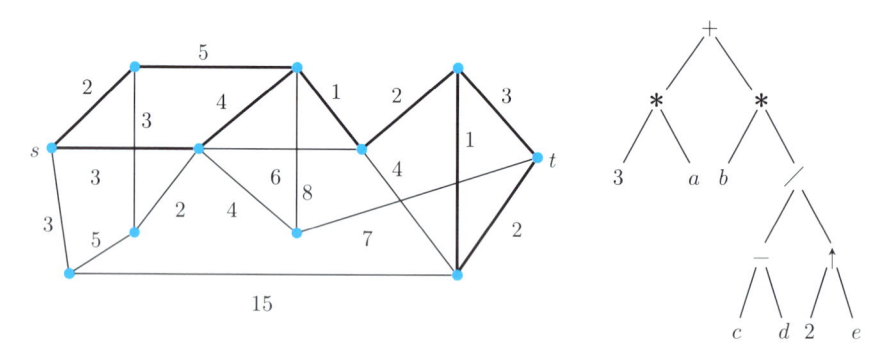

（3） 数式はオペランド (被演算数：演算の対象になるもの) を葉とし，演算子を内点とする根付き順序木で表すことができる．例えば，右上図は

$$3 * a + b * ((c - d)/(2 \uparrow e))$$

を表す．演算順序も表していることに注意したい． □

例4.25 渡河問題をラベル付きグラフを使って解く．

1匹の犬と1匹の猿を連れ1カゴのバナナを持った男が河を渡ろうとしている．渡河用には小さなボートが一隻あるだけなので，次の①，②の条件を満たさなければならない．

① ボートには男以外には犬猿のどちらかまたはバナナしか乗せることができない．
② 犬と猿 (けんかする)，猿とバナナ (猿はバナナを食べてしまう) はこの組み合わせで岸に残しておくことができない．

この条件の下で，向こう岸に渡る方法を求めたい．そのために，可能な状態 (両岸に何と何がいるか) を頂点とするグラフを考える．「両岸に何と何がいるか」は頂点にラベルとして付ける．ある状態から別の状態へ移りうるとき辺で結び，その辺には男がボートに乗せるものをラベルとして付ける (ラベルの付いていない辺は何も乗せていないことを表す．'空'を表すラベルが付いていると考えるとよい)．はじめの状態から目的状態へ至る道が渡河方法を表す． □

4.4 ラベル付きグラフ

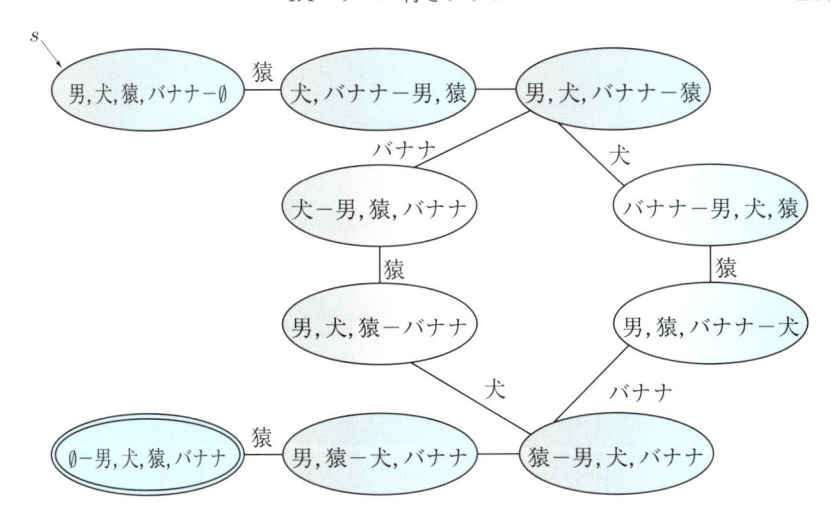

4.4.2 構文図*

BNF(バッカス記法) や文脈自由文法によって定義された構文は，次のようなラベル付き有向グラフを使って記述することもできる．2種類の頂点を使う．

- 矩形 □ で表される頂点には超変数 (すなわち非終端記号) をラベル付けする．
- 円 ○ で表される頂点には基本文字 (すなわち終端記号) をラベル付けする．

α の**構文図** α^* を次のように再帰的に定義する：

(1) α が超変数 $\langle A \rangle$ であるならば，その構文図 α^* は $\boxed{A}$ である．
(2) α が基本文字 a であるならば，その構文図 α^* は $\textcircled{a}$ である．
(3) $X_1, \cdots, X_n$ が超変数あるいは基本文字のとき，α が文字列 $X_1 \cdots X_n$ であるならば，その構文図 α^* を
$$X_1^* \longrightarrow \cdots \longrightarrow X_n^*$$
で定める．
(4) α が超式
$$\langle A \rangle ::= \alpha_1 | \cdots | \alpha_n$$
であるならば，その構文図を右図のように定める．

4.4.2項の全文 (全2ページ) は次のウェブサイトからダウンロードできます：
`http://www.edu.waseda.ac.jp/~moriya/education/books/DM/`

4.4.3 有限オートマトン*

有限オートマトンとは 5 つ組
$$M = (Q, \overset{シグマ}{\Sigma}, \overset{デルタ}{\delta}, q_0, F)$$
によって指定されるシステムである．Q も Σ も有限アルファベットであり，Q の元を**状態**という．特に，$q_0 \in Q$ は**初期状態**と呼ばれる特別な状態であり，Q の元のいくつかを**受理状態**として指定したものが集合 F である ($F \subseteq Q$)．δ は $Q \times \Sigma$ から Q への関数であり，これを**状態遷移関数**と呼ぶ．$\delta(p, a) = q$ は，M の現在の状態が p であるときに Σ の元である文字 a を読んだら状態を q に変える (すなわち，p から q に遷移する) ことを表す．

δ を $Q \times \Sigma$ から 2^Q への関数に拡張したものを**非決定性**有限オートマトンという．この場合，$\delta(p, a) = \{q_1, \cdots, q_m\}$ は状態 $q_1, \cdots, q_m$ のどれへ遷移してもよいことを表す．有限オートマトンのことを**決定性**有限オートマトンということもある．決定性有限オートマトンは非決定性有限オートマトンの特別な場合 (どの p, a に対しても $|\delta(p, a)| = 1$ であるもの) であることに注意する．

(決定性あるいは非決定性) 有限オートマトン M は，状態を頂点とし，

$$\begin{array}{c} p \xrightarrow{a} q \end{array} \quad \overset{\text{def}}{\iff} \quad \delta(p, a) = q$$

によって有向辺とそのラベルが定義される多辺有向グラフによって表すことができる．特に，初期状態および受理状態をそれぞれ

$$\text{start} \rightarrow \bigcirc \quad (\text{あるいは，単に} \rightarrow \bigcirc), \quad \circledcirc$$

と表す．このようなラベル付き有向グラフを M の**遷移図** (遷移グラフ) という．

初期状態から受理状態へ至る道 $P := \langle q_0, q_1, \cdots, q_n \rangle$ ($q_n \in F$) において $\delta(q_{i-1}, a_i) = q_i$ ($1 \leq i \leq n$) が成り立っているとき (すなわち，$q_0, q_1, \cdots, q_n$ の順に矢印の向きに沿って辺をたどったとき，それらの辺に付けられたラベルを出現順に並べた列) $a_1 \cdots a_n$ を P 上のラベル列と呼ぶことにする．$n = 0$ のとき $a_1 \cdots a_n$ は λ を意味する．M が**受理**する言語を次のように定義する：

$$L(M) := \{w \in \Sigma^* \mid w \text{ は初期状態から受理状態への道上のラベル列}\}$$

4.4.3 項の全文 (例 4.26 および理解度確認問題 4.78〜4.85 を含む．全 3 ページ) は次のウェブサイトからダウンロードできます：

`http://www.edu.waseda.ac.jp/~moriya/education/books/DM/`

4.4.4 グラフの彩色*

グラフの頂点あるいは辺に色をラベルとして付けることを考えよう．

● **頂点の彩色**　隣接するどの2頂点も異なる色となるように頂点に色をラベル付けすることを**採色**という．n 色を用いた採色を n-採色といい，n 色以下で採色できるとき n-採色可能であるという．グラフ G が n-採色可能であるような n の最小値を G の**染色数**といい，$\chi(G)$ で表す．

● **辺の彩色**　同様に，隣接する辺が異なる色となるようにグラフの各辺に色をラベル付けすることを**辺採色**といい，n 色使うときそれを n-辺採色という．グラフ G が n-辺採色可能であるような n の最小値を G の**辺染色数**といい，$\chi'(G)$ で表す．

例4.27　頂点と辺の彩色．

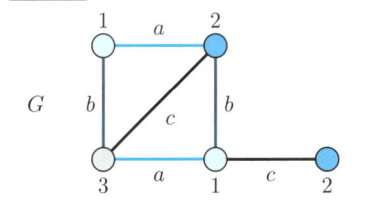

$$\chi(G) = \chi'(G) = 3$$

● **領域の彩色**　平面グラフ G のすべての領域を，境界線を境に隣接するどの2つの領域も異なる色になるように n 色以下で採色できるとき G は n-領域採色可能であるといい，このような n の最小値を G の**領域染色数**という．

平面上に描かれたどんな地図も，隣り合うどの2国も異なる色となるように4色以下で採色できるかどうかを問う問題は **4色問題**と呼ばれ，1852年に F.ガスリー[Guthrie]によって提起されて以来，1976年に K.アッペル[Appel]と W.ハーケン[Haken]によって肯定的に解決されるまで120年以上にわたりグラフ理論における最も有名な未解決問題であった．

定理 4.21　(**4色定理**)　平面グラフは4-領域採色可能である．

4.4.4項の全文 (例 4.27 の詳細，例 4.28，定理 4.20〜4.22 および理解度確認問題 4.86〜4.94 を含む．全4ページ) は次のウェブサイトからダウンロードできます：

http://www.edu.waseda.ac.jp/~moriya/education/books/DM/

4.5 グラフアルゴリズム

グラフはいろんな問題を表現する手段として非常に有用である．この節ではグラフによって表現された問題をいくつか取り上げ，それを解くためのアルゴリズムについて考える．

4.5.1 グラフ上の巡回

4.4 節で見たように，いろんな事柄や問題をグラフで表現したとき頂点や辺には何らかのデータや情報が付随していることが多く，それらの情報のすべてを調べることが不可欠なことが多々ある．例えば，各頂点が都市を，辺が都市間を結ぶ高速道の有無を表し，頂点には都市の人口が，辺には高速道の距離がラベルとして付けられたグラフがあるとき，人口が最大の都市を求めるにはすべての頂点にアクセスしてそのラベルとして付随している人口データを調べなければならないし，2 都市間の距離の最小値を知るにはすべての辺を調べてその付随データである距離を知る必要がある．いずれの場合も，目的を達成するための**アルゴリズム**[†](計算手順のこと) は，グラフの全頂点あるいは全辺を何らかの方法で系統的にたどる必要がある．グラフ上を系統的にたどることを**巡回**[†]という．この項では 2 つの巡回アルゴリズムについて述べる．

● **深さ優先探索**[††] $G = (V, E)$ を有向グラフとする (以下の議論は無向グラフの場合へも自然に拡張される)．$(u, v) \in E$ であるとき，u を v の**親**，v を u の**子**という．また，$(u, v_1) \in E$ かつ $(u, v_2) \in E$ であるとき，v_1 と v_2 (つまり，親が同じ頂点) は**兄弟**であるという[†††]．深さ優先探索とは，v, v の子，v の子の子，$\cdots$ というように親子関係を優先させて頂点をたどっていく方法である．行き詰まったら (すなわち，子がいないかすでに一度たどられた子しかいない頂点に到達したら)，たどってきた道筋を最小限後戻りして別の方向へたどり直す (このことを**バックトラック**[†]と呼ぶ)．すべての子孫をたどり終わって巡回を始めた頂点まで戻ってきたとき巡回は終了する．

[†]アルゴリズム：algorithm．巡回：traverse．バックトラック：backtracking．
[††]深さ優先探索 (**DFS**)：<u>D</u>epth <u>F</u>irst <u>S</u>earch．この名前は，頂点のつながりを先へ先へと深くたどっていくことに由来する．
[†††]この命名だと先祖が子孫になることもある (閉路がある場合) が，便宜的にこうした．

4.5 グラフアルゴリズム

例4.29 深さ優先探索では兄弟のどれを優先させるかも決めておく．

下図のような有向グラフを考え，白丸の頂点から巡回を開始しよう．まず，A には子が3人いるので，どの子を先にたどったらよいのか決めておく必要がある．この例では，頂点を表している文字がアルファベット順で若い方を優先させることにしよう．辺に付けられた数が巡回順である．6ステップ目に H に到達すると，子供がいないので最小限後戻りして F から巡回を再開するが，F の子供はすべてすでにたどられているのでさらに B まで後戻りする．これを続けて，12番目の辺をたどり終わって A まで戻ってくると A の子孫はすべてたどられ終わっている (無向グラフの場合には，このことは出発点を含む連結成分のすべての頂点がたどられ終わったときに起こる)．巡回を続けるためには，まだたどられていない任意の頂点を選んでそこから巡回を続行する．

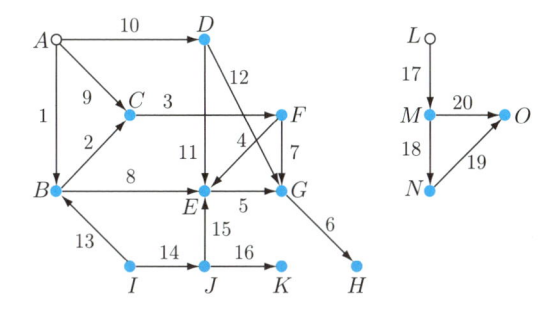

● **アルゴリズムの書き方** 深さ優先探索の手順は次のように再帰的な**手続き**[†]として書くことができる．手続きとは手順 (アルゴリズム) を記述したもの (プログラム) のことで，一般に，手順は何らかのパラメータ (**引数**ともいう) に関して記述する．p という名前の手続きがパラメータ $x_1, \cdots, x_n$ に関するものであり，手続き p の内容を記述した部分が Q であるとき，これを

$$\textbf{procedure } p(x_1, \cdots, x_n),$$
$$\textbf{begin}$$
$$\quad Q$$
$$\textbf{end}$$

[†] 手続き：procedure. 手順を実行した結果として値を持ち帰るものを関数 (function) ということもある．

と書く．再帰的手続きの場合，Q の中で p 自身を引用することが許される．すなわち，記述 Q の中に「$p(a_1,\cdots,a_n)$ を実行せよ」という記述が現れてもよい．これは，「Q の中のパラメータ $x_1,\cdots,x_n$ の初期値としてそれぞれ $a_1,\cdots,a_n$ を代入して Q を実行せよ」という意味である．このように自分自身を呼び出すことを**再帰呼出し**ともいう．場合によっては，Q の中で計算した値を手続き自身がとる値とする (このような手続きを**関数**ともいう) ことや引数を介して計算結果を返してもらうこともある[†]．

> **procedure** DFS(v) /* 頂点 v から DFS を開始する */
> **begin**
> 1. すでに v がたどられていたらこの手続きを終了する．
> 2. そうでなかったら，v をたどり，"たどった" という印を v に付ける．
> 3. v のすべての子 u について DFS(u) を実行する．
> **end**

/* と */ の間に書いたものは "注釈" で，手続きの実行には影響しない．

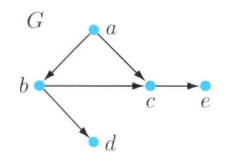

左図の有向グラフ G に上記の手続き DFS(a) を適用して，頂点 a を出発点として頂点のアルファベットの若い方を優先して G を巡回してみよう．DFS が実行される順序を下図に示した．

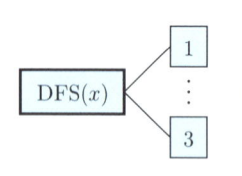

は，DFS(x) を実行すると $\boxed{1}$,$\cdots$, $\boxed{3}$ がこの順序で実行されることを表す．次ページ上段図の $\boxed{}$ の右肩に付けた数字は，この $\boxed{}$ が実行される順番を示している．これはこの木を，上側の子を優先して深さ優先探索でたどった順序に等しいことに注意しよう．

[†] 引数 $x_1,\cdots,x_n$ を介して Q の中での計算結果を返してもらう方式を参照呼出しといい，$x_1,\cdots,x_n$ に $a_1,\cdots,a_n$ を初期値として代入して Q を実行するだけの方式を値呼出しという．本書では両者を混用するが，どちらを用いているかは文脈から容易に判断できる．

4.5 グラフアルゴリズム

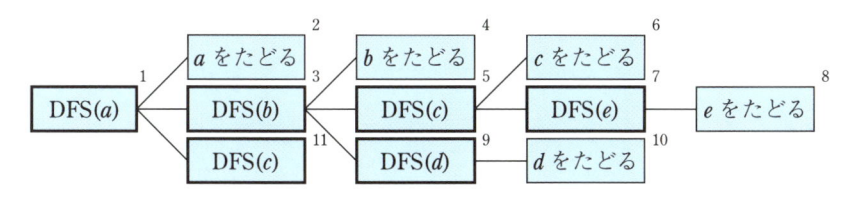

[図: DFS(a) → a をたどる → DFS(b) → b をたどる → DFS(c) → c をたどる → DFS(e) → e をたどる、DFS(c)、DFS(d) → d をたどる の遷移、番号 1〜11 付き]

● **スタックとキュー** どんな再帰的手続きも，スタックと呼ばれる**データ構造**(構造を持ったデータのこと)を用いることによって，再帰的ではない形の手続き[†]に書き直すことができる．

4.2.1 項で述べたように，**リスト**とはデータを一列に並べた有限列

$$\langle x_1, x_2, \cdots, x_n \rangle \qquad \boxed{x_1} \to \boxed{x_2} \to \cdots \to \boxed{x_n}$$

のことである．各 x_i をこのリストの**要素**という．特に x_1 をこのリストの先頭要素，x_n を末尾要素という．要素を含んでいないリストは**空**であるという．

リストに要素を挿入したり，リストから要素を削除したり取り出したりする方法の違いがスタックとキューの違いである．要素の追加や削除/取り出しがリストの先頭でしかできないようなものを**スタック**といい，要素の挿入は末尾でしかできず，かつ，要素の削除や取り出しは先頭でしかできないようなリストを**キュー**という[††]．スタックの場合には，先頭の**要素**を**トップ**と呼び，末尾の側を**底**と呼び．一方，キューの場合には，先頭側を**フロント**と呼び，末尾側を**リア**と呼ぶ．

スタック，キューはそれぞれ下図のような中空で出し入れ口が 1 つまたは 2 つあるような長さ自在の容器(データの入れ物)であると考えると理解しやすいであろう．

[図: スタックの構造（要素挿入(プッシュという)、要素取出し(ポップアップという)、底）とキューの構造（要素取出し、要素挿入）]

[†] 反復的手続きという．反復的：iterative.

[††] スタック：stack; キュー：queue. スタック(キュー)においては，先に挿入されたデータほど取り出されるのは後(先)になる last-in first-out (first-in first-out) 方式の構造をしているので，スタック(キュー)のことをこの頭文字をとって **LIFO** (**FIFO**) ともいう．

第4章　グラフ

例4.30　スタック/キューとその応用例.

(1) スタックの現在の状態が $\boxed{x_1\cdots x_n}$ のところに要素 x を挿入する (この操作を**プッシュ**という) と $\boxed{xx_1\cdots x_n}$ となり, 先頭要素 (＝トップ) を取り出す (この操作を**ポップ**または**ポップアップ**という) と $\boxed{x_2\cdots x_n}$ となる.

(2) キューの現在の状態が $\boxed{x_1\cdots x_n}$ のときに, 要素 x を (リアに) 挿入すると $\boxed{x_1\cdots x_n x}$ となり, 先頭要素を (フロントから) 取り出すと $\boxed{x_2\cdots x_n}$ となる.

(3) 括弧 [,] の列 $a_1\cdots a_n$ (すなわち, アルファベット $\{$ [,] $\}$ 上の語) が与えられたとき, これが整合しているかどうかをスタックを使って判定することができる. スタックには左括弧 (の出現順) を格納する.

- i 番目の括弧 a_i が [の場合, a_i をスタックにプッシュする.
- a_i が] の場合,
  - スタックのトップが a_j の場合は a_j と a_i は対であるので, a_j をスタックからポップアップする.
  - スタックが空の場合は右括弧が多過ぎることを意味し, '不整合' である.

入力	スタックの先頭要素	
	a_j	底
a_i 　[	a_i プッシュ	a_i プッシュ
]	a_j ポップ	不整合
終了時	不整合	整合

- a_n まで処理が終了した時点でスタックが丁度空になった場合, 括弧列は整合している.
- そうでない場合は左括弧が多過ぎ, 不整合である.

このアルゴリズムが正しいことは例 2.6 (p.58) の命題から導かれる.

例えば, 入力として $[_1$ $[_2$ $]_3$ $[_4$ $[_5$ $]_6$ $]_7$ $]_8$ が与えられたとき, スタックの変化は以下の通り.

$\boxed{} \xRightarrow{[_1} \boxed{[_1} \xRightarrow{[_2} \boxed{[_2[_1} \xRightarrow{]_3} \boxed{[_1} \xRightarrow{[_4} \boxed{[_4[_1} \xRightarrow{[_5} \boxed{[_5[_4[_1}$
　　　　　　　　　　　　　　　$[_2$ と $]_3$ が対

$\xRightarrow{]_6} \boxed{[_4[_1} \xRightarrow{]_7} \boxed{[_1} \xRightarrow{]_8} \boxed{}$ 　　　よって, 整合している.
$[_5$ と $]_6$ が対　$[_4$ と $]_7$ が対　$[_1$ と $]_8$ が対

スタックを使うと，深優先探索を反復的手続きとして書くことができる[†]:

procedure iterative_DFS(x) /* x から DFS を開始する */
begin
　/* 以下ではスタック S を使う */
　1. S を空にしてから x をプッシュする．
　2. S が空でないなら以下のことを行う．
　　2.1. S のトップをポップアップして取り出し y とする．
　　2.2. y がすでにたどられていたら何もしないで 2 へ戻る．
　　2.3. y がまだたどられていなかったら y をたどり，y の子のうちまだたどられていないものを S へプッシュする (子の中で優先順位の高いものがトップに近くなるようにプッシュすること).
　　　　2 へ戻る．
　3. まだたどられていない頂点があったら，その中の 1 つを S へプッシュして 2 へ戻る．
end

例4.31　iterative_DFS(A)．
　例 4.29 の有向グラフに対し，A を出発点として上述の反復的手続き iterative_DFS を実行してみよう．初めてたどられる頂点を ◯ で囲んで示した．

⇄　　Ⓐ ⟹　Ⓑ CD ⟹　Ⓒ ECD ⟹　Ⓕ ECD ⟹　Ⓔ $GECD$
⟹　Ⓖ $GECD$ ⟹　Ⓗ $GECD$ ⟹　$GECD$ ⟹　ECD ⟹　CD
⟹　Ⓓ ⟹　EG ⟹　G ⟹

以上で，A の子孫すべてをたどり終わった．　　　　　■

[†] この手続き iterative_DFS で使うスタックには，再帰的手続き DFS の実行において (DFS の再帰呼び出しが起こるときに) たどることが後回しにされる頂点がプッシュされ，それぞれ実行順が来たときにポップアップされる．このようにスタックを使う方法は，再帰的アルゴリズムを反復的アルゴリズムに変換するための一般的な手法である．

● **幅優先探索**　さて，DFS が親子関係優先の巡回法であったのに対し，幅優先探索†は兄弟関係優先の巡回法である．すなわち，v, v の子供すべて，v の孫のすべて，$\cdots$ という順 (すなわち，v からの距離の順) にたどる方法である．これは，次の例に見るように，上述の手続き iterative_DFS において「スタック S」を「キュー S」と読み替えた手続きによって行うことができる．

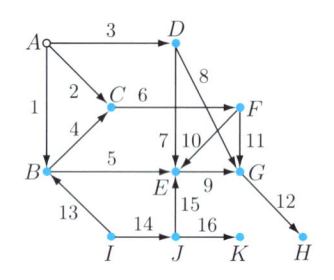

深さ優先探索も幅優先探索も (グラフの頂点の個数)+(辺の本数) に比例した時間で実行を終えることができる，きわめて高速なアルゴリズムである††．

$\boxed{\text{例}4.32}$　キューと幅優先探索．

（1）　キューは，窓口に並んで受付を待つ人の行列のようなものであるから，"待ち行列" と呼ばれることもある．

（2）　上図の有向グラフを幅優先探索でたどってみよう．兄弟の間では若いアルファベットの頂点を優先させることにする．孫の中では，「優先順位の高い親」の子から先にたどられていく．A を出発点とするとき，キューを使った実行は下図のようになる．

$\leftarrow$ ⓐ $\leftarrow$ $\Longrightarrow$ ⓑ CD $\Longrightarrow$ ⓒ DCE $\Longrightarrow$ ⓓ CEF
$\Longrightarrow$ $CEFEG$ $\Longrightarrow$ ⓔ FEG $\Longrightarrow$ ⓕ EGG $\Longrightarrow$ $EGGEG$
$\Longrightarrow$ ⓖ GEG $\Longrightarrow$ $GEGH$ $\Longrightarrow$ EGH $\Longrightarrow$ GH $\Longrightarrow$ ⓗ $\Longrightarrow$ ___

（3）　与えられたグラフが 2 部グラフかどうかを判定するには，深さ優先探索よりも幅優先探索の方が速く結果を出すことができる．(なぜか？)　　□

---

†幅優先探索 (**BFS**)：<u>B</u>readth <u>F</u>irst <u>S</u>earch. この名前は，頂点の横方向のつながりを優先することに由来する．

††このように，実行時間が問題のサイズ (例えば，グラフの場合には頂点の個数や辺の個数) の 1 次関数で押さえられるアルゴリズムを総称して**線形時間**アルゴリズムという．

4.5 グラフアルゴリズム   **157**

4.5.1 項 理解度確認問題

問 4.95 （1） 例 4.29 の有向グラフ上を，I を出発点として DFS および BFS で巡回せよ (アルファベット順が後の文字を優先させよ)．
（2） 例 4.29 の有向グラフの各辺の向きをなくして得られる無向グラフ上を，（1）と同じ優先条件で I を出発点として DFS および BFS で巡回せよ．

問 4.96 （1） 次の再帰的手続き (関数) $f(n)$ は何を計算しているか ($f(n)$ の値は何か)？また，p.152 の手続き DFS と同様に，$f(123)$ が実行される順序を表す木を示せ．

 procedure $f(n)$ /∗ n は正整数 ∗/
 begin
  1. $n < 10$ なら n を関数値として計算を終了する．
  2. $n \geqq 10$ なら $f(n$ を 10 で割った商$)$ を計算し，
   $f(n$ を 10 で割った商$) + (n$ を 10 で割った余り$)$ を関数値として終了．
 end

（2） （1）と同様に $g(x)$ の値を述べ，$g(abcde)$ の実行順序を表す木を示せ．ただし，$x/2$ は x の前半の $\lfloor \frac{|x|}{2} \rfloor$ 文字からなる文字列を表し，$2\backslash x$ は x の後半の $\lceil \frac{|x|}{2} \rceil$ 文字からなる文字列を表すものとする．

  procedure $g(x)$ /∗ x は空でない文字列 ∗/
  begin
   1. $|x| = 1$ なら 1 を関数値として計算を終了する．
   2. $|x| \geqq 2$ なら $g(x/2)$ と $g(2\backslash x)$ をこの順に計算し，
    $g(x/2) + g(2\backslash x)$ を関数値として計算を終了する．
  end

問 4.97 空のスタック S と空のキュー Q に次の順序でデータの出し入れをしたとき，S, Q の内容の変化を示せ．ただし，push(x, y)/enqueue(x, y) は x に y をプッシュ/リアに挿入することを，pop(x)/dequeue(x) は x からポップ/フロントから削除することおよびそうして得たデータを表す．
（1） push$(S, 12)$, push$(S, 3)$, push$(S, \text{pop}(S) + \text{pop}(S))$, push$(S, \text{pop}(S))$
（2） enqueue$(Q, 5)$, enqueue$(Q, 4)$, enqueue$(Q, \text{dequeue}(Q))$, dequeue(Q)

問 4.98 後置記法 (p.159 参照) で表された式の値は，スタックを使うと効率よく計算することができる．その方法を考えよ．

問 4.99 （1） スタックやキューを配列あるいは線形リストを使って表す方法を考えよ．
（2） スタックを 2 つのキューで表せ．逆に，キューを 2 つのスタックで表せ．

4.5.2 2分木の巡回

2分木 (正確には，2分配置木) を巡回する方法にも，DFS, BFS があるのはもちろんであるが，DFS には次の基本形とその変形が2つある：

> **procedure** traverse(T);　/∗ 2分木 T を巡回する ∗/
> **begin**
> 　①T の根 r をたどる．
> 　②r に左の子があるなら，traverse(r の左部分木) を実行する．
> 　③r に右の子があるなら，traverse(r の右部分木) を実行する．
> **end**

(1)　**前順序**[†]とは，上記の traverse(T) のとおり①②③ の順で実行したもの．
(2)　**中順序**とは，traverse(T) を②①③の順で実行したもの．
(3)　**後順序**とは，traverse(T) を②③①の順で実行したもの．

　これらは，①根をたずねることを②③より前に行うか，後に行うか，それとも②③の中間とするかだけが違う．

例4.33　2分木の巡回．
(1)　たどられる順番を円内に示した．

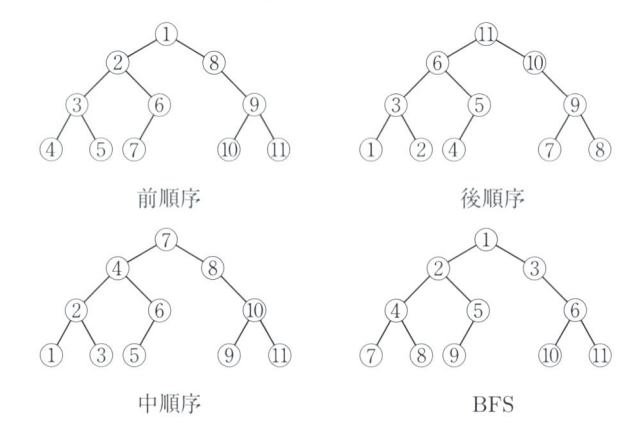

前順序　　　　　　　　　　後順序

中順序　　　　　　　　　　BFS

[†]前順序 (先行順，行きがけ順)：pre-order．中順序 (中間順，通りすがり順)：in-order．後順序 (後行順，帰りがけ順)：post-order．

(2) 例 4.24 (3) の 2 分木を考える．これを前順序，中順序，後順序それぞれによって巡回したとき，たどられた順に頂点のラベルを並べると

前順序：$+*3a*b/-cd\uparrow 2e$　　（前置記法）
中順序：$3*a+b*c-d/2\uparrow e$　　（中置記法）
後順序：$3a*bcd-2e\uparrow /*+$　　（後置記法）

となる．この木が表している式 $3*a+b*((c-d)/(2\uparrow e))$ は括弧を無視すれば中順序による巡回と同じである．これは 2 項演算子をオペランドの中間に置く記法であり，この場合には括弧を省略することはできない．なぜなら，$3*a+(b*(c-d)/2)\uparrow e$ を表す 2 分木 (右上図) を中順序で巡回しても同じラベル列が得られ，括弧がないと区別できないからである．この意味で中置記法には曖昧さがある．これに対し，前置記法と後置記法にはそのような曖昧さはない．すなわち，括弧が不要である (問 4.101)．

前置記法は**ポーランド記法**とも呼ばれ (ポーランドの数学者 J. ルカジービッチ[Lukasiewicz]に因む)，後置記法は**逆ポーランド記法**と呼ばれることもある．　　□

● **2 分探索木**　$(L,\leqq)$ を全順序集合とする．ラベル付き 2 分順序木 $T=(V,E,f)$，$f:V\to L$，が次の条件を満足するとき，T を L の **2 分探索木** という (一意的には定まらない)：

〔条件〕f は全単射で，① T の任意の頂点 v，② v の左部分木内の任意の頂点 v_l，③ v の右部分木内の任意の頂点 v_r は $f(v_l)\leqq f(v)\leqq f(v_r)$ を満たす．

例えば，次の集合に対する，葉の深さができるだけバランスした 2 分探索木の一例を右図に示した：

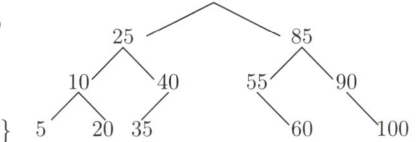

$\{5,20,35,100,60,55,25,10,85,90,40,50\}$

2 分探索木を中順序で巡回することによってソーティングを行うことができる (問 4.106)．この方法で行うソーティングの実行時間は，データ数が n のとき最悪の場合 $O(n^2)$ であるが，平均 $O(n\log_2 n)$ である (詳細略)．

4.5.3 貪欲法と最大/最小全域木

各辺に重みとして実数が付けられている重み付きグラフ G を考える．G の全域部分木のうち，その辺に付けられた重みの和が最小 (最大) のものを最小 (最大) 全域木という．例えば，都市を頂点とし，辺の重みが都市間の通信網の建設費を表すような重み付きグラフを考えれば，最小全域木は最小の費用ですべての都市をつなぐ通信網を作る方法を表す．

最小全域木を求める 1 つの方法を述べよう．$G = (V, E, g)$, $g : E \to \bm{R}$ を重み付きグラフとする．

● **クラスカルのアルゴリズム**[†]　　はじめに $T = \emptyset$ とする．T には G の辺を選んで次々に追加していく．それまでに選ばれた辺 (T の元) を除いた $E - T$ の中で，$\langle T \cup \{e\} \rangle_G$ にサイクルが生じない範囲で重みが最小の辺 e を選び T に追加する．このことを，$\langle T \rangle_G$ が G の全域木となるまで繰り返す (定理 4.14 により，$|T| = |V| - 1$ となるまで繰り返せばよい)．

> **定理 4.23**　　クラスカルのアルゴリズムによって得られた T は G の最小全域木である．

[証明]　T の元を重みが小さい順に $e_1, \cdots, e_n$ とする．G の最小全域木 $T_{\min}$ のうち，$\{e_1, \cdots, e_i\} \subseteq E(T_{\min})$ となる整数 i $(1 \leq i \leq n)$ が最も大きくとれるようなものを考える．

$i = n$ なら $T = T_{\min}$ なので T は最小全域木であり OK．もし $i \leq n - 1$ だとすると，定理 4.14 (7) より $T_{\min} + e_{i+1}$ はサイクルを持ち，それは $e_1, \cdots, e_{i+1}$ のどれとも異なり $e_1, \cdots, e_i, e'$ がサイクルとならないような辺 e' を含んでいる．

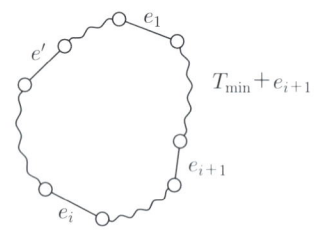

$g(e') \geqq g(e_{i+1})$ である．なぜなら，もし $g(e') < g(e_{i+1})$ だとすると，$T = \{e_1, \cdots, e_n\}$ を求めたクラスカルのアルゴリズムによれば $e_1, \cdots, e_i$ の次には e_{i+1} ではなく，もっと重みが小さい e' が選ばれていたはずである．

一方，もし $g(e') > g(e_{i+1})$ だとすると，$T'_{\min} := (T_{\min} - e') + e_{i+1}$ は $T_{\min}$

[†] クラスカルのアルゴリズム：J.B. クラスカル，1965 年．プリムのアルゴリズム (次ページ)：R.C. プリム，1957．

より重みの和が小さい全域木となってしまい，$T_{\min}$ が最小全域木であることに反す．よって，$g(e') = g(e_{i+1})$ である．したがって $T'_{\min}$ も最小全域木であり，しかも $\{e_1, \cdots, e_{i+1}\} \subseteq E(T'_{\min})$ である．これは $T_{\min}$ の選び方に反す． □

● プリムのアルゴリズム[†]　重み付きグラフ G の最小全域木を求める次の方法をプリムのアルゴリズムという．始めに重み最小の辺 e_0 を 1 つ選び $T := \{e_0\}$ とする．以下，T の頂点に接続する辺の中から，$\langle T \cup \{e\} \rangle_G$ に閉路が生じない範囲で重みが最小の辺 e を選び T に追加するという過程を $\langle T \rangle_G$ が全域木となるまで繰り返す．したがって，アルゴリズムの実行中常に $\langle T \rangle_G$ は 1 つの木である．この点がクラスカルのアルゴリズムと違う点である．

|例4.34| 最小全域木を求める．

(1) クラスカルのアルゴリズムを用いた場合：右図上において太線で最小全域木を示した．最小全域木は一般には 1 つとは限らないが，この例ではただ 1 つしかない．その辺が選ばれた順序を，辺に付けられた重みに上付きの添え字として付けた (| は「または」を表す)．重みが 2 の辺と 3 の辺はそれぞれ 2 つずつあるが，どちらを先に選んでもよい (結果的に，両方とも選ばれる)．一方，2 つある重み 4 の辺や重み 5 の辺のうち 6 番目に選ばれるものと 7 番目に選ばれるものは，閉路を生じさせないものだけが一意的に選ばれる．重み 6 の辺は閉路を生じるので選ばれず，次善の重み 7 の辺が 8 番目に選ばれる．

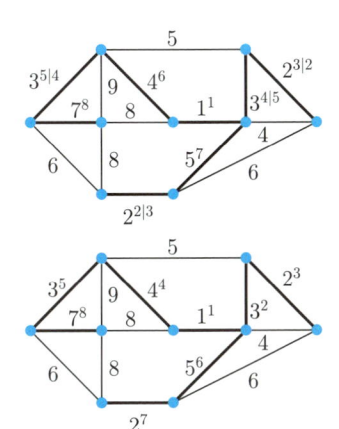

(2) プリムのアルゴリズムを用いた場合：右図下． □

● 貪欲法　クラスカルのアルゴリズムやプリムのアルゴリズムのように，ある規準のもとで最小 (最大) のものから先に選んでいくという方法を総称して貪欲法[†]という．一般に貪欲法にもとづいたアルゴリズムでは必ずしも最適な解は求められないが，クラスカル/プリムのアルゴリズムは幸いにも最適解を与えるアルゴリズムである (プリムのアルゴリズムも最適解を与えることを証明せよ)．

[†] 貪欲法 (欲ばり法)：greedy method.

4.5.2 〜 4.5.3項　理解度確認問題

問 4.100　次の数式を木で表せ．また，ポーランド記法 (前置記法) と逆ポーランド記法 (後置記法) で表せ．
（1）　$a * (b + c/d) - e$
（2）　$(1 + (2 - 3) * 4) - (5 - 6)$

問 4.101　2項演算子のみを含む式を表すとき，前置記法，後置記法には曖昧さがない (括弧が必要ない) ことを証明せよ．

問 4.102　次のデータに対する2分探索木でできるだけ木の高さが低くて，深さが大きい葉ほど左側にあるようなものを示せ (大小順は辞書式順序とする)．また，その木を (1) 前順序，(2) 中順序，(3) 後順序，(4) 根を始点とする底優先探索，(5) 根を始点とする幅優先探索，それぞれでたどれ．

$$\text{jan, feb, mar, apr, may, jun, jul, aug, sep, oct, nov, dec}$$

問 4.103　2分探索木において
（1）　最大値と最小値はどこにあるか？
（2）　小さい方から2番目のデータはどこにあるか？

問 4.104　次の数列は，2分探索木を根から葉へ向かってたどったとき出会うデータを並べたものである．ありえないものはどれか？
（1）　50, 80, 70, 60, 90
（2）　45, 100, 70, 80, 95, 85
（3）　150, 30, 255, 402, 100
（4）　10, 20, 60, 50, 30, 45, 40, 35, 25, 5

問 4.105　与えられたデータに対する2分探索木を作る方法を考えよ．

問 4.106　2分探索木を中間順でたどってソーティングを行うアルゴリズムを作り，その実行効率を考察せよ．

問 4.107　2分探索木の頂点のどこかにデータ x があるか否かを判定するアルゴリズムを作れ．最悪の場合，どのくらいの時間がかかるか？

問 4.108　グラフ G が木であるか否かを判定する $O(|E|)$ 時間アルゴリズムを考えよ．

問 4.109　最大全域木を求めるアルゴリズムを考えよ．

問 4.110　例 4.24 (2) の交通網のグラフに対する最小全域木をクラスカルのアルゴリズムで，最大全域木をプリムのアルゴリズムで求めよ．

問 4.111　e はグラフ G の辺の中で重みが最小のものの1つとする．e を含む最小全域木が存在することを示せ．

4.5.4 最短経路

● **ダイクストラのアルゴリズム**　ここでは，辺に正の実数が重み付けされた (有向あるいは無向) グラフを考える．ある頂点 s から他の頂点 t への道のうち，辺の重みの和が最小である道を s から t への**最短道** (最短径路)[†]といい，重みの和をその最短距離という．最短道を求める次の方法はダイクストラのアルゴリズム (E.W. ダイクストラ，1959) として知られている．このアルゴリズムは，負の重みを持つ辺がある場合には適用できない．

$G = (V, E, g)$, $g : E \to \boldsymbol{R}_+$，を重み付きグラフとし，$s, t \in V$ とする[††]．

---

procedure Dijkstra(G, s, t)　/∗ s から t への最短道を求める ∗/
begin
　1. $p(s) = s$; dist$(s) \leftarrow 0$; とせよ．
　　/∗ $p(u)$ は s から u への最短経路を，
　　　dist(u) は s から u への最短距離を表す ∗/
　2. $V_1 \leftarrow \{s\}$; $V_2 \leftarrow V - \{s\}$;
　　$B \leftarrow \{sv \in E \mid v \in V_2\}$; $E_1 \leftarrow \emptyset$; $E_2 \leftarrow E - B$ とせよ．
　3. $t \in V_1$ となるまで以下のことを繰り返せ．
　　3.1. B の元 uv ($u \in V_1, v \in V_2$) のうち，dist$(u) + g(uv)$
　　　が最小のものが $e_{\min} = u_{\min}v_{\min}$ であるとき，dist$(v_{\min})$
　　　$\leftarrow$ dist$(u_{\min}) + g(e_{\min})$; $p(v_{\min}) \leftarrow p(u_{\min})\, v_{\min}$ とせよ．
　　　/∗ $p(u_{\min})\, v_{\min}$ は頂点名を連ねることを表す ∗/
　　3.2. $V_1 \leftarrow V_1 \cup \{v_{\min}\}$; $V_2 \leftarrow V_2 - \{v_{\min}\}$;
　　　$W \leftarrow \{e \in B \mid e$ は $v_{\min}$ に接続する$\}$ とするとき，
　　　$B \leftarrow (B - W) \cup \{e \in E_2 \mid e$ は $v_{\min}$ に接続する$\}$;
　　　$E_1 \leftarrow E_1 \cup W$; $E_2 \leftarrow E_2 - B$ とせよ．
　4. $p(t)$ が求める最短 st 道，dist(t) はその距離である．
end

[†]最短道：shortest path.
[††]$A \leftarrow B$ は「A の値を B とせよ」の意．したがって，例えば $A \leftarrow A+1$, $A \leftarrow A \cup \{a\}$ はそれぞれ「A の値を 1 増やせ」，「A に a を追加せよ」を意味する．

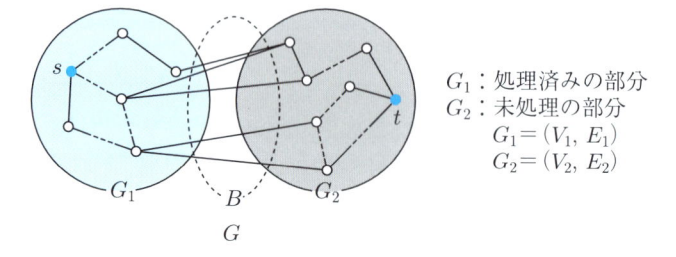

G_1：処理済みの部分
G_2：未処理の部分
$G_1 = (V_1, E_1)$
$G_2 = (V_2, E_2)$

例 **4.35** ダイクストラのアルゴリズムで最短道を求める．

太線は $e_{\min}$ を表し，頂点に付いている [　] 付きのラベルは s からの最短道とその最短距離とを $p_0 p_1 \cdots p_i [\mathrm{dist}(p_i)]$ のように表している．曲線で囲われている部分は $G_1 = (V_1, E_1)$ を表し，この曲線と交わっている辺が B の元である．

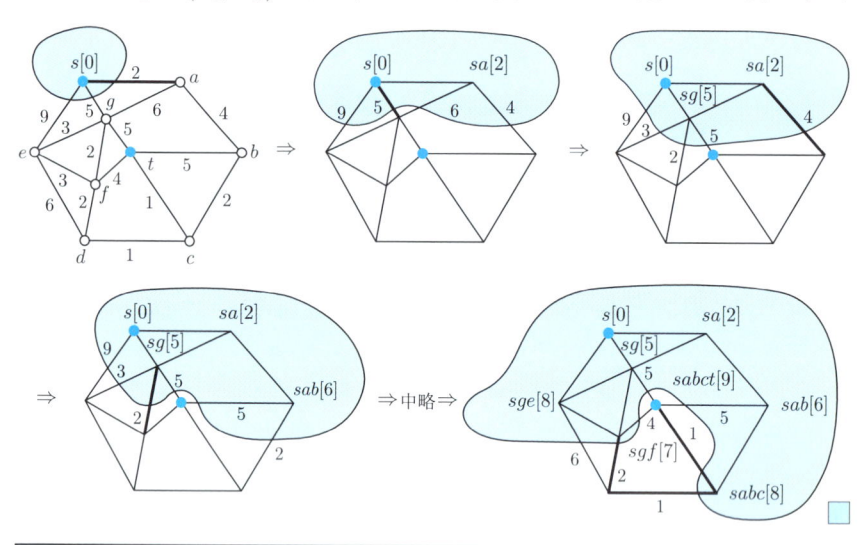

定理 **4.24** ダイクストラのアルゴリズムが停止したときに得られる $p(t)$ は最短 st 道であり，$\mathrm{dist}(t)$ はその距離である．

［証明］ $p(u)$, $\mathrm{dist}(u)$ が定まったときのステップ数に関する帰納法で証明すればよい．各自試みよ (問 4.114 参照)． □

最小辺 $e_{\min}$ を効率よく見つけられるようにデータ構造を工夫する (例えば，後述のヒープを用いる) と，ダイクストラのアルゴリズムは $O(|V|^2)$ 時間で計算を終了する．

4.5.5 優先順位キュー*

　最小全域木を求めるクラスカル/プリムのアルゴリズムや最短道を求めるダイクストラのアルゴリズムを効率よくプログラムに実装するためには，アルゴリズム実行の各段階で重みが最小(最大)の辺を効率的に見つけることが必要である．そのためのデータ構造として有用なものの1つが優先順位キューである．**優先順位キュー**[†]とは，大小関係(線形順序)をもったデータを保持し，その中の最大値を取り出すことがいつでも効率よく行えるようなデータ構造のことをいう．その具体的な実現法の1つとして，ヒープ[††]と呼ばれるデータ構造を用いた方法を以下で述べよう．

● **ヒープ**　ヒープとは，次の図

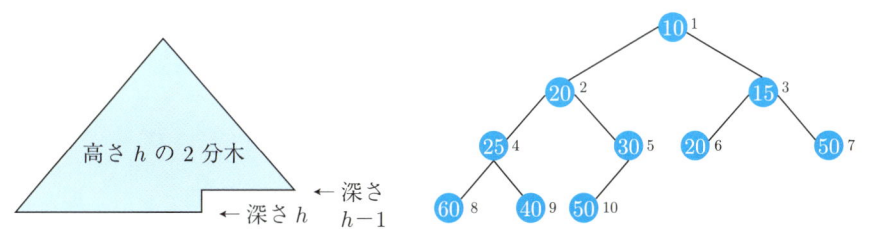

のように，その形が「どの葉の深さも木の高さ h に等しいかまたは $h-1$ であり，かつ，深さ h の葉はどれも最も左から隙間なく存在している」ようになっている2分順序木(問4.117参照)で，各頂点にはデータがラベル付けされていて，次の性質を満たしているもののことである：

　ヒープ特性: どの頂点においても，親に付けられたラベルの値は子に付けられたラベルの値以下である．

　ヒープの根のラベルは，すべてのラベルの中の最小値である．したがって，全データの中の最小値を $O(1)$ 時間で取り出すことができ，最小値を取り去った後のヒープの再構築は O(木の高さ) で行うことができる．

　ヒープを使ってソーティングを効率よく行うこともできる(問4.118参照)．

　4.5.5項の全文(全2ページ)は次のウェブサイトからダウンロードできます：
　　　http://www.edu.waseda.ac.jp/~moriya/education/books/DM/

[†]優先順位キュー：priority queue.
[††]ヒープ：heap.「積み上げたもの」の意.

4.5.6 2部グラフとマッチング *

ある 2 つの集団に属するメンバーの間の関係は 2 部グラフによって表すことができる．例えば，求職者の集合 A と仕事の集合 B であったとき，求職者 a に仕事 b への適性があるとき a と b の間に辺があるものとして定義されるグラフは 2 部グラフである．この例からも察せられるように，2 部グラフは応用上からも有用である．

● **マッチング** 2 部グラフの問題として表すことのできる有名な問題の 1 つに**結婚問題**と呼ばれるものがある．$A = \{a_1, \cdots, a_n\}$ を未婚の女性の集合，$B = \{b_1, \cdots, b_m\}$ を未婚の男性の集合とする．各女性 a_i には結婚相手として好ましく思っている B の男性が何人かいる．それらの男性の集合を $B_i \subseteq B$ とする．$B_1, \cdots, B_n$ がどのような条件を満たす場合に，すべての女性が 1 人ずつ結婚相手を選べるであろうか？

この問題をグラフの問題として一般化しよう．グラフ G の 2 つの辺は，端点を共有していないとき**独立**であるという．G の互いに独立な辺の集合は G の**マッチング**あるいは**独立辺集合**と呼ばれ，特に辺の数が最大のマッチングは G の**最大マッチング**と呼ばれる．M が G のマッチングであり，G のどの頂点も M のどれかの辺の端点となっているとき，M は G の**完全**マッチングといわれる．$V(G)$ の互いに素な部分集合 V_1 と V_2 に対し，$M \subseteq \{v_1 v_2 \mid v_1 \in V_1, v_2 \in V_2\}$ となる $\langle V_1 \cup V_2 \rangle_G$ の完全マッチング M が存在するとき，V_1 と V_2 は**マッチする**という．上述の結婚問題は，$A \cup B$ を頂点集合とし $\{a_i b \mid 1 \leq i \leq n, b \in B_i\}$ を辺集合とする 2 部グラフにおいて，A とマッチする B の部分集合が存在するための条件を求めることに他ならない．

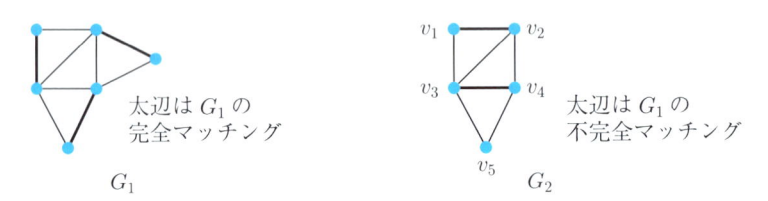

太辺は G_1 の完全マッチング
G_1

太辺は G_1 の不完全マッチング
G_2

4.5.6 項および 4.5.7 項の全文 (例 4.36, 補題 4.25 および定理 4.26 を含む．全 5 ページ) は次のウェブサイトからダウンロードできます：

http://www.edu.waseda.ac.jp/~moriya/education/books/DM/

4.5.4〜4.5.6項 理解度確認問題

問 4.112 例 4.24 (2) のグラフにおいて，s から t への最短道をダイクストラのアルゴリズムを使って求めよ．

問 4.113 最短道を求める際，重みが負の辺があるとなぜ困るのか？ ダイクストラのアルゴリズムを使うと誤った答が得られる例を示せ．

問 4.114 定理 4.24 を証明せよ．

問 4.115 n 個のデータに対するヒープは $O(n)$ 時間で作れることを示せ．

問 4.116 クラスカルやプリムのアルゴリズムにおいて，ヒープはどのように役立つか？ ヒープを使わない方法も考え，比較せよ．

問 4.117 ヒープの木の形を言語による樹形表現で定義せよ．

問 4.118 ヒープを用いてソーティングを行うアルゴリズムを考案せよ．

問 4.119 次のグラフの最大マッチングを求めよ．また，完全マッチングは存在するか？
(1) K_n (2) $K_{m,n}$ (3) P_n (4) C_n (5) 例 4.34 のグラフ

問 4.120 結婚問題はもともとは次のような形で述べられた．『有限集合の族 $\mathcal{A} = \{A_1, \cdots, A_n\}$ に対して，各 A_i から 1 つずつ元を取ってきて作った集合 $\{a_i \mid 1 \leqq i \leqq n, a_i \in A_i\}$ を $\mathcal{A}$ の**代表系**といい，特にすべての a_i が異なるとき $\mathcal{A}$ の**独立代表系**あるいは**横断**という．$\mathcal{A}$ が独立代表系を持つための条件を求めよ．』定理 4.26 を $A_1, \cdots, A_n$ を使って述べ直せ．

問 4.121 5 人の求職者 $x_1, \cdots, x_5$ に対して 5 つの求人 $y_1, \cdots, y_5$（各 1 人募集）がある．各求職者が就職してもよいと思う求人先は，

$x_1 : \{y_1, y_2\}$, $x_2 : \{y_1, y_4\}$, $x_3 : \{y_1, y_3, y_4, y_5\}$, $x_4 : \{y_2, y_4\}$, $x_5 : \{y_4, y_5\}$

であり，それぞれの求人先の採用条件に合致する求職者は，

$y_1 : \{x_1, x_2\}$, $y_2 : \{x_2, x_3, x_4\}$, $y_3 : \{x_1, x_3\}$, $y_4 : \{x_2, x_4, x_5\}$, $y_5 : \{x_3, x_4\}$

であるという．
(1) すべての求職者が望みの求人先に就職できるか？
(2) 人手不足のため，どの求人先でも採用条件を問わないことにした．すべての求人先が 1 人ずつ，そこに就職を希望している求職者を採用できる可能性はあるか？

問 4.122 何人かの青年男子と青年女子がいる．これらの男女について，どの男性も丁度 k 人 ($k > 0$) の女性と幼なじみであり，どの女性も丁度 k 人の男性と幼なじみであるという．どの男女も幼なじみと結婚できる可能性があることを示せ．

第 5 章

論理とその応用

　論理の基礎である命題と述語については既に 1.5 節で学んだ．数学は論理に基づいて成り立っている学問であるが，この章の前半では論理自身の数学的構造について考える．また，後半では真理値の上の関数 (ブール関数) について考察し，論理回路の設計に応用する．命題論理の世界とブール関数の世界は数学的にはまったく同じものなのに，立場により見方や扱いや応用が大きく異なる．

5.1 命題論理

　はじめに，最も基本的な論理の世界 — 命題論理 — について述べる．命題論理では命題の間の論理的関係についてしか考えない．対象となるものは「成り立つもの」か「成り立たないもの」だけであり，「すべての…」とか「…らしい」とか「$\frac{1}{2}$ くらい正しい」とかいった概念のない世界である．

5.1.1 論理式

　命題を表すために，値として T (真) と F (偽) しかとらないような変数を考え，**命題変数**とか**論理変数**と呼ぶ[†]．一般に，論理式とは命題の間の論理関係を表す式のことである．命題論理においては，命題変数を論理関係子 ($\neg, \wedge, \vee, \rightarrow, \leftrightarrow$) で結んでできる式がそれである．形式的には，次のように再帰的に定義する．
　命題論理の**論理式**は，次のように再帰的に定義される式のことである：
(1) a が真理値 T あるいは F なら，a それ自身は論理式である．
(2) A が命題変数なら，A それ自身は論理式である．
(3) $\mathcal{A}, \mathcal{B}$ がそれぞれ論理式なら，$(\neg \mathcal{A})$, $(\mathcal{A} \wedge \mathcal{B})$, $(\mathcal{A} \vee \mathcal{B})$, $(\mathcal{A} \rightarrow \mathcal{B})$, $(\mathcal{A} \leftrightarrow \mathcal{B})$ はいずれも論理式である．
(4) (1)〜(4) で定まるものだけが論理式である．

[†] 本書では，命題変数を A, B, C などの大文字で表す．

5.1 命題論理

$(\neg \mathcal{A})$ を $\mathcal{A}$ の**否定**, $(\mathcal{A} \wedge \mathcal{B})$ を $\mathcal{A}$ と $\mathcal{B}$ の合接あるいは**論理積**, $(\mathcal{A} \vee \mathcal{B})$ を $\mathcal{A}$ と $\mathcal{B}$ の離接あるいは**論理和**という. また, $(\mathcal{A} \to \mathcal{B})$ を**含意**ということもある. ( ) は論理関係子 $\neg, \wedge, \vee, \to, \leftrightarrow$ の適用範囲を表すために付けているだけなので, 論理関係子はこの順に結合力が強いものと約束し, ( ) は適宜省略する. 例えば, $\neg A \vee B \to C \wedge D$ は $(((\neg A) \vee B) \to (C \wedge D))$ の省略形である.

論理関係子を真理値の集合 $\{T, F\}$ の上の演算と考え (その場合, **論理演算子**と呼ぶ), その作用 (すなわち, 論理関係子の意味) を次の表のように定義する.

x	$\neg x$
T	F
F	T

$x \wedge y$	T	F
T	T	F
F	F	F

$x \vee y$	T	F
T	T	T
F	T	F

$x \to y$	T	F
T	T	F
F	T	T

$x \leftrightarrow y$	T	F
T	T	F
F	F	T

上の表で定義されている $\neg, \wedge, \vee, \to, \leftrightarrow$ それぞれは, 1.5 節で定義した $\neg, \wedge, \vee, \Longrightarrow, \Longleftrightarrow$ とまったく同じものであることに注意しよう[†].

● **論理式は命題変数の関数である**　論理式 $\mathcal{A}$ の中に現れる命題変数が $A_1, \cdots, A_n$ であるとき, これらの命題変数に値 T または F を代入して上述の演算を行えば $\mathcal{A}$ の値は T か F に一意的に定まる. この意味で, $\mathcal{A}$ は $A_1, \cdots, A_n$ を変数とする $\{T, F\}^n$ から $\{T, F\}$ への関数であると考えてもよい (**命題関数**あるいは**論理関数**と呼ぶ). このとき, $\mathcal{A}$ を $A_1, \cdots, A_n$ に関する n 変数の論理式といい,

$$\mathcal{A}[A_1, \cdots, A_n]$$

と書く[††]. $A_1, \cdots, A_n$ にそれぞれ値 T か F を割り当てる割り当て方の 1 つを $\mathcal{A}$ に対する**付値**という[†††]. n 個の命題変数があれば 2^n 通りの付値が存在する.

[†] $\neg, \wedge, \vee, \to, \leftrightarrow$ はこれまで用いてきた $\neg, \wedge, \vee, \Longrightarrow, \Longleftrightarrow$ と意味的にまったく同じものであるが, 区別する必要がある (記述する対象のレベルが異なる) ので, それを明瞭にするために本書では異なる記号を用いている.

他書では $\neg$ の代わりに $\sim$ が, $\to$ の代わりに $\supset$ が, $\leftrightarrow$ の代わりに $\leftrightarrows, \equiv$ などが用いられていることもある.

[††] $A_1, \cdots, A_n$ の一部 $A_{i_1}, \cdots, A_{i_j}$ だけに注目して $\mathcal{A}[A_{i_1}, \cdots, A_{i_j}]$ と書くこともある.

[†††] つまり, 付値 σ とは写像 $\sigma : \{A_1, \cdots, A_n\} \to \{T, F\}$ のことである.

● トートロジー　付値 σ の下で $\mathcal{A}$ がとる値を $\sigma(\mathcal{A})$ で表す．$\mathcal{A}$ が任意の付値の下で常に値 T をとるとき，$\mathcal{A}$ をトートロジー[†]あるいは**恒真式**といい，

$$\models \mathcal{A}$$

で表す．$\models \neg\mathcal{A}$ であるとき，$\mathcal{A}$ を恒偽式という．$\mathcal{A}, \mathcal{B}$ が論理式のとき，$\mathcal{A} \leftrightarrow \mathcal{B}$ がトートロジーであるならば $\mathcal{A}$ と $\mathcal{B}$ は**論理的に等しい**といい，

$$\mathcal{A} \equiv \mathcal{B}$$

によって表す．$\mathcal{A}$ と $\mathcal{B}$ が論理的に等しいとは，$\{T, F\}$ 上の数式と見たとき $\mathcal{A} = \mathcal{B}$ が恒等式であることに他ならない．

例5.1　論理的に等しい論理式．

(1) $A \vee (\neg A \to B)$ は下の真理表からわかるように (真理表の意味については例 1.24 (4) 参照．真理表には付値も示した) 付値 $\sigma_4(A) = \sigma_4(B) = F$ のとき値 F をとるので，トートロジーではない．一方，$A \vee (\neg A \to B)$ と $\neg A \to B$ は任意の付値に対して (つまり，A, B がどんな値をとっても) いつも同じ値となる (下表参照) ので $\models (A \vee (\neg A \to B)) \leftrightarrow (\neg A \to B)$ であり，したがって $A \vee (\neg A \to B) \equiv \neg A \to B$ である．

付値	A	$\vee$	$(\neg$	A	$\to$	$B)$
$\sigma_1(A) = T,\ \sigma_1(B) = T$	T	T	F	T	T	T
$\sigma_2(A) = T,\ \sigma_2(B) = F$	T	T	F	T	T	F
$\sigma_3(A) = F,\ \sigma_3(B) = T$	F	T	T	F	T	T
$\sigma_4(A) = F,\ \sigma_4(B) = F$	F	F	T	F	F	F

(2) 一般に，$\mathcal{A} \equiv \mathcal{B}$ である必要十分条件は，$\mathcal{A}$ および $\mathcal{B}$ に対する任意の付値 σ に対して $\sigma(\mathcal{A}) = \sigma(\mathcal{B})$ となることである．

明らかに，任意の論理式 $\mathcal{A}$ と任意の付値 σ に対して $\sigma(\neg\neg\mathcal{A}) = \neg\neg\sigma(\mathcal{A}) = \sigma(\mathcal{A})$ であるから，$\neg\neg\mathcal{A} \equiv \mathcal{A}$ である．　□

論理式は論理に関する様々の事柄を正確に表現し，その論理構造を形式的に取扱うのに非常に便利である．数学における論証の進め方に関する例については 1.5 節ですでに見たが，もう少し卑近な例について考えてみよう．

[†]tautology. 本来の意味は同義語の無駄な反復 (例えば，「馬から落ちて落馬して」) のこと．

5.1 命題論理

例5.2 一見数学的でないことも論理式で表して考察することができる．

（1） 次の2つの陳述について考えてみよう．
  (a) 佐藤氏が幸福なら佐藤夫人も幸福であり，佐藤氏が幸福でないなら佐藤夫人も幸福でない．
  (b) 佐藤氏が幸福であることと佐藤夫人が幸福であることとは一致する．

命題変数 A, B でそれぞれ「佐藤氏は幸福である」「佐藤夫人は幸福である」を表すことにする．すなわち，A の値は佐藤氏が幸福なら T，幸福でないなら F であるとしよう．B についても同様．さて，(a),(b) はそれぞれ論理式 $(A \to B) \land (\neg A \to \neg B)$, $A \leftrightarrow B$ で表すことができる．真理表を書いてみれば，この2つの論理式が論理的に等しいことは容易にわかる．それは (a) と (b) が論理的に等しいということである．

（2） 花子さんは結婚相手はやさしくてハンサムでないと嫌だと思っている．ということは，やさしくてもハンサムでないと花子さんと結婚できないということなのだろうか？

任意の男性 a を考え†，次のような命題変数を考える．
A：花子さんと a は結婚できる　　B：a はやさしい　　C：a はハンサム
やさしくてハンサムであることが花子さんと結婚できるための必要条件であり，これは $\mathcal{A} := A \to B \land C$ と表すことができる．この前提の下に $\mathcal{B} := B \land \neg C \to \neg A$ という帰結が成り立つかどうか (すなわち，$\mathcal{A} \to \mathcal{B}$ という形の<u>推論の仕方</u>が正しいかどうか) を考えればよい．それは $\mathcal{A} \to \mathcal{B}$ がトートロジーであるかどうかということに他ならない．真理表を書いてみればわかるように，論理式 $(A \to B \land C) \to (B \land \neg C \to \neg A)$ はトートロジーであるから，上述のように結論付けることは正しいといえる．

（3）「晴れれば暖かい」と「晴れなければ寒い」とは同じことをいっているわけではない．それは，A：晴れる，B：暖かい，とするとき，$A \to B$ と $\neg A \to \neg B$ が論理的に等しくないことからも数理論理学的に理解できる． □

論理的に等しい関係で重要なものを次の定理にまとめておく．これらの関係が成り立つことは，真理表を書けば容易に確かめることができる．

---
†実は，このように「任意の…」という概念が入った世界は，5.2 節で扱う述語論理を使って表す方がより自然である．

> **定理 5.1** 任意の命題変数 A, B, C に対し，次のことが成り立つ．
> (1) $A \wedge A \equiv A, \quad A \vee A \equiv A$ (巾等律)
> (2) $A \wedge B \equiv B \wedge A, \quad A \vee B \equiv B \vee A$ (可換律(交換律))
> (3) $A \wedge (B \wedge C) \equiv (A \wedge B) \wedge C$
> $A \vee (B \vee C) \equiv (A \vee B) \vee C$ (結合律)
> (4) $A \wedge (B \vee C) \equiv (A \wedge B) \vee (A \wedge C)$
> $A \vee (B \wedge C) \equiv (A \vee B) \wedge (A \vee C)$ (分配律)
> (5) $(A \wedge B) \vee A \equiv A, \quad (A \vee B) \wedge A \equiv A$ (吸収律)
> (6) $\neg(A \wedge B) \equiv \neg A \vee \neg B$
> $\neg(A \vee B) \equiv \neg A \wedge \neg B$ (ド・モルガンの法則)
> (7) $\neg(\neg A) \equiv A$ (二重否定の原理)
> (8) $A \leftrightarrow B \equiv (A \rightarrow B) \wedge (B \rightarrow A)$
> (9) $A \rightarrow B \equiv \neg A \vee B$
> (10) $A \rightarrow B \equiv \neg B \rightarrow \neg A$ (対偶)
> (11) $\vDash A \vee \neg A$ すなわち $A \vee \neg A \equiv \boldsymbol{T}$ (排中律)
> $\vDash \neg(A \wedge \neg A)$ すなわち $A \wedge \neg A \equiv \boldsymbol{F}$ (矛盾律)
> (12) $\vDash ((A \rightarrow B) \wedge (B \rightarrow C)) \rightarrow (A \rightarrow C)$
> $\vDash (A \rightarrow B) \rightarrow ((B \rightarrow C) \rightarrow (A \rightarrow C))$ (三段論法)
> (13) $A \vee \boldsymbol{T} \equiv \boldsymbol{T}, \quad A \wedge \boldsymbol{T} \equiv A$
> $A \vee \boldsymbol{F} \equiv A, \quad A \wedge \boldsymbol{F} \equiv \boldsymbol{F}$

論理式 $\mathcal{B}$ が論理式 $\mathcal{A}$ の一部分であるとき，$\mathcal{B}$ を $\mathcal{A}$ の **部分論理式** という．

> **定理 5.2** $\mathcal{B}$ を $\mathcal{A}$ の部分論理式とし，$\mathcal{A}$ の中の $\mathcal{B}$ の部分を論理式 $\mathcal{B}'$ で置き換えた論理式を $\mathcal{A}'$ とする．$\mathcal{B} \equiv \mathcal{B}'$ ならば $\mathcal{A} \equiv \mathcal{A}'$ である．

［証明］ 任意の付値 σ に対して $\sigma(\mathcal{B}) = \sigma(\mathcal{B}')$ であるから，$\sigma(\mathcal{A}) = \sigma(\mathcal{A}')$ であるのは当然である． □

定理 5.2 の証明と同様な考え方で次の定理も証明できる．

> **定理 5.3** 定理 5.1 は A, B, C が任意の論理式でも成り立つ.

定理 5.1, 5.2 と, $\equiv$ が同値関係であること (問 5.7) を用いることにより, 次の例に示すように論理式の同値変形ができる.

例 5.3 同値変形.

(1) 例 5.2 の 2 つの論理式を考える. 変形に利用した定理 5.1 の式番号を論理式の右側に記した. まず,

$$(A \to B) \land (\neg A \to \neg B) \equiv (A \to B) \land (B \to A) \qquad (10)$$
$$\equiv A \leftrightarrow B \qquad (8)$$

である. 一方, 以下に示すように, もう 1 つの論理式はトートロジーである:

$$(A \to B \land C) \to (B \land \neg C \to \neg A)$$
$$\equiv \neg(\neg A \lor (B \land C)) \lor (\neg(B \land \neg C) \lor \neg A) \qquad (9)$$
$$\equiv (A \land \neg(B \land C)) \lor (\neg B \lor C) \lor \underline{\neg A} \qquad (6)(7)$$
$$\equiv (A \land \neg(B \land C)) \lor \neg B \lor C \lor \neg A \lor (\neg A \land \neg(B \land C)) \qquad (3)(5)$$
$$\equiv (\neg(B \land C) \land A) \lor (\neg(B \land C) \land \neg A) \lor \neg B \lor C \lor \neg A \qquad (2)$$
$$\equiv (\neg(B \land C) \land (A \lor \neg A)) \lor \neg B \lor C \lor \neg A \qquad (4)$$
$$\equiv (\neg(B \land C) \land \boldsymbol{T}) \lor \neg B \lor C \lor \neg A \qquad (11)$$
$$\equiv \neg(B \land C) \lor \neg B \lor C \lor \neg A \qquad (13)$$
$$\equiv \neg B \lor \neg C \lor \neg B \lor C \lor \neg A \qquad (6)$$
$$\equiv (\neg C \lor C) \lor (\neg B \lor \neg B) \lor \neg A \qquad (2)(3)$$
$$\equiv \boldsymbol{T} \lor (\neg B \lor \neg A) \qquad (1)(3)(11)$$
$$\equiv \boldsymbol{T} \qquad (13)$$

変形の途中で交換律と結合律を何度も用いていることに注意する[†].

[†] 実は, もっと簡単な変形もできる.

(2) 右の図は 1 階にも 2 階にもスイッチがある電燈を示している．P で 1 階のスイッチが on の状態を，Q で 2 階のスイッチが on の状態を表すことにし，1 階，2 階とも on (すなわち $P \wedge Q$) のとき電燈が点灯するものとすれば，点灯しているのは $P \wedge Q$ または $\neg\neg P \wedge Q$ (1 階でつづけて 2 回 on/off を行ったとき)，$\neg P \wedge \neg Q$ (1 階，2 階で 1 回ずつ on/off を行ったとき) etc. であり，これは論理式

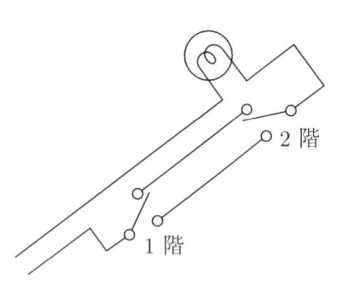

$$(P \wedge Q) \vee (\neg\neg P \wedge Q) \vee (\neg P \wedge \neg Q) \vee (P \wedge \neg\neg Q)$$
$$\vee \cdots \vee (\overbrace{\neg\cdots\neg}^{i} P \wedge \overbrace{\neg\cdots\neg}^{j} Q) \quad (i+j \text{ は偶数})$$

で表すことができ，これは

$$(P \wedge Q) \vee (\neg P \wedge \neg Q) \tag{5.1}$$

と論理的に等しく，(5.1) をもとに考えた回路が上図である． □

● **トートロジーの基本的性質**

> **定理 5.4** 任意の論理式 $\mathcal{A}, \mathcal{B}$ に対して，次のことが成り立つ．
> (1) $\vDash \mathcal{A} \wedge \mathcal{B} \iff \vDash \mathcal{A}$ かつ $\vDash \mathcal{B}$．
> (2) $\vDash \mathcal{A}$ または $\vDash \mathcal{B} \implies \vDash \mathcal{A} \vee \mathcal{B}$．　　逆は成り立たない．
> (3) $\vDash \mathcal{A} \to \mathcal{B}$ かつ $\vDash \mathcal{A} \implies \vDash \mathcal{B}$．　　逆は成り立たない．
> (4) $\mathcal{A} \equiv \mathcal{B}$ かつ $\vDash \mathcal{A} \implies \vDash \mathcal{B}$．　　逆は成り立たない．

［証明］ (1) $\vDash \mathcal{A} \wedge \mathcal{B}$ ならば任意の付値 σ に対して $\sigma(\mathcal{A} \wedge \mathcal{B}) = \boldsymbol{T}$．これは $\sigma(\mathcal{A}) = \sigma(\mathcal{B}) = \boldsymbol{T}$ のときだけ成り立つ．よって，$\vDash \mathcal{A}$ かつ $\vDash \mathcal{B}$．逆も同様．
(2) 逆が成り立たない例としては，$\mathcal{A} = A, \mathcal{B} = \neg A$ とすると，$\vDash A \vee \neg A$ であるが，$\vDash A$ でも $\vDash \neg A$ でもない．
(3), (4) は読者への演習問題とする (問 5.6)．　　□

● **双対** 論理式 $\mathcal{A}$ が論理関係子として $\neg, \wedge, \vee$ しか含んでいないとき，$\mathcal{A}$ の中のすべての $\wedge, \vee, \boldsymbol{T}, \boldsymbol{F}$ をそれぞれ $\vee, \wedge, \boldsymbol{F}, \boldsymbol{T}$ で置き換えたものを $\mathcal{A}$ の双対といい，$\mathcal{A}^*$ で表す．したがって，$(\mathcal{A}^*)^* = \mathcal{A}$ である．問 5.9 補を見よ．

例5.4 双対．
A, B, C は命題変数．括弧が省略されている (4) の左辺に注意のこと．
(1) $A^* = A$
(2) $(A \vee \neg \boldsymbol{F})^* = A \wedge \neg \boldsymbol{T}$
(3) $(\neg A \vee B)^* = \neg A \wedge B$
(4) $(\neg A \vee B \wedge C)^* = \neg A \wedge (B \vee C)$ □

$\mathcal{A} = \mathcal{A}[A_1, \cdots, A_n]$ のとき，$\mathcal{A}$ の中に現れるすべての A_i を論理式 $(\mathcal{B}_i)$ で置き換えて得られる論理式を $\mathcal{A}[\mathcal{B}_1, \cdots, \mathcal{B}_n]$ で表す．

定理 5.5　（双対の原理）　論理関係子として $\neg, \wedge, \vee$ だけを含む任意の論理式 $\mathcal{A} = \mathcal{A}[A_1, \cdots, A_n]$ と $\mathcal{B}$ に対して，次のことが成り立つ．
(1) $\mathcal{A}[A_1, \cdots, A_n] \equiv \neg \mathcal{A}^*[\neg A_1, \cdots, \neg A_n]$.
(2) $\vDash \mathcal{A} \iff \vDash \neg \mathcal{A}^*$.
(3) $\vDash \mathcal{A} \to \mathcal{B} \iff \vDash \mathcal{B}^* \to \mathcal{A}^*$.
(4) $\mathcal{A} \equiv \mathcal{B} \iff \mathcal{A}^* \equiv \mathcal{B}^*$.

［証明］ (1) 証明は，$\mathcal{A}$ が含んでいる $\neg, \wedge, \vee$ の個数に関する数学的帰納法．
　［基礎］ $\mathcal{A}$ が論理関係子 $\neg, \wedge, \vee$ を含んでいないなら，$\mathcal{A}$ は真理値 $\boldsymbol{T}, \boldsymbol{F}$ であるか，あるいは命題変数 A_1 である．$\mathcal{A} = A_1$ の場合は，

$$\mathcal{A}[A_1] = A_1 \equiv \neg \neg A_1 = \neg \mathcal{A}^*[\neg A_1].$$

$\mathcal{A} = \boldsymbol{T}, \boldsymbol{F}$ のときも同様である．
　［帰納ステップ］ 3 つの場合がある[†]．
　　(i) ある論理式 $\mathcal{B}$ に対して $\mathcal{A} = (\neg \mathcal{B})$ である場合．

$$\begin{aligned}
\mathcal{A}[A_1, \cdots, A_n] &= \neg \mathcal{B}[A_1, \cdots, A_n] \\
&\equiv \neg(\neg \mathcal{B}^*[\neg A_1, \cdots, \neg A_n]) \quad \text{（帰納法の仮定）} \\
&= \neg \mathcal{A}^*[\neg A_1, \cdots, \neg A_n]. \quad (\mathcal{A}^* = \neg \mathcal{B}^*)
\end{aligned}$$

[†] いずれの場合も，$=$ と $\equiv$ を使い分けていることに注意したい．$=$ は単なる書き換え，$\equiv$ は同値変形である．

(ii) $\mathcal{A} = (\mathcal{B} \vee \mathcal{C})$ である場合.

$$\begin{aligned}
\mathcal{A}[A_1, \cdots, A_n] &= \mathcal{B}[A_1, \cdots, A_n] \vee \mathcal{C}[A_1, \cdots, A_n] \\
&\equiv (\neg \mathcal{B}^*[\neg A_1, \cdots, \neg A_n]) \vee (\neg \mathcal{C}^*[\neg A_1, \cdots, \neg A_n]) \\
&\qquad\qquad\qquad\qquad\qquad\qquad\text{(帰納法の仮定)} \\
&= (\neg \mathcal{B}^* \vee \neg \mathcal{C}^*)[\neg A_1, \cdots, \neg A_n] \\
&\equiv \neg(\mathcal{B}^* \wedge \mathcal{C}^*)[\neg A_1, \cdots, \neg A_n] \qquad \text{(定理 5.1 (6))} \\
&= \neg \mathcal{A}^*[\neg A_1, \cdots, \neg A_n]. \qquad (\mathcal{A}^* = \mathcal{B}^* \wedge \mathcal{C}^*)
\end{aligned}$$

(iii) $\mathcal{A} = (\mathcal{B} \wedge \mathcal{C})$ である場合も (ii) と同様である.

(2) (1) より明らか.

$$\vDash \mathcal{A} \iff \underline{\text{任意の付値 } \sigma \text{ に対して } \sigma(\mathcal{A}) = T}$$

であることに注意する. $\mathcal{A}$ の中の A_i を $\neg A_i$ に置き換えると, A_i の T, F を逆にする付値を考えることになる.

(3)
$$\begin{aligned}
\vDash \mathcal{A} \to \mathcal{B} &\iff \vDash \neg \mathcal{A} \vee \mathcal{B} &&\text{(定理 5.1 (9), 定理 5.4 (4))} \\
&\iff \vDash \neg(\neg \mathcal{A}^* \wedge \mathcal{B}^*) &&((\,2\,) \text{ による}) \\
&\iff \vDash \mathcal{A}^* \vee \neg \mathcal{B}^* &&\text{(定理 5.1 (6)(7), 定理 5.4 (4))} \\
&\iff \vDash \mathcal{B}^* \to \mathcal{A}^*. &&\text{(定理 5.1 (9), 定理 5.4 (4))}
\end{aligned}$$

(4)
$$\begin{aligned}
\mathcal{A} \equiv \mathcal{B} &\iff \vDash \mathcal{A} \leftrightarrow \mathcal{B} &&(\equiv \text{ の定義}) \\
&\iff \vDash (\mathcal{A} \to \mathcal{B}) \wedge (\mathcal{B} \to \mathcal{A}) &&\text{(定理 5.1 (8), 定理 5.4 (4))} \\
&\iff \vDash \mathcal{A} \to \mathcal{B} \text{ かつ } \vDash \mathcal{B} \to \mathcal{A} &&\text{(定理 5.4 (1))} \\
&\iff \vDash \mathcal{B}^* \to \mathcal{A}^* \text{ かつ } \vDash \mathcal{A}^* \to \mathcal{B}^* &&((\,3\,) \text{ による}) \\
&\iff \vDash (\mathcal{B}^* \to \mathcal{A}^*) \wedge (\mathcal{A}^* \to \mathcal{B}^*) \\
&\iff \vDash \mathcal{A}^* \leftrightarrow \mathcal{B}^* \\
&\iff \mathcal{A}^* \equiv \mathcal{B}^*. &&\square
\end{aligned}$$

定理 5.5 の証明において, $\mathcal{A}[A_1, \cdots, A_n]$ 等において $\mathcal{A}$ は $A_1, \cdots, A_n$ のすべてを必ずしも含んでいない場合もあるが, 含まれていないものは無視して考えればよい.

定理 5.5 の (4) により, 定理 5.1 の (1)～(13) のどれも, 双対になっている 2 つの式のうちのどちらか一方だけ書いておけば十分であることがわかる.

5.1 命題論理

5.1.1項　理解度確認問題

問 5.1 次の陳述を命題とそうでないものに分けよ．
(1) 偶数は奇数より個数が多い．　(2) $n+3$ は正の整数である．
(3) 23 は素数である．　　　　　(4) 今何時ですか？

問 5.2 トートロジーか否か真理表によって確かめよ．A, B, C を命題変数とする．A, B, C が命題変数であるか論理式であるかで違いがあるか？
(1) $A \to A$　　(2) $(A \to \neg A) \to (A \to B)$　　(3) $A \vee B \to (\neg A \to C)$

問 5.3 真理表を書いて，次のことが成り立つか否か調べよ．
(1) $\models (A \to \neg B) \wedge B \to \neg A$　　(2) $A \vee \neg B \wedge \neg A \equiv \neg A \to \neg B$
(3) $\models \neg(A \vee \neg B) \leftrightarrow \neg A$　　(4) $A \to B \wedge \neg C \equiv \neg A \vee \neg(C \vee \neg B)$

問 5.4 田中氏は酒と美女に囲まれていれば happy である．では，酒があっても美女がいなければ田中氏は unhappy なのであろうか？例 5.2 と同様に命題変数を適当に導入した論理式を考えることにより，これに答えよ．

問 5.5 同値変形して簡単にせよ．
(1) $A \to (B \to A)$　　(2) $\neg(\neg A \vee A) \to B$
(3) $(A \wedge \neg B) \vee (\neg A \wedge B) \vee (\neg A \wedge \neg B)$
(4) $(A \to B) \to ((B \to C) \to (A \to C))$
(5) $(A \wedge B) \vee ((C \vee A) \wedge B)$　　(6) $(A \to B \vee \neg A) \wedge (A \vee \neg B)$

問 5.6 定理 5.4 (3), (4) を証明せよ．

問 5.7 $\equiv$ は同値関係であることを証明せよ．

問 5.8 ある会社では雇客から 6 つの条件 $a \sim f$ が次のように満たされている製品を作るように依頼された．満たすべき条件を簡単にせよ．
(i) 条件 a も b も必ず満たされていること．
(ii) 条件 b が満たされないなら条件 a と d を満たすこと．
(iii) 条件 c が満たされないなら条件 b または e を満たすこと．
(iv) 条件 a または c が成り立てば 条件 d, f 両方が成り立つ必要はない．

問 5.9 (1) 命題変数を適当に定義し，次のことを論理式で表せ．
(i) 良いレストランは料理がおいしく，サービスも良い．
(ii) 楽しいためには料理がおいしいかサービスが良くないといけない．
(2) (1) を仮定したとき，次のことは正しいか？
(a) サービスが良いレストランは良いレストランである．
(b) 楽しくないのは良いレストランではない．

問 5.9 補 例 5.4(4) から分かるように，p.175 の双対の定義は曖昧である．再帰的に曖昧でない定義を与えよ．

5.1.2 標準形

$\{T, F\}^2$ から $\{T, F\}$ への関数 (換言すれば, $\{T, F\}$ 上の 2 項演算) が 16 個存在するうち,これまでに登場したのは $\wedge, \vee, \rightarrow, \leftrightarrow$ の 4 つだけである.ここでは新たに次の 2 つを考えてみよう.

A	B	$A \mid B$	$A \downarrow B$
T	T	F	F
T	F	T	F
F	T	T	F
F	F	T	T

$\mid$: シェファーの縦棒 (Sheffer)
$\downarrow$: パースの矢印 (Pierce)

$A \mid B \equiv \neg(A \wedge B), A \downarrow B \equiv \neg(A \vee B)$ が成り立つので, $\mid$ のことを **NAND** (not and の意) ともいい, $\downarrow$ のことを **NOR** (not or の意) ともいう.

● どんな論理式も次のような論理演算子の組だけで表すことができる

> **定理 5.6**　任意の論理式 $\mathcal{A}$ に対して, $\mathcal{A} \equiv \mathcal{B}$ となる論理式 $\mathcal{B}$ で
> (1) $\neg$ と $\wedge$ しか含まないもの
> (2) $\neg$ と $\vee$ しか含まないもの
> (3) $\neg$ と $\rightarrow$ しか含まないもの
> (4) $\mid$ しか含まないもの
> (5) $\downarrow$ しか含まないもの
> がそれぞれ存在する.

[証明]　(1) 定理 5.1 より

$$A \leftrightarrow B \equiv (A \rightarrow B) \wedge (B \rightarrow A), \quad A \rightarrow B \equiv \neg A \vee B, \quad A \vee B \equiv \neg(\neg A \wedge \neg B)$$

であるから,定理 5.2 により, $\mathcal{A}$ の中の $\neg, \wedge$ 以外の論理関係子を $\neg, \wedge$ に置き換えた同値変形ができる.
(2) $A \wedge B \equiv \neg(\neg A \vee \neg B)$ であるから (1) より導かれる.
(3) $A \vee B \equiv \neg A \rightarrow B$ であるから (2) より導かれる.
(4) $\neg A \equiv A \mid A, A \vee B \equiv (A \mid A) \mid (B \mid B)$ であるから (2) より導かれる.
(5) $\neg A \equiv A \downarrow A, A \wedge B \equiv (A \downarrow A) \downarrow (B \downarrow B)$ であるから (1) より導かれる. □

5.1 命題論理

例5.5 他の論理演算子で表す．

$$A \leftrightarrow B \equiv (A \to B) \wedge (B \to A) \equiv (\neg A \vee B) \wedge (\neg B \vee A)$$
$$\equiv \neg(\neg(\neg A \vee B) \vee \neg(A \vee \neg B)) \qquad (\neg \text{と} \vee \text{のみ})$$
$$\equiv \neg(A \wedge \neg B) \wedge \neg(\neg A \wedge B) \qquad (\neg \text{と} \wedge \text{のみ})$$
$$\equiv \neg((A \to B) \to \neg(B \to A)) \qquad (\neg \text{と} \to \text{のみ})$$
$$\equiv ((A \downarrow A) \downarrow B) \downarrow ((B \downarrow B) \downarrow A) \qquad (\downarrow \text{のみ})$$
$$\equiv ((A \mid (B \mid B)) \mid ((A \mid A) \mid B)) \mid ((A \mid (B \mid B)) \mid ((A \mid A) \mid B)).$$

($\mid$ のみ．$A \wedge B \equiv (A \mid B) \mid (A \mid B), A \to B \equiv A \mid (B \mid B)$ を使っている) □

一方，どんな論理式も以下に述べるような特別な形の論理式で表すことができる．命題変数，あるいは命題変数に否定 $\neg$ を付けたものを**リテラル**[†]という．

論理式 $\mathcal{A} = \mathcal{A}[A_1, \cdots, A_n]$ を考えよう．すべての命題変数 $A_1, \cdots, A_n$ を正リテラル (命題変数それ自身のこと) または負リテラル (命題変数に $\neg$ が付いたもののこと) として丁度１つずつ含み，それらを $\wedge$ だけで結んでできる論理式を $\mathcal{A}$ の**最小項**という．また，$\wedge$ を $\vee$ で置き換えたものを**最大項**という．

$\mathcal{A}$ がリテラルの論理和 ($\vee$ で結んだもの) の論理積 ($\wedge$ で結んだもの) $\mathcal{B}$ で表されているとき，$\mathcal{B}$ を $\mathcal{A}$ の**和積標準形**あるいは**乗法標準形**[††]という．また，$\mathcal{A}$ がリテラルの論理積の論理和 $\mathcal{C}$ で表されているとき，$\mathcal{C}$ を $\mathcal{A}$ の**積和標準形**とか**加法標準形**[†††]という．特に，$\mathcal{B}$ が最小項すべての論理和となっているときそれを**主加法標準形**といい，$\mathcal{C}$ が最大項すべての論理積となっているときそれを**主乗法標準形**という．

● 標準形定理

定理 5.7 (命題変数を１つ以上含む) どんな論理式 $\mathcal{A}$ にも，その主加法標準形および主乗法標準形が存在する．

[証明] もっと具体的に主加法標準形および主乗法標準形の形を示そう．$\mathcal{A} = \mathcal{A}[A_1, \cdots, A_n]$ とし，$A_1, \cdots, A_n$ に対する 2^n 個の付値を $\sigma_1, \cdots, \sigma_{2^n}$ とする．

[†] リテラル：literal：「文字通り」つまり「文字が表すものそのもの」の意．
[††] 乗法標準形：conjunctive normal form, CNF．
[†††] 加法標準形：disjunctive normal form, DNF．

$$(1)\quad \mathcal{A} \equiv \bigvee_{i=1}^{2^n} \bigl(\sigma_i(\mathcal{A}) \wedge \underbrace{A_1^{\sigma_i(A_1)} \wedge \cdots \wedge A_n^{\sigma_i(A_n)}}_{\mathcal{B}_i}\bigr)$$

$$(2)\quad \mathcal{A} \equiv \bigwedge_{i=1}^{2^n} \bigl(\sigma_i(\mathcal{A}) \vee A_1^{\neg\sigma_i(A_1)} \vee \cdots \vee A_n^{\neg\sigma_i(A_n)}\bigr)$$

が成り立つことを以下で示す．ただし，A が命題変数，$a \in \{\boldsymbol{T}, \boldsymbol{F}\}$ のとき，

$$A^a := \begin{cases} A & a = \boldsymbol{T} \text{ のとき} \\ \neg A & a = \boldsymbol{F} \text{ のとき} \end{cases}$$

であると定義する．$\sigma_i(\mathcal{A})$ は定数 $\boldsymbol{T}$ または $\boldsymbol{F}$ であることに注意する．

(1) $\mathcal{A}$ の真理表を考える．これは 2^n 個の行からなっており，各行は $A_1, \cdots, A_n$ に対する 1 つの付値を表している．i 行目が表す付値を σ_i とする．第 i 行 第 j 列の値は $\sigma_i(A_j)$ である．よって，

$$A_j^{\sigma_i(A_j)} = \begin{cases} A_j & \sigma_i(A_j) = \boldsymbol{T} \text{ のとき} \\ \neg A_j & \sigma_i(A_j) = \boldsymbol{F} \text{ のとき} \end{cases}$$

である．行 i の $A_1, \cdots, A_n$ すべてについてこれを $\wedge$ したものが

$$\mathcal{B}_i := A_1^{\sigma_i(A_1)} \wedge \cdots \wedge A_n^{\sigma_i(A_n)}$$

である．定義より，

$$\sigma_i(\mathcal{B}_{i'}) \equiv \begin{cases} \boldsymbol{T} & i = i' \text{ のとき} \\ \boldsymbol{F} & i \neq i' \text{ のとき} \end{cases} \tag{5.2}$$

である．(1) が成り立つことを示すには，任意の付値 σ_i に対して (1) の両辺の値が等しいことを示せばよい ($\sigma_{i'}(\mathcal{A})$ は定数であることに注意)：

$$\begin{aligned}
(\text{右辺}) &= \bigl(\sigma_i(\mathcal{A}) \wedge \sigma_i(\mathcal{B}_i)\bigr) \vee \bigvee_{i' \neq i} \bigl(\sigma_{i'}(\mathcal{A}) \wedge \sigma_i(\mathcal{B}_{i'})\bigr) \\
&\equiv \bigl(\sigma_i(\mathcal{A}) \wedge \boldsymbol{T}\bigr) \vee \bigvee_{i' \neq i} \bigl(\sigma_{i'}(\mathcal{A}) \wedge \boldsymbol{F}\bigr) && ((5.2) \text{ による}) \\
&\equiv \sigma_i(\mathcal{A}) \vee \boldsymbol{F} && (A \wedge \boldsymbol{T} \equiv A,\ A \wedge \boldsymbol{F} \equiv \boldsymbol{F}) \\
&\equiv \sigma_i(\mathcal{A}) && (A \vee \boldsymbol{F} \equiv A) \\
&= (\text{左辺}).
\end{aligned}$$

(2) (1) の証明において，$\vee$ と $\wedge$ を入れ替え，$\boldsymbol{T}$ と $\boldsymbol{F}$ を入れ替えれば，そのまま (2) に証明になっている． $\square$

次のことに注意しておきたい．

$$(1)\quad \mathcal{A} \equiv \bigvee_{i=1}^{2^n} \bigl(\sigma_i(\mathcal{A}) \wedge A_1^{\sigma_i(A_1)} \wedge \cdots \wedge A_n^{\sigma_i(A_n)}\bigr)$$

において，$\sigma_i(\mathcal{A}) = \boldsymbol{F}$ である項

$$\sigma_i(\mathcal{A}) \wedge A_1^{\sigma_i(A_1)} \wedge \cdots \wedge A_n^{\sigma_i(A_n)}$$

は削除してもよい．なぜなら，この項の値は $\boldsymbol{F}$ であるから論理和をとっても意味がないから $(A \vee \boldsymbol{F} \equiv A$ だから$)$ である．同様に，

$$(2)\quad \mathcal{A} \equiv \bigwedge_{i=1}^{2^n} \bigl(\sigma_i(\mathcal{A}) \vee A_1^{\neg\sigma_i(A_1)} \vee \cdots \vee A_n^{\neg\sigma_i(A_n)}\bigr)$$

において，$\sigma_i(\mathcal{A}) = \boldsymbol{T}$ である項

$$\sigma_i(\mathcal{A}) \vee A_1^{\neg\sigma_i(A_1)} \vee \cdots \vee A_n^{\neg\sigma_i(A_n)}$$

は削除してもよい $(A \wedge \boldsymbol{T} \equiv A$ だから$)$．

例5.6 主加法・主乗法標準形の求め方．

$\mathcal{A} = (A \to B) \wedge C \to \neg A \wedge B \wedge C$ を考えよう．$\mathcal{A}$ の真理表は右の通りであるから，$\mathcal{A}$ の主加法標準形は

$(A \wedge B \wedge \neg C) \vee (A \wedge \neg B \wedge C) \vee$
$(A \wedge \neg B \wedge \neg C) \vee (\neg A \vee B \wedge C) \vee$
$(\neg A \wedge B \wedge \neg C) \vee (\neg A \wedge \neg B \wedge \neg C)$

A	B	C	$\mathcal{A}$
T	T	T	F
T	T	F	T
T	F	T	T
T	F	F	T
F	T	T	T
F	T	F	T
F	F	T	F
F	F	F	T

であり，主乗法標準形は

$$(\neg A \vee \neg B \vee \neg C) \wedge (A \vee B \vee \neg C)$$

である．上に述べた注意により，主加法標準形を求める際は，付値 σ に対応する行のうち $\sigma(\mathcal{A}) = \boldsymbol{T}$ である行だけを考えればよく（その6行だけで十分である），主乗法標準形を求める際は $\sigma(\mathcal{A}) = \boldsymbol{F}$ である行だけ（残りの2行だけ）を考えれば十分であることに注意する．

5.1.2 項　理解度確認問題

問 5.10　$(A \wedge B) \leftrightarrow (\neg A \rightarrow A \vee B)$ を，(1) $\neg$ と $\wedge$ だけ，(2) $\neg$ と $\vee$ だけ，(3) $\neg$ と $\rightarrow$ だけ，(4) $|$ だけ，(5) $\downarrow$ だけでそれぞれ表せ．

問 5.11　証明せよ．
(1)　$(A \downarrow C) \downarrow (A \downarrow B) \equiv A \vee (\neg B \downarrow \neg C)$　　(2)　$\vDash A \downarrow (A \downarrow A)$
(3)　$\vDash (A | (A | A)) | (A | (A | A))$　　　　(4)　$(A | B)^* \equiv A \downarrow B$

問 5.12　それ 1 つだけで任意の論理式を表すことのできる $\{T, F\}$ 上の 2 項演算子は $|$ と $\downarrow$ だけであることを証明せよ．

問 5.13　(1) $\rightarrow$ と $\vee$ だけ，(2) $\neg$ と $\leftrightarrow$ だけではすべての論理式を表すことができないことを示せ．

問 5.14　命題論理の論理式 $\mathcal{A} = \mathcal{A}[A]$ は論理関係子として $\leftrightarrow$ しか含んでいないとする．$\vDash \mathcal{A}$ が成り立つための必要十分条件は，$\mathcal{A}$ に現れる命題変数の個数が偶数個であることである．このことを証明せよ．

問 5.15　主加法標準形と主乗法標準形を求めよ．
(1)　$A \rightarrow B$　　(2)　$A | (B | C)$　　(3)　$\neg(\neg B \rightarrow A) \rightarrow \neg A$

問 5.16　定理 5.7 (2) を，(1) の結果を用いて証明せよ ($\neg \mathcal{A}$ を考えよ)．

問 5.17　ケネディが凶弾に倒れて天国に召される途中，2 方向に道が分かれた分岐点に出会った．道の一方は天国に通じ，他方は地獄に通じている．分岐点にはチャーチルとヒットラーが番人をしていた．ケネディはどちらがヒットラーでどちらがチャーチルかわからない．チャーチルは質問に対し必ず正しいことを答えるが，ヒットラーは必ず嘘をいう．答が yes か no であるような質問を 1 回だけしてケネディが天国へ行く道を見つけるには，どのような質問をしたらよいか？

記号のまとめ (5.1 節)

$\neg \mathcal{A}, \mathcal{A} \wedge \mathcal{B}, \mathcal{A} \vee \mathcal{B}$	論理否定，論理積，論理和
$\mathcal{A} \rightarrow \mathcal{B}, \mathcal{A} \equiv \mathcal{B}$	「ならば」(含意)，論理的に等しい
$\mathcal{A}[A_1, \cdots, A_n]$	$\mathcal{A}$ は $A_1, \cdots, A_n$ を命題変数とする論理式
$\sigma(A), \sigma(\mathcal{A})$	付値 σ のもとでの，命題変数 A の値，論理式 $\mathcal{A}$ の値
$\vDash \mathcal{A}$	$\mathcal{A}$ はトートロジー
$\mathcal{A} \equiv \mathcal{B}$	$\mathcal{A}$ と $\mathcal{B}$ は論理的に等しい
$\mathcal{A}^*$	$\mathcal{A}$ の双対
$\mathcal{A} | \mathcal{B}, \mathcal{A} \downarrow \mathcal{B}$	NAND, NOR

5.2 述語論理

● **命題論理の記述能力は弱すぎる**　命題論理は命題の間の論理的関係を考えるものなので，命題変数はそれが表す命題が真であるか偽であるかを表すだけであり，命題の内部構造には言及することができない．例えば，命題 A の中の x と命題 B の中の x との関係，といったことまでは記述できない．次の例を考えよう：

① 太郎の友達はすべて次郎の友達である．
② 花子は太郎の友達である．
よって，
③ 花子は次郎の友達でもある． (5.3)

という推論は命題論理の論理式ではうまく記述できない．太郎の任意の友達を x で表すと，① は「①' x は次郎の友達である」ことをいっており，② は「$x =$ 花子」である場合を想定していることを表し，③ は「①' において $x =$ 花子 の場合を述べたものである．つまり，(5.3) は x を介して①, ②, ③ の間の関係を述べたものである．①も②も③も命題であるが，これらをそれぞれ A, B, C という命題変数で表しただけでは，A, B, C は独立であり，A, B, C の間の x を介した論理的関係 (5.3) を論理式として記述できない．

述語とは，あるパラメータ $x_1, \cdots, x_n$ に関する論理関数 $P(x_1, \cdots, x_n)$ のことであったことを思い出そう (1.5 節)．①, ②, ③はそれぞれ述語を使って次のように表すことができる：

①'：$\forall x\,[\,A(x) \to B(x)\,]$．ここで，$A(x)$ は「x は太郎の友達である」を表す述語であり，$B(x)$ は「x は次郎の友達である」を表す述語である．
②'：$A(a)$．ただし，$a =$ 花子 である．
③'：$B(a)$．

また，①', ②', ③' の間の論理的関係 (5.3) は次のように表すことができる：

$$\forall x\,[\,A(x) \to B(x)\,] \land A(a) \to B(a).$$

ここで使っている $\forall x \cdots$「すべての x について $\cdots$」や $\exists x \cdots$「ある x が存在して $\cdots$」や，定数 a や，さらにはもっと基本的なものである $A(x), B(x)$ といった述語を表す記号も使えるようにした論理の体系があれば，命題論理の世界よりもずっと広い論理の世界を記述できることは明らかである．そのような

ものの1つとしてこの節で述べるのが1階述語論理[†]あるいは単に**述語論理**と呼ばれる論理の体系である．"述語"が論理式を記述するための基本になるゆえにこう呼ばれる．

● **述語論理の論理式**　まずはじめに，述語論理の論理式を記述するために使う記号の約束をしておく．

> (1) 論理式によって記述したい世界 (例えば，自然数論の世界，群論の世界など) に属する対象を表すための記号 $a, b, c, \cdots$．これらを**定数記号**とか対象定数[††]という．対象すべての集合を D で表し，**対象領域**という．
>
> (2) D に属す対象を値としてとる変数を表すための記号 $x, y, z, \cdots$．これらを変数記号とか対象変数とか単に**変数**という．
>
> (3) D^n から D への n 変数関数 ($n = 1, 2, \cdots$) を表すための記号 $f, g, \cdots$．これらを**関数記号**という．
>
> (4) D^n から $\{\boldsymbol{T}, \boldsymbol{F}\}$ への述語 ($n = 1, 2, \cdots$) を表すための記号 $P, Q, \cdots$．これらを**述語記号**という．

これらを使って，述語論理の論理式[†††]を以下に述べるように再帰的に定義する．はじめに**項**とは何かを定義し，それを使って論理式を定義する．

> (5) 定数記号，変数記号はそれだけでそれぞれ項である．
>
> (6) $t_1, \cdots, t_n$ が項であり f が n 変数の関数記号であれば，$f(t_1, \cdots, t_n)$ は項である．
>
> (7) $t_1, \cdots, t_n$ が項であり，P が n 変数の述語記号であれば，$P(t_1, \cdots, t_n)$ は論理式である．この形の論理式を**素論理式**という．
>
> (8) $\mathcal{A}, \mathcal{B}$ が論理式ならば，$(\neg \mathcal{A}), (\mathcal{A} \land \mathcal{B}), (\mathcal{A} \lor \mathcal{B}), (\mathcal{A} \to \mathcal{B}), (\mathcal{A} \leftrightarrow \mathcal{B})$ はそれぞれ論理式である．

[†]first-order predicate logic．"first-order"(1階)の述語論理では，変数 x で述語を表すことはしない．高階になるほど変数が表す対象の次元が上がる．

[††]individual constant．"individual"は「個々の具体的な」の意．

[†††]この定義では論理式の形がどうあるべきかだけを定義しているので，これによって定義された式 (つまり，論理式) のことを well-formed formula (正しい形をした式) と呼ぶこともある．

(9) $\mathcal{A}$ が論理式であり x が変数ならば，$(\forall x \mathcal{A})$, $(\exists x \mathcal{A})$ はそれぞれ論理式であり，$\mathcal{A}$ を x の **適用範囲**(スコープ) という．$\forall x$ を**全称記号**，$\exists x$ を**存在記号**，両者を合わせて**量化記号**† という．

$\mathcal{A}$ の中に現れる x それぞれは $\forall x$ あるいは $\exists x$ によって**束縛**されているという ($\forall x$ の x も，$\exists x$ の x も束縛されているという)．どの量化記号によっても束縛されていない変数は**自由**であるという．

例5.7 項，述語論理の論理式，束縛変数，自由変数．
(1) f を 2 変数関数記号とする．x, y, z は変数であると同時に項でもあり，$f(x,z)$ や $f(x,f(x,y))$ は項である．P を 3 変数述語記号，Q を 1 変数述語記号とすると，$P(x,y,f(x,z))$ や $Q(f(x,f(x,y)))$ は素論理式である．よって，例えば $\forall x\, Q(f(x,f(x,y)))$ やそれに $\neg$ を付けた $\neg \forall x\, Q(f(x,f(x,y)))$ はそれぞれ論理式である．
(2) (1)で述べた要素を使った論理式
$$\mathcal{A} := ((\forall y\,(\exists x\, P(x,y,f(x,z)))) \vee (\neg (\forall x\, Q(f(x,f(x,y))))))$$
を考えよう††．

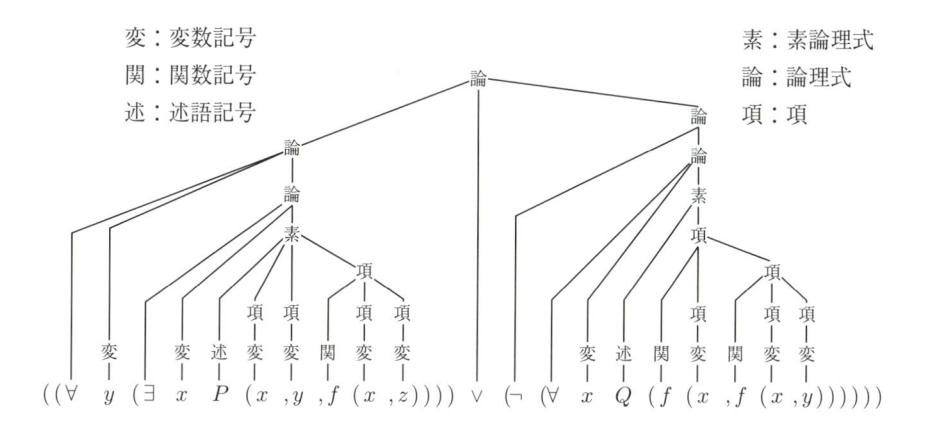

変：変数記号 素：素論理式
関：関数記号 論：論理式
述：述語記号 項：項

$((\forall\ y\ (\exists\ x\ P\ (x\ ,y\ ,f\ (x\ ,z)))) \vee (\neg\ (\forall\ x\ Q\ (f\ (x\ ,f\ (x\ ,y))))))$

---
†量化記号：quantifier．「"quantity" (量) を決めるもの」の意．
††この論理式 $\mathcal{A}$ は定義 (8),(9) にしたがってフルに ( ) を付けているが，誤解の生じない範囲内で ( ) は省略してもよい (次ページ参照)．

$\mathcal{A}$ は前ページのような構造 ($\mathcal{A}$ の構文木という) をした論理式である．$\mathcal{A}$ はこの構文木の上 (根の側) から下 (葉の側) へ向かって再帰的に定義されているのであるが，例えば，$y \to$ 変数記号 $\to$ 項 $\to$ 素論理式 $\to$ 論理式 $\to \cdots \to \mathcal{A}$ のように下から上へ向かって順に具体的に定まっている．

誤解の生じない範囲で括弧を省略して

$$\forall \underline{y} \exists \underline{x}\, P(\underline{x}, y, f(\underline{x}, z)) \lor \neg \forall \underline{x}\, Q(f(\underline{x}, f(\underline{y}, y)))$$

と書いてもよい．下線を引いた変数は束縛されており，それ以外の変数は自由である．y は現れている位置によって束縛されていたり自由であったりしていることに注意する． □

● **解釈とは記号に具体的な意味を与えること** 論理式 $\mathcal{A}$ の中に現れる自由変数 (のいくつか) が $x_1, \cdots, x_n$ であるとき，

$$\mathcal{A} = \mathcal{A}[x_1, \cdots, x_n]$$

と書くことにする．これは，$\mathcal{A}$ が $x_1, \cdots, x_n$ に関する述語であることを表す．論理式 $\mathcal{A}[x_1, \cdots, x_n]$ の値は $x_1, \cdots, x_n$ がどのような値 (対象領域の元) をとるかだけでは定まらない．$\mathcal{A}$ の中に現れる定数記号や関数記号や述語記号の '意味' が定まっていないからである．これらに具体的意味を与えることを**解釈**†という．すなわち，解釈 $\mathcal{I}$ とは次の (1)〜(4) を定めることである．

(1) $\mathcal{I}$ の**定義域**あるいは**領域**†と呼ばれる集合．対象領域 D がこれにあたる．これを $|\mathcal{I}|$ で表す．
(2) それぞれの定数記号 a について，a は $|\mathcal{I}|$ のどの元を表しているかを定めること．
(3) それぞれの関数記号 f について (f は m 変数の関数記号であるとしよう)，f がどのような関数であるかを定めること ($f : |\mathcal{I}|^m \to |\mathcal{I}|$).
(4) それぞれの述語記号 P について (P は n 変数の述語記号であるとしよう)，P がどのような述語であるかを定めること ($P : |\mathcal{I}|^n \to \{\boldsymbol{T}, \boldsymbol{F}\}$).

解釈 $\mathcal{I}$ 上の**付値**とは各変数に $|\mathcal{I}|$ の元を値として与えることである．論理関係子 (論理演算子) $\neg, \land, \lor, \to, \leftrightarrow$ の意味は命題論理の場合と同じであり，

---

†解釈：interpretation．領域：universe (考察の対象とする '世界' のこと)．

$\forall x, \exists x$ の意味も 1.5 節で述べたものと同じであるが，もう少し正確に述べておこう．σ を付値とするとき[†]，σ のもとでの論理式 $\mathcal{A}$ の値を $\sigma(\mathcal{A})$ で表す．$\sigma(\forall x \mathcal{A}),\ \sigma(\exists x \mathcal{A})$ の値 (つまり，σ のもとで $\forall x \mathcal{A},\ \exists x \mathcal{A}$ が '成り立つ' か否か) を次のように定義する：

$$\sigma(\forall x \mathcal{A}) = \begin{cases} \boldsymbol{T} & \sigma =_x \sigma' \text{であるような任意の付値 } \sigma' \text{ に対して} \\ & \sigma'(\mathcal{A}) = \boldsymbol{T} \text{ であるとき} \\ \boldsymbol{F} & \text{その他のとき．} \end{cases}$$

$$\sigma(\exists x \mathcal{A}) = \begin{cases} \boldsymbol{T} & \sigma'(\mathcal{A}) = \boldsymbol{T} \text{ かつ } \sigma =_x \sigma' \text{ となる付値 } \sigma' \text{ が存在するとき} \\ \boldsymbol{F} & \text{その他のとき．} \end{cases}$$

ただし，$\sigma =_x \sigma'$ は x 以外の任意の変数 y について $\sigma(y) = \sigma'(y)$ であることを意味する．

解釈 $\mathcal{I}$ に対する任意の付値 σ のもとで $\sigma(\mathcal{A}) = \boldsymbol{T}$ であるとき，$\mathcal{A}$ は $\mathcal{I}$ のもとで恒真であるといい，$\mathcal{I} \models \mathcal{A}$ で表す．どんな解釈のもとでも恒真であるような論理式は単に**恒真**[††]であるといい，$\mathcal{A}$ が恒真な論理式であることを

$$\models \mathcal{A}$$

で表す．また，$\models \mathcal{A} \leftrightarrow \mathcal{B}$ が成り立つとき

$$\mathcal{A} \equiv \mathcal{B}$$

と書き，$\mathcal{A}$ と $\mathcal{B}$ は同値であるとか**論理的に等しい**という．

例5.8 論理式を解釈する．
次の 3 つの論理式を考える．

$$\mathcal{A} = P(f(x, y), a)$$
$$\mathcal{B} = \forall x\, (\forall y\, P(x, y) \rightarrow \exists y\, P(x, y))$$
$$\mathcal{C} = \forall x \forall y \forall z\, (P(x, y) \land P(y, z) \rightarrow P(x, z))$$

次の 3 つの解釈を考える．

[†] σ は $\{x_1, \cdots, x_n\}$ から $|\mathcal{I}|$ への関数と考えてよい．
[††] 恒真：logically valid (valid：有効，正当)．命題論理におけるトートロジーに相当する．

(a) $|\mathcal{I}| = \mathbf{N}$, $P(x,y) \overset{\text{def}}{\iff} x \geq y$, $f(x,y) = x \cdot y$, $a = 1$.
(b) $|\mathcal{I}| = $ 日本人すべての集合, $P(x,y) \overset{\text{def}}{\iff} $「$x$ は y が好きである」, $f(x,y) = x$, $a = $ 日本の首相.
(c) $|\mathcal{I}| = 2^{\mathbf{Z}}$, $P(x,y) \overset{\text{def}}{\iff} x \cap y = \emptyset$, $f(x,y) = x \cup y$, $a = \emptyset$.

解釈 (a) のもとで $\mathcal{A}, \mathcal{B}, \mathcal{C}$ はそれぞれ

$\mathcal{A}: xy \geq 1$,
$\mathcal{B}: \forall x \, (\forall y \, (x \geq y) \to \exists y \, (x \geq y))$,
$\mathcal{C}: \forall x \forall y \forall z \, (x \geq y \land y \geq z \to x \geq z)$

を表す．解釈 (a) のもとで $\mathcal{B}, \mathcal{C}$ はそれぞれ恒真である (x, y, z は $\mathbf{N}$ 上を動く) が，付値 $\sigma_1(x) = \sigma_1(y) = 0$ に対して $\sigma_1(\mathcal{A}) = \mathbf{F}$ であるから $\mathcal{A}$ は解釈 (a) のもとで恒真ではない．

解釈 (c) のもとで $\mathcal{A}, \mathcal{B}, \mathcal{C}$ はそれぞれ

$\mathcal{A}: (x \cup y) \cap \emptyset = \emptyset$,
$\mathcal{B}: \forall x \, (\forall y \, (x \cap y = \emptyset) \to \exists y \, (x \cap y = \emptyset))$,
$\mathcal{C}: \forall x \forall y \forall z \, (x \cap y = \emptyset \land y \cap z = \emptyset \to x \cap z = \emptyset)$

を表す．解釈 (c) のもと (x, y, z は $2^{\mathbf{Z}}$ 上を動く) で $\mathcal{A}$ も $\mathcal{B}$ も恒真である．付値 $\sigma_2(x) = \sigma_2(z) = \{1\}$, $\sigma_2(y) = \{2\}$ に対して $\sigma_2(\mathcal{C}) = \mathbf{F}$ であるから，$\mathcal{C}$ は解釈 (c) のもとで恒真ではない．

以上より，$\mathcal{A}$ も $\mathcal{C}$ も恒真な論理式ではないことがわかった．

$\mathcal{B}$ が恒真な論理式であることを示すために，任意の解釈 $\mathcal{I}$ と，$\mathcal{I}$ のもとでの任意の付値 σ を考える．もし $\sigma(\forall y \, P(x,y)) = \mathbf{T}$ だとすると，$\sigma =_y \sigma'$ なる任意の付値 σ' に対して $\sigma'(P(x,y)) = \mathbf{T}$ であるから $\sigma(\exists y \, P(x,y)) = \mathbf{T}$ である．したがって，$\sigma(\forall y \, P(x,y) \to \exists y \, P(x,y)) = \mathbf{T}$．$\sigma$ は任意の付値だから，これは $\sigma(\mathcal{B}) = \mathbf{T}$ を意味する．よって，$\mathcal{B}$ は恒真な論理式である． □

恒真な論理式のうちで特に重要なものは 1.5 節で公式 (i)~(xix) としてすでに述べたが，この節の記法を使って述べなおしておこう．いくつか新しい公式も追加しておく．$\mathcal{A}, \mathcal{B}$ を任意の論理式とし，$\mathcal{C}$ は x を自由変数として含んでいない任意の論理式とする．

(I) 定理 5.1 (系 5.3) と同様な式が成り立つ.

(II) $\mathcal{B}, \mathcal{B}'$ の自由変数で $\mathcal{A}$ の束縛変数でもあるものが $x_1, \cdots, x_n$ ($x_1, \cdots, x_n$ は $\mathcal{A}$ においてこの順序でそれぞれ $Q_1, \cdots, Q_n$ により束縛されているとする) であるとき, $\vDash Q_1 x_1 \cdots Q_n x_n (\mathcal{B} \leftrightarrow \mathcal{B}')$ であるならば定理 5.2 が成り立つ. ここで, 各 Q_i は $\forall$ または $\exists$.

(III) $\neg \forall x \, \mathcal{A} \equiv \exists x \, \neg \mathcal{A}, \quad \neg \exists x \, \mathcal{A} \equiv \forall x \, \neg \mathcal{A}$

(IV) $\forall x \, \mathcal{A} \equiv \neg(\exists x \, \neg \mathcal{A}), \quad \exists x \, \mathcal{A} \equiv \neg(\forall x \, \neg \mathcal{A})$

(V) $\forall x \forall y \, \mathcal{A} \equiv \forall y \forall x \, \mathcal{A}, \quad \exists x \exists y \, \mathcal{A} \equiv \exists y \exists x \, \mathcal{A}$

(VI) $\forall x \, \mathcal{A} \wedge \forall x \, \mathcal{B} \equiv \forall x \, (\mathcal{A} \wedge \mathcal{B}), \quad \exists x \, \mathcal{A} \vee \exists x \, \mathcal{B} \equiv \exists x \, (\mathcal{A} \vee \mathcal{B})$

(VII) $\mathcal{C}$ が x を自由変数として含んでいないとき,
$\forall x \, \mathcal{A} \vee \mathcal{C} \equiv \forall x \, (\mathcal{A} \vee \mathcal{C}), \quad \exists x \, \mathcal{A} \vee \mathcal{C} \equiv \exists x \, (\mathcal{A} \vee \mathcal{C})$
$\forall x \, \mathcal{A} \wedge \mathcal{C} \equiv \forall x \, (\mathcal{A} \wedge \mathcal{C}), \quad \exists x \, \mathcal{A} \wedge \mathcal{C} \equiv \exists x \, (\mathcal{A} \wedge \mathcal{C})$

(VIII) $\vDash \forall x \, \mathcal{A} \vee \forall x \, \mathcal{B} \rightarrow \forall x \, (\mathcal{A} \vee \mathcal{B})$
$\vDash \exists x \, (\mathcal{A} \wedge \mathcal{B}) \rightarrow \exists x \, \mathcal{A} \wedge \exists x \, \mathcal{B}$

(IX) $\vDash \forall x \, \mathcal{A} \rightarrow \exists x \, \mathcal{A}, \quad \vDash \exists x \forall y \, \mathcal{A} \rightarrow \forall y \exists x \, \mathcal{A}, \quad \nvDash \forall x \exists y \, \mathcal{A} \rightarrow \exists y \forall x \, \mathcal{A}$

(X) $\vDash \forall x \, (\mathcal{A} \rightarrow \mathcal{B}) \rightarrow (\forall x \, \mathcal{A} \rightarrow \forall x \, \mathcal{B})$
$\vDash \forall x \, (\mathcal{A} \rightarrow \mathcal{B}) \rightarrow (\exists x \, \mathcal{A} \rightarrow \exists x \, \mathcal{B})$

(XI) $\vDash \forall x \, \mathcal{A}[x] \rightarrow \mathcal{A}[a], \quad \vDash \mathcal{A}[a] \rightarrow \exists x \, \mathcal{A}[x]$
ただし, a は定数記号であり, $\mathcal{A}[a]$ は $\mathcal{A}[x]$ の中のすべての自由変数 x を a で置き換えたものを表す.

(XII) $\mathcal{A} \equiv \mathcal{B} \implies \forall x \, \mathcal{A} \equiv \forall x \, \mathcal{B}$
$\mathcal{A} \equiv \mathcal{B} \implies \exists x \, \mathcal{A} \equiv \exists x \, \mathcal{B}$

(XIII) $\mathcal{A}[x]$ が変数 y を含んでいないなら
$\forall x \, \mathcal{A}[x] \equiv \forall y \, \mathcal{A}[y], \quad \exists x \, \mathcal{A}[x] \equiv \exists y \, \mathcal{A}[y]$

(XIV) $\mathcal{A}[x]$ も $\mathcal{B}$ も変数 y を含んでいないなら,
(a) $\forall x \, \mathcal{A}[x] \rightarrow \mathcal{B} \equiv \exists y \, (\mathcal{A}[y] \rightarrow \mathcal{B})$
$\exists x \, \mathcal{A}[x] \rightarrow \mathcal{B} \equiv \forall y \, (\mathcal{A}[y] \rightarrow \mathcal{B})$
(b) $\mathcal{B} \rightarrow \forall x \, \mathcal{A}[x] \equiv \forall y \, (\mathcal{B} \rightarrow \mathcal{A}[y])$
$\mathcal{B} \rightarrow \exists x \, \mathcal{A}[x] \equiv \exists y \, (\mathcal{B} \rightarrow \mathcal{A}[y])$

(XV) 定理 5.4 と同様なことが成り立つ.

例5.9 論理的に正しい事柄は恒真論理式で表すことができる．

(1)「どんな男も勇猛というわけではない」と「勇猛でない男がいる」とは論理的に等しいことをいっている．このことを論理式を使って形式的な式変形をすることによって示そう．

P と Q を1変数の述語記号とし，論理式

$$\mathcal{A} := \neg \forall x \, (P(x) \to Q(x)), \quad \mathcal{B} := \exists x \, (P(x) \land \neg Q(x))$$

を考える．公式 (III) により

$$\mathcal{A} = \neg \forall x \, (P(x) \to Q(x)) \equiv \exists x \, \neg (P(x) \to Q(x))$$

である．一方，公式 (I)(定理 5.1 (6),(7),(9)) により

$$\neg (P(x) \to Q(x)) \equiv \neg (\neg P(x) \lor Q(x)) \equiv P(x) \land \neg Q(x)$$

であるから，公式 (XII) により

$$\exists x \, \neg (P(x) \to Q(x)) \equiv \exists x \, (P(x) \land \neg Q(x)) = \mathcal{B}$$

であり，結局 $\mathcal{A} \equiv \mathcal{B}$ であることが示された ($\equiv$ は同値関係であることに注意)．特に，人間すべての集合を定義域とするような解釈のもとで P, Q を

$$P(x) \overset{\text{def}}{\Longleftrightarrow} x \text{ は男性である}, \quad Q(x) \overset{\text{def}}{\Longleftrightarrow} x \text{ は勇猛である}$$

と定義すると，$\mathcal{A}$ は「どんな男も勇猛というわけではない」を表し，$\mathcal{B}$ は「勇猛でない男がいる」を表す．

(2)「親の物は子供の物であるとし，a は b の親であるとする．このとき，a の物は b の物である．」が論理的に正しい主張であることを示そう．下記のように2変数の述語記号 P と Q を使って，次に述べる解釈のもとで上記の主張を表しているような論理式 $\mathcal{A}$ を作り，$\models \mathcal{A}$ が成り立つことを示せばよい (実際には，$\mathcal{A}$ がこの解釈のもとで恒真でありさえすれば十分である)．

定義域を人間の集合とし，

$$P(x,y) \overset{\text{def}}{\Longleftrightarrow} x \text{ は } y \text{ の親である}, \quad Q(x,y) \overset{\text{def}}{\Longleftrightarrow} x \text{ の物は } y \text{ の物である}$$

と定義する．$\mathcal{A}$ は

$$\mathcal{A} := \forall x \forall y \, (P(x,y) \to Q(x,y)) \wedge P(a,b) \to Q(a,b)$$

とすればよい．$P(x,y)$, $Q(x,y)$, $P(a,b)$, $Q(a,b)$ をそれぞれ P, Q, P', Q' と略記すると，

$$\begin{aligned}
\mathcal{A} &\equiv \neg \forall x \forall y \, (\neg P \vee Q) \vee \neg P' \vee Q' & \text{(公式 (I), (II) による)} \\
&\equiv \exists x \exists y \, (P \wedge \neg Q) \vee \neg P' \vee Q' & \text{(公式 (I), (II), (III) による)} \\
&\equiv \exists x \exists y \, ((P \wedge \neg Q) \vee \neg P' \vee Q') & \text{(公式 (VII) による)} \\
&\equiv \exists x \exists y \, (\underline{(P \vee \neg P' \vee Q') \wedge (\neg P' \vee \neg Q \vee Q')}) & \text{(公式 (I), (II) による)}
\end{aligned}$$

である．付値 $\sigma(x) = a$, $\sigma(y) = b$ のもとで $\sigma(P \vee \neg P') = \sigma(Q \vee Q') = \boldsymbol{T}$. したがって，$\sigma(\text{下線部}) = \boldsymbol{T}$ となるので，$\mathcal{A}$ は恒真である． □

例5.10 冠頭標準形．

どんな論理式 $\mathcal{A}$ にも，次の条件を満たす論理式 $\mathcal{B}$ が存在する：
(1)　$\mathcal{A} \equiv Q_1 x_1 \cdots Q_n x_n \mathcal{B}$. 各 Q_i は $\forall$ または $\exists$ で，各 x_i は変数．
(2)　$\mathcal{B}$ は $\forall$ や $\exists$ を 1 つも含んでいない．
(3)　$\mathcal{B}$ は乗法標準形の形をしている (命題変数に相当するものは素論理式).
例えば，

$$\begin{aligned}
&\forall x \, (P(x) \wedge \forall y \, (Q(x,y) \to \neg \forall z \, R(y,z))) \\
\equiv\ &\forall x \, (P(x) \wedge \forall y \, (Q(x,y) \to \exists z \, \neg R(y,z))) & \text{(公式 (III))} \\
\equiv\ &\forall x \, (P(x) \wedge \forall y \, (\neg Q(x,y) \vee \exists z \, \neg R(y,z))) & \text{(公式 (I) (定理 5.1 (10)))} \\
\equiv\ &\forall x \, (P(x) \wedge \forall y \exists z \, (\neg Q(x,y) \vee \neg R(y,z))) & \text{(公式 (VII))} \\
\equiv\ &\forall x \forall y \exists z \, (P(x) \wedge (\neg Q(x,y) \vee \neg R(y,z))) & \text{(公式 (VII) を 2 回適用)} \\
\equiv\ &\forall x \forall y \exists z \, ((P(x) \vee Q(x,y) \vee R(y,z)) \\
&\qquad \wedge (P(x) \vee Q(x,y) \vee \neg R(y,z)) \\
&\qquad \wedge (P(x) \vee \neg Q(x,y) \vee R(y,z)) \\
&\qquad \wedge (P(x) \vee \neg Q(x,y) \vee \neg R(y,z)) \\
&\qquad \wedge (\neg P(x) \vee \neg Q(x,y) \vee \neg R(y,z))) & \text{(定理 5.7)}
\end{aligned}$$

である．式の変形の際，どの行でも公式 (II) が使われていることに注意する． □

5.2節　理解度確認問題

問 5.18　例 5.8 において，解釈 (b) のもとで $\mathcal{A}$, $\mathcal{B}$, $\mathcal{C}$ の意味を述べ，解釈 (b) のもとでの恒真性を判定せよ．

問 5.19　次のことは正しいか否か，理由を付して答えよ．a は定数記号，x, y は変数記号，f は 1 変数の関数記号，P は 2 変数の述語記号，$\mathcal{A}[x]$ は x を自由変数とする述語論理の論理式である．

(1)　$\mathcal{I}$ を次のような解釈とする．$|\mathcal{I}| = \mathbf{R}$, $a = 0$, $f(u) = u^2$, $P(u,v) : u \geqq v$. このとき，$\mathcal{I} \models \forall x\, P(f(x), a)$ である．

(2)　$\forall x\, P(f(x), a)$ は恒真である．

(3)　$\forall x\, \mathcal{A}[x] \land \exists y\, \mathcal{A}[y] \equiv \forall x\, \mathcal{A}[x]$ である．

問 5.20　以下の空欄 (1)〜(10) を埋めよ．

1 階述語論理の論理式
$$\mathcal{A} = P(f(g(x,x), g(y,y)), a) \to Q(x,a) \land Q(y,a)$$
を考えよう．次の解釈 $\mathcal{I}_1$ を考える：
$$|\mathcal{I}_1| = \mathbf{R}, \quad a = 0,$$
$$f(u,v) = u + v, \quad g(u,v) = u \cdot v,$$
$$P(u,v) : u \leqq v, \quad Q(u,v) : u = v.$$

この解釈の下で $\mathcal{A}$ は $\boxed{(1)}$ を意味し，任意の付値 σ に対して $\sigma(\mathcal{A}) = \boxed{(2)}$ である．また，別の解釈 $\mathcal{I}_2$ を
$$|\mathcal{I}_2| = 2^N, \quad a = \emptyset, \quad f(u,v) = u \cap v, \quad g(u,v) = u \cup v,$$
$$P(u,v) : u \subseteq v, \quad Q(u,v) : u = v$$

と定義すると，この解釈の下で $\mathcal{A}$ は $\boxed{(3)}$ を表す．付値 $\sigma_2(x) = \{0\}, \sigma_2(y) = \{1,2\}$ の下で
$$\sigma_2(g(x,x)) = \boxed{(4)}, \quad \sigma_2[f(g(x,x), g(y,y))] = \boxed{(5)},$$
$$\sigma_2[P(f(g(x,x), g(y,y)))] = \boxed{(6)}, \quad \sigma_2(Q(x,a)) = \boxed{(7)}, \text{ etc.}$$

であるから $\sigma_2(\mathcal{A}) = \boxed{(8)}$ である．よって，$\mathcal{I}_2 \models \mathcal{A}$ で $\boxed{(9)=(\text{ある}, \text{ない})}$．

以上より，$\mathcal{A}$ は恒真でないと結論 $\boxed{(10)=(\text{できる}, \text{できない})}$．

5.2 述語論理

問 5.21 次の ①〜④ を埋めよ. a, b は定数記号, x, y, z は変数記号, f は 1 変数の関数記号, P は 3 変数の述語記号である.

(1) $\mathcal{A} = \forall x \exists y \, P(x, f(y), a)$ とし, $\mathcal{I}$ を次のような解釈とする. $|\mathcal{I}| = \mathbf{R}_+$ (0 でない実数の全体), $a = 1$, $f(u) = \frac{1}{u}$, $P(u, v, w) : uv = w$.
このとき, $\mathcal{A}$ は ① を表すので, $\mathcal{I} \models \mathcal{A}$ である.

(2) $\mathcal{A}$ は恒真ではない. その理由は ② である.

(3) 解釈 $\mathcal{I}'$ の下で $a = $ A 氏, $b = $ B 氏, $P(u, v, w) : $「$u, v$ は w の両親である」と定義する. ③ は, このように解釈された記号を使って「B 氏は A 氏の孫である」を表した論理式である.

(4) $\neg \forall x \, (\forall y \, P(x, y, a) \to \exists y \exists z \, P(x, y, z))$ の冠頭標準形は ④ である.

問 5.22 公式 (IX)〜(XIV) が成り立つことを示せ. $\to$, $\implies$ を $\leftrightarrow$, $\iff$ で置き換えられないことも示せ.

問 5.23 次の 2 つの主張が論理的に等しいことを例 5.9 と同様に示せ.
「誰でも運がなければ出世しない」と「出世するのは運のいい奴だ」.

問 5.24 適当な述語 (解釈された述語記号) を導入し, 次の事柄を述語論理の論理式で表せ.

(1) 「愛する者がいない者は, 誰からも愛されない.」

(2) 「男たるもの, 結婚するためには彼を好いてくれる美女または気立ての良い女性がいなくてはならない. しかし, どんな美女も気立ての良い女性も, どんな男性でも好きになれるわけではない. かくて, 結婚できない男が生まれる.」

問 5.25 次の論理式の冠頭標準形を求めよ.

(1) $\forall x \, P(x) \to \forall y \, Q(y)$

(2) $\forall x \, P(x, a) \to \exists x \exists y \, P(x, y)$

(3) $P(x, y) \to \exists y \, (Q(y) \to (\exists x \, Q(x) \lor R(y)))$

記号のまとめ

$\|\mathcal{I}\|$	解釈 $\mathcal{I}$ の定義域
$\mathcal{A} = \mathcal{A}[x_1, \cdots, x_n]$	$x_1, \cdots, x_n$ を自由変数とする論理式
$\sigma(x)$, $\sigma(\mathcal{A})$	付値 σ の下での変数 x, 論理式 $\mathcal{A}$ の値
$\sigma =_x \sigma'$	x 以外の任意の y で $\sigma(y) = \sigma'(y)$
$\mathcal{I} \models \mathcal{A}$, $\models \mathcal{A}$	($\mathcal{I}$ のもとで) $\mathcal{A}$ は恒真論理式
$\mathcal{A} \equiv \mathcal{B}$	$\mathcal{A}$ と $\mathcal{B}$ は論理的に等しい

5.3 論 理 回 路

0 または 1 を値にとる変数を**ブール変数**といい，$\{0,1\}^n$ から $\{0,1\}$ への関数を n 変数の**ブール関数**という†．この節で述べるように，ブール関数はコンピュータをはじめとするさまざまな電子機器に使われる電子回路を設計する際に非常に重要な役割を果す．実は，ブール関数とは命題関数のことに他ならない．

5.3.1 命題論理を別の観点から見ると

0 と F，1 と T を同一視すれば，ブール変数とは命題変数 (論理変数) に他ならず，ブール関数とは命題関数 (論理関数) に他ならない．習慣にしたがって，ブール変数は小文字の x, y, z などで，ブール関数は f, g などで表すことにする．また，α と β の論理和を $\alpha + \beta$ で，α と β の論理積を $\alpha \cdot \beta$ で，α の否定を $\overline{\alpha}$ で表す．さらに，$\alpha \equiv \beta$ の代りに $\alpha = \beta$ と書く．

x	0	0	1	1
y	0	1	0	1
0	0	0	0	0
$x \cdot y$	0	0	0	1
$x \cdot \overline{y}$	0	0	1	0
x	0	0	1	1
$\overline{x} \cdot y$	0	1	0	0
y	0	1	0	1
$x \oplus y$	0	1	1	0
$x + y$	0	1	1	1
$x \downarrow y$	1	0	0	0
$x = y$	1	0	0	1
$\overline{y}$	1	0	1	0
$y \to x$	1	0	1	1
$\overline{x}$	1	1	0	0
$x \to y$	1	1	0	1
$x \mid y$	1	1	1	0
1	1	1	1	1

● 読み替え表

F	$\longrightarrow$	0
T	$\longrightarrow$	1
$A, B, C, \cdots$	$\longrightarrow$	$x, y, z, \cdots$
$\mathcal{A}, \mathcal{B}, \cdots$	$\longrightarrow$	$f, g, \cdots$
$\alpha \wedge \beta$	$\longrightarrow$	$\alpha \cdot \beta$
$\alpha \vee \beta$	$\longrightarrow$	$\alpha + \beta$
$\neg \alpha$	$\longrightarrow$	$\overline{\alpha}$
$\alpha \equiv \beta$	$\longrightarrow$	$\alpha = \beta$

---

†イギリスの数学者 G.ブール(Boole)(1854) に因む．この節で述べるようなブール変数・ブール関数が定義されている代数系を**スイッチング代数**という．5.4 節 (本書のウェブサイト http://www.edu.waseda.ac.jp/~moriya/education/books/DM/) で見るように，スイッチング代数はブール代数の具体的一例 (ブール代数の 1 つのモデル) に過ぎない．

例えば，命題論理の論理式
$$\mathcal{A}[A,B,C] = \neg(A \vee \neg B) \vee (B \wedge C)$$
にはブール関数
$$f(x,y,z) = \overline{(x+\overline{y})} + y \cdot z$$
が対応する．

一般に n 変数のブール関数は 2^{2^n} 個存在し，$n=2$ の場合には前ページの表に示したように 16 個ある．

● **ブール関数の諸性質** 定理 5.1〜5.7 のうち重要なものをブール関数の言葉で述べ直しておく．

> **定理 5.1′** ブール変数 x, y に対して次の各式が成り立つ．
> (1) $x + x = x, \ x \cdot x = x$
> (2) $x + y = y + x, \ x \cdot y = y \cdot x$
> (3) $x + (y + z) = (x + y) + z, \ x \cdot (y \cdot z) = (x \cdot y) \cdot z$
> (4) $x \cdot (y + z) = x \cdot y + x \cdot z, \ x + y \cdot z = (x + y) \cdot (x + z)$
> (5) $x \cdot y + x = x, \ (x + y) \cdot x = x$
> (6) $\overline{x \cdot y} = \overline{x} + \overline{y}, \ \overline{x + y} = \overline{x} \cdot \overline{y}$
> (7) $\overline{\overline{x}} = x$
> (8) $x + \overline{x} = 1, \ x \cdot \overline{x} = 0$
> (9) $x + 1 = 1, \ x \cdot 1 = x, \ x + 0 = x, \ x \cdot 0 = 0$

ブール関数 $f(x_1, \cdots, x_n)$ の中の 0 を 1 で，1 を 0 で，$+$ を $\cdot$ で，$\cdot$ を $+$ で置き換えて得られるブール関数を f の双対といい，$f^*(x_1, \cdots, x_n)$ で表す．

> **定理 5.5′** (双対の原理) 任意のブール関数 f, g について，次の各々が成り立つ．
> (1) $f^*(x_1, \cdots, x_n) = \overline{f(\overline{x_1}, \cdots, \overline{x_n})}$．
> (2) $f(x_1, \cdots, x_n) = g(x_1, \cdots, x_n)$ であるならば $f^*(x_1, \cdots, x_n) = g^*(x_1, \cdots, x_n)$ である．

> **定理 5.6′**　任意のブール関数は次の演算子のみで表すことができる．
> (1) $+$ と $-$
> (2) $\cdot$ と $-$
> (3) NAND ($|$)
> (4) NOR ($\downarrow$)

ブール変数あるいはその否定を総称して**リテラル**という．ブール関数 $f(x_1,\cdots,x_n)$ に対して，各変数 x_i のリテラル (x_i または $\overline{x}_i$) を丁度 1 つずつ含んでいるような，リテラルの論理積を f の**最小項**といい，各 x_i のリテラルを丁度 1 つずつ含んでいるような，リテラルの論理和を f の**最大項**という．例えば，$f(x,y)$ の最小項は $x\cdot y,\ \overline{x}\cdot y,\ x\cdot\overline{y},\ \overline{x}\cdot\overline{y}$ の 4 つ，最大項は $x+y,\ \overline{x}+y,\ x+\overline{y},\ \overline{x}+\overline{y}$ の 4 つである．任意のブール関数は最小項の論理和の形にも，最大項の論理積の形にも表すことができる：

> **定理 5.7′**　(**標準形定理**) $f(x_1,\cdots,x_n)$ をブール関数とする．次の等式が成り立つ：
> $$f(x_1,\cdots,x_n) = \sum_{(a_1,\cdots,a_n)\in\{0,1\}^n} f(a_1,\cdots,a_n)\cdot x_1^{a_1}\cdots x_n^{a_n}$$
> (主加法標準形)
> $$f(x_1,\cdots,x_n) = \prod_{(a_1,\cdots,a_n)\in\{0,1\}^n} (f(a_1,\cdots,a_n) + x_1^{\overline{a}_1}+\cdots+x_n^{\overline{a}_n})$$
> (主乗法標準形)
> ただし，$x_i^1 = x_i,\ x_i^0 = \overline{x}_i$ である．

例5.11　同値 (等価) 変形．

（1）定理 5.1′ を使った式の変形例を示す．$+,\cdot$ については交換律，結合律，分配律が成り立っているので，普通の数式と同じように自由に展開や項の入れ替えをしてもよい．

$$x \cdot \overline{y} \cdot (x+y) \cdot (\overline{x}+\overline{y}) = x \cdot \overline{y} \cdot (x \cdot \overline{x} + x \cdot \overline{y} + y \cdot \overline{x} + y \cdot \overline{y})$$
$$= x \cdot \overline{y} \cdot (0 + x \cdot \overline{y} + y \cdot \overline{x} + 0)$$
$$= x \cdot \overline{y} \cdot (x \cdot \overline{y} + y \cdot \overline{x})$$
$$= x \cdot \overline{y} \cdot x \cdot \overline{y} + x \cdot \overline{y} \cdot y \cdot \overline{x}$$
$$= (x \cdot x) \cdot (\overline{y} \cdot \overline{y}) + x \cdot 0 \cdot \overline{x}$$
$$= x \cdot \overline{y} + 0$$
$$= x \cdot \overline{y}.$$

上の変形では巾等律 $a+a=a \cdot a=a$ と矛盾律 $a \cdot \overline{a}=0$ も使っている．実は，上の式は $\cdot$ が可換であることと吸収律 $a \cdot (a+b)=a$ とより即座に得られる．吸収律自身は，

$$a \cdot (a+b) = a \cdot a + a \cdot b \qquad \text{(分配律)}$$
$$= a + a \cdot b \qquad \text{(巾等律)}$$
$$= a \cdot 1 + a \cdot b \qquad (a = a \cdot 1)$$
$$= a \cdot (1 + b) \qquad \text{(分配律)}$$
$$= a \cdot 1 \qquad (1 + b = 1)$$
$$= a$$

のように，分配律と巾等律と 1 の性質より証明することもできる．

（2） 定理 5.7$'$ によって x,y,z の排他的論理和 $f(x,y,z) = x \oplus y \oplus z$ の主加法標準形を求めよう（問 5.27 参照）．真理表を書くと右の表のようになるので，これにしたがうと標準形定理により

$$x \oplus y \oplus z = \overline{x}\,\overline{y}z + \overline{x}y\overline{z} + x\overline{y}\,\overline{z} + xyz$$

となる．この例のように $\cdot$ が明らかなときは省略してもよい．主乗法標準形は

x	y	z	$f(x,y,z)$
0	0	0	0
0	0	1	1
0	1	0	1
0	1	1	0
1	0	0	1
1	0	1	0
1	1	0	0
1	1	1	1

$$x \oplus y \oplus z = (x+y+z)(x+\overline{y}+\overline{z})(\overline{x}+y+\overline{z})(\overline{x}+\overline{y}+z)$$

である．

● リード-マラー標準形*　　どんなブール関数 $f(x_1,\cdots,x_n)$ も,「0 または 1 を係数とする,ブール変数の積からなる項 $x_1\cdots x_i\ (0\leqq i\leqq n)$」の排他的論理和 ($\oplus$) として表すことができる.係数が 0 の積項は $\oplus$ する必要がない ($x\oplus 0=x$ だから) ので省略してもよい.このことは任意のブール関数は $\cdot$ と $\oplus$ と定数 1 だけで表せることを意味する.

> **定理 5.8**　$f(x_1,\cdots,x_n)$ を任意のブール関数とする.$f(x_1,\cdots,x_n)$ によって定まる定数 $A_{\langle {}_nC_i\rangle}\in\{0,1\}\ (i=0,1,\cdots,n)$ を用いて
> $$f(x_1,\cdots,x_n) = A_0 \oplus A_1 x_1 \oplus \cdots \oplus A_n x_n$$
> $$\oplus A_{12} x_1 x_2 \oplus \cdots \oplus A_{(n-1)n} x_{n-1} x_n$$
> $$\oplus \cdots$$
> $$\oplus A_{12\cdots n} x_1 x_2 \cdots x_n$$
> と表すことができる.ここで,$\langle {}_nC_i\rangle$ は $1,\cdots,n$ から i 個を選んで並べた数字列 (i ごとに ${}_nC_i$ 個ある) である.ただし,$A_{\langle {}_nC_0\rangle}:=A_0$ とする.

これを $f(x_1,\cdots,x_n)$ の リード-マラー展開 とかリード-マラー標準形という (I.S. リード,D.E. マラー,1954)[†].

例5.12　リード-マラー展開.
(1)　$f(x_1,x_2) = f(0,0) \oplus x_1\{f(0,0)\oplus f(1,0)\}$
$\oplus\ x_2\{f(0,0)\oplus f(0,1)\}$
$\oplus\ x_1 x_2\{f(0,0)\oplus f(0,1)\oplus f(1,0)\oplus f(1,1)\}$.

(2)　$x+y = 0 \oplus x(0\oplus 1) \oplus y(0\oplus 1) \oplus xy(0\oplus 1\oplus 1\oplus 1)$
$= x\oplus y\oplus xy$.　　　　　　　　　　　　　　　　　　　□

リード-マラー標準形についてのもっと詳しい説明 (例 5.12 の詳細および補題 5.9,5.10 を含む.全 4 ページ) の全文は次のウェブサイトからダウンロードできます:
　　　http://www.edu.waseda.ac.jp/~moriya/education/books/DM/

[†]Reed-Muller expansion, Reed-Muller canonical form. 環和標準形とかガロア標準形ともいう.リード-マラー展開で表されたブール関数は論理回路として組んだときに動作テストがしやすいなど,実用的にも有用な標準形の 1 つである.

5.3.1項 理解度確認問題

問 5.26 巾等律は吸収律より導かれることを示せ．

問 5.27 排他的論理和 $\oplus$ について以下の各問に答えよ．

（1） 次の式が成り立つことを示せ：
  (a) $x \oplus y = (x+y)(\overline{x}+\overline{y}) = x\overline{y} + \overline{x}y$
  (b) $x \oplus x \oplus x = x$

（2） 結合律を満たすことを示せ．

（3） $p_n(x_1, \cdots, x_n) := x_1 \oplus x_2 \oplus \cdots \oplus x_n$ とする．

$$p_n(x_1, \cdots, x_n) = \begin{cases} 1 & x_1, \cdots, x_n \text{ のうちの } 1 \text{ の個数が奇数のとき} \\ 0 & \text{その他のとき} \end{cases}$$

であることを示せ．p_n を n 変数のパリティ関数という．

問 5.28 ブール関数 $f(x, y) := 0 + xx + xy + x\overline{y} + \overline{y}$ について答えよ．

（1） 簡単にせよ．
（2） 真理表を書け．
（3） 主加法標準形，主乗法標準形，リード-マラー標準形を求めよ．

問 5.29 x, y, u, v をブール変数とするとき，次の式が成り立つことを真理表によらず，同値変形により示せ．

（1） $x = y = z$ ならば $x \oplus y \oplus z = xyz$．
（2） $1 \oplus 1 \oplus (x \oplus y) \oplus 1 = xy + \overline{x}\,\overline{y}$．
（3） $xy + uv = (x+u)(x+v)(y+u)(y+v)$．

問 5.30 ブール関数 $f_n(x_1, \cdots, x_n) := (x_1 + \cdots + x_n)(x_1 \oplus \cdots \oplus x_n)$ について答えよ．

（1） $f_2(x_1, x_2)$ を式変形により簡単化せよ．
（2） $g(x_1, x_2, x_3) := f_3(x_1, x_2, x_3) \oplus x_1$ の真理表を書き，主加法標準形，主乗法標準形，リード-マラー標準形を求めよ．
（3） $f_n(x_1, x_2, \cdots, x_n) = x_1 \oplus x_2 \oplus \cdots \oplus x_n$ であることを証明せよ．

問 5.31 任意のブール関数 $f(x_1, \cdots, x_n)$ に対し，

$$f(x_1, x_2, \cdots, x_n) = \overline{x}_1 f(0, x_2, \cdots, x_n) + x_1 f(1, x_2, \cdots, x_n)$$

が成り立つこと (シャノン展開と呼ぶ．C.E. シャノン，1916〜2001) を示し，この展開をすべての変数に対して行うことにより $f(x_1, \cdots, x_n)$ の主加法標準形を求めよ (定理 5.7′ の別証明)．

5.3.2 論理回路設計への応用

コンピュータをはじめとする各種の電子制御装置内の電子回路では，すべての情報は $0, 1$ だけを使って表されている．$0, 1$ を物理的に表すためには 2 つの安定した状態 (例えばスイッチの開閉，電位の高低，異なった磁化方向，光の反射角度等々) が用いられ，そういった原理に基づいて，データを記録するための記憶素子や，演算を行うための回路素子が作られている (作られた)(本書では素子に関する物理的な原理については触れない)．回路素子のうちで最も基本的なものはゲートと呼ばれるごく限られた種類の素子で，特に次の 6 つがよく用いられる[†]．こういったゲートを組み合わせてできる回路を組合わせ回路という．組合わせ回路では，あるゲートの出力が再びそのゲートに戻ってくる (フィードバックという) ようなことは許さない[††]．

NOT ゲート　入力 x ──○── 出力 $\overline{x}$　　　　AND ゲート $\begin{matrix}x\\y\end{matrix}$ ⊐── $x \cdot y$

OR ゲート $\begin{matrix}x\\y\end{matrix}$ ⊐── $x+y$　　　　NAND ゲート $\begin{matrix}x\\y\end{matrix}$ ⊐○── $\overline{x \cdot y}$

NOR ゲート $\begin{matrix}x\\y\end{matrix}$ ⊐○── $\overline{x+y}$　　　　XOR ゲート $\begin{matrix}x\\y\end{matrix}$ ⊐── $x \oplus y$

回路の設計においては，入力 $x_1, \cdots, x_n$ に対してどのような出力 $y_1, \cdots, y_m$ が欲しいのかをいくつかのブール関数

$$\begin{cases} y_1 = f_1(x_1, \cdots, x_n) \\ \quad \cdots \\ y_m = f_m(x_1, \cdots, x_n) \end{cases}$$

で表し，それを様々の条件 (例えば，基本素子として何と何を使うのか，使う

[†] ここでは，NOT 素子以外への入力の個数 (ファンインと呼ばれる) は 2 に限定するが，出力は複数に分岐させて用いることができる (すなわち，ファンアウトは無制限) とする．

NAND 素子や NOR 素子のように，NOT 素子は AND/OR 素子の出力部や入力部に添える形で描くことがある．

[††] ゲート：gate. 組合わせ回路：combinatorial circuit. フィードバックも許すものに順序回路 (sequential circuit) がある．

素子の個数を少なくしたいのか (コストが安くなる)，それともたとえ素子の個数が増えても素子を組合わせてできる回路の段数が浅い方がよいのか (演算速度が速くなる) など) に合うように変形していく．例として，2 進数の加算を行う回路を考えてみよう．

x	y	s	c
0	0	0	0
0	1	1	0
1	0	1	0
1	1	0	1

まず，1 ビットの x と y の加算を行う回路 HA を考えよう．この回路は 2 つの出力 s と c を出す．1 ビット数 x と y を足すと最大で 2 ビットになるが，s はその下位のビット ($s = (x+y) \bmod 2$) であり，c は上位のビット (桁上り) である．右上に示した真理表より，

$$\begin{cases} s = \overline{x} \cdot y + x \cdot \overline{y} = x \oplus y \\ c = x \cdot y \end{cases} \qquad (5.6)$$

であることが標準形定理 (定理 5.7′) より直ちに得られる．この式に基づくと，HA は次のような回路として実現することができる ($s = x \oplus y$ に基づき，XOR 素子を使ってもよい)．これを**半加算器**†と呼ぶ．

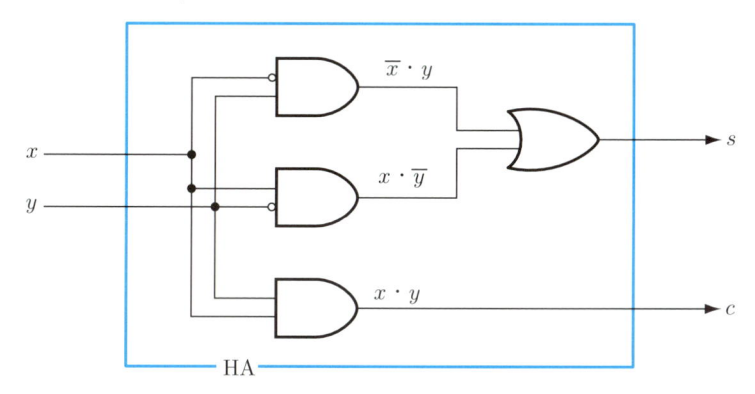

次に，下からの桁上り c' をも考慮した 1 ビット数の加算回路を考えよう．この回路を FA (**全加算器**†) と呼ぶ．真理表は次のようになる．

---

†半加算器：half adder．全加算器：full adder．

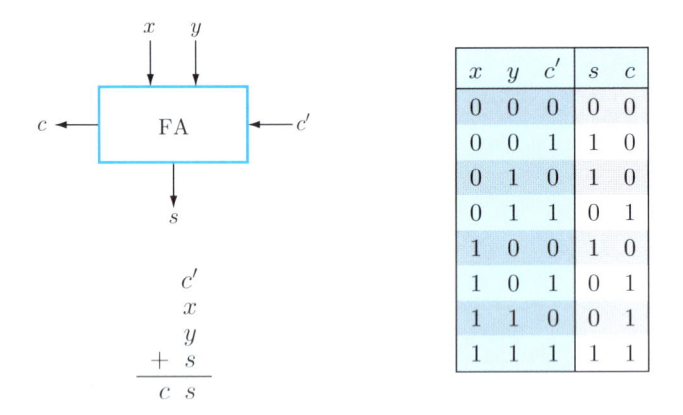

x	y	c'	s	c
0	0	0	0	0
0	0	1	1	0
0	1	0	1	0
0	1	1	0	1
1	0	0	1	0
1	0	1	0	1
1	1	0	0	1
1	1	1	1	1

$$
\begin{array}{r}
c' \\
x \\
y \\
+\ s \\
\hline
c\ s
\end{array}
$$

真理表より (あるいは,半加算器の場合の関係式 (5.6) を考慮すると例えば s は $x+y$ の下位ビット $x \oplus y$ に c' を加算した結果の下位ビットであるから $(x \oplus y) \oplus c'$ となることが導かれる. c についても同様),

$$
\begin{cases}
s = (x \oplus y) \oplus c' \\
c = (x \oplus y) \cdot c' + x \cdot y
\end{cases}
$$

が得られ,これを使うと FA は HA を用いて次のように実現することができる:

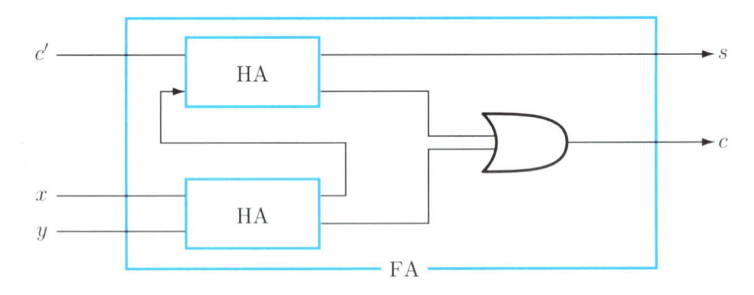

最後に,2 つの n ビット数の加算

$$
\begin{array}{r}
x_n x_{n-1} \cdots x_1 \\
+\ y_n y_{n-1} \cdots y_1 \\
\hline
z_{n+1} z_n z_{n-1} \cdots z_1
\end{array}
$$

(上位ビット) (下位ビット)

は次のような回路で実現される.

5.3 論理回路

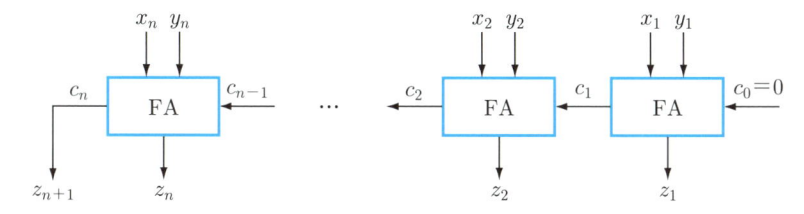

(図: 全加算器 FA の縦続接続。入力 $x_n, y_n, \ldots, x_2, y_2, x_1, y_1$、桁上げ $c_0 = 0, c_1, c_2, \ldots, c_{n-1}, c_n$、出力 $z_1, z_2, \ldots, z_n, z_{n+1}$)

例 5.13 回路の設計.

A と B の 2 人でジャンケンをしてその結果を表示する装置を設計しよう.「グー」「チョキ」「パー」は 2 ビット使ってそれぞれ 00, 01, 10 で表し,「A の勝ち」「B の勝ち」「あいこ」をそれぞれブール変数 y_1, y_2, y_3 で表すことにする. A, B が出した手をそれぞれ $(x_1, x_2), (x_3, x_4)$ として入力し,結果を (y_1, y_2, y_3, y_4) として出力する (実際は 2 変数で十分). y_4 は入力にエラーがあったこと ((x_1, x_2) または (x_3, x_4) が 00, 01, 10 以外だった場合) を表す. $y_i = 1$ のとき,y_i を入力とするランプが点灯するものとする.

x_1	x_2	x_3	x_4	y_1	y_2	y_3	y_4
0	0	0	0	0	0	1	0
0	0	0	1	1	0	0	0
0	0	1	0	0	1	0	0
0	1	0	0	0	1	0	0
0	1	0	1	0	0	1	0
0	1	1	0	1	0	0	0
1	0	0	0	1	0	0	0
1	0	0	1	0	1	0	0
1	0	1	0	0	0	1	0
その他				0	0	0	1

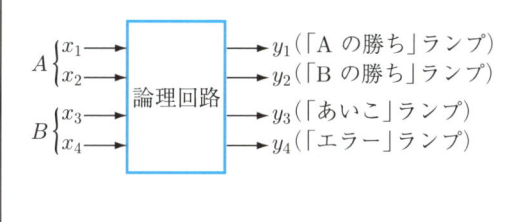

(図: $A \begin{cases} x_1 \\ x_2 \end{cases}$, $B \begin{cases} x_3 \\ x_4 \end{cases}$ → 論理回路 → y_1(「A の勝ち」ランプ), y_2(「B の勝ち」ランプ), y_3(「あいこ」ランプ), y_4(「エラー」ランプ))

真理表から標準形定理により $y_1 \sim y_4$ が求められる.この例では $y_1 \sim y_4$ のどれも値 1 を取る場合の方が値 0 を取る場合より少ないので,主乗法標準形でなく主加法標準形を用いる方が式の形が簡単になり,素子の個数が少なくてすむ (問 5.37 参照):

$$\begin{cases} y_1 = \overline{x}_1\overline{x}_2\overline{x}_3 x_4 + \overline{x}_1 x_2 x_3 \overline{x}_4 + x_1 \overline{x}_2 \overline{x}_3 \overline{x}_4 \\ y_2 = \overline{x}_1\overline{x}_2 x_3 \overline{x}_4 + \overline{x}_1 x_2 \overline{x}_3 \overline{x}_4 + x_1 \overline{x}_2 \overline{x}_3 x_4 \\ y_3 = \overline{x}_1\overline{x}_2\overline{x}_3\overline{x}_4 + \overline{x}_1 x_2 \overline{x}_3 x_4 + x_1 \overline{x}_2 x_3 \overline{x}_4 \\ y_4 = x_1 x_2 + x_3 x_4 \end{cases} \tag{5.7}$$

これに基づくと，例えば y_1 の AND-OR 2 段回路は次の図 (NOT 素子 8 個，ファンイン 4 の AND 素子 3 個，ファンイン 3 の OR 素子 1 個) のように実現することができる：

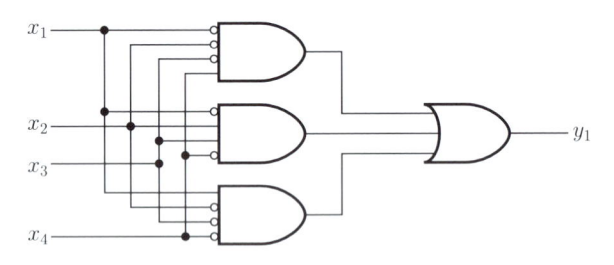

しかし，同じ式でも同値変形することによって，回路に組んだときにより簡単なものができることがある．例えば，y_1 は (5.7) 式にしたがってファンインが 2 の AND/OR 素子だけで回路を組むと NOT 素子 8 個，AND 素子 9 個，OR 素子 2 個が必要で 4 段の回路となるが，

$$\begin{aligned} y_1 &= \overline{x}_1\overline{x}_2\overline{x}_3x_4 + \overline{x}_1x_2x_3\overline{x}_4 + x_1\overline{x}_2\overline{x}_3\overline{x}_4 \\ &= \overline{x}_2\overline{x}_3(\overline{x}_1x_4 + x_1\overline{x}_4) + x_2x_3(\overline{x}_1\overline{x}_4) \quad\quad (\text{定理 } 5.1'\,(\,2\,)(\,3\,)(\,4\,)) \\ &= (\overline{x_2 + x_3})(x_1 \oplus x_4) + x_2x_3(\overline{x_1 + x_4}) \quad (\text{定理 } 5.1'\,(\,6\,)\text{，問 } 5.27\,(\,1\,)) \end{aligned}$$

と変形すると，次のように NOT 素子 2 個，AND 素子 3 個，OR 素子 3 個，XOR 素子 1 個の 3 段の回路で実現することができる：

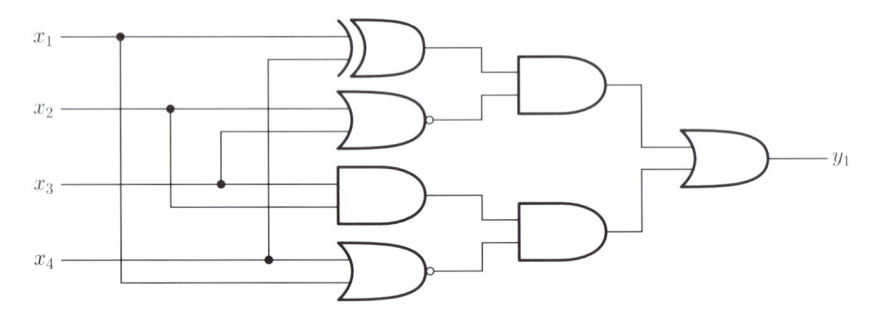

ブール関数の簡単化の方法については次節で述べるが，$y_1 \sim y_4$ は積和形として表す限りは (5.7) 式より簡単にすることはできない．

5.3.3 ブール関数の簡単化*

$x + xy$ がもっと簡単な x に等しい (吸収律) ように，同じブール関数でも簡単なものに変形できることがある．これは回路設計の観点からは重要である．

● **カルノー図** ブール関数を簡単化する方法はいろいろ知られているが，変数の個数が少ない場合 (数変数程度) の簡単化の手法として有効なものに**カルノー図**を用いる方法がある (M. カルノー，1950. 米国のエンジニア)[†]．

n 変数ブール関数を表すためのカルノー図は，n 次元立方体の頂点間の隣接関係を平面に表したものである．$n = 3$ の場合を例として説明する．3 次元の立方体の 8 個の頂点に番号を付けて $f_0 \sim f_7$ とする．これらは，隣り合う頂点同士の番号 $0 \sim 7$ が 3 ビットの 2 進数として見たときに 1 ビットだけが違っているように配置する．例えば，f_3 の番号 $3 = (011)_2$ と f_7 の番号 $7 = (111)_2$ は 1 ビットだけ違っているので隣接させる．この 3 ビットをブール変数 $x_1 \sim x_3$ への値の割り付け (付値) だと考え，立方体の各頂点にその付値のもとでのブール関数 ($f(x_1, x_2, x_3)$ とする) の値をラベル付けする．例えば，頂点 f_6 には $f(1,1,0)$ をラベル付けする．このようにラベル付けされた立方体と 3 変数ブール関数 $f(x_1, x_2, x_3)$ とは 1 対 1 に対応する．

カルノー図は，$f(x_1, \cdots, x_n)$ の真理表を右下図のように 2^n 個の正方形に分割された長方形の表として表したものである．

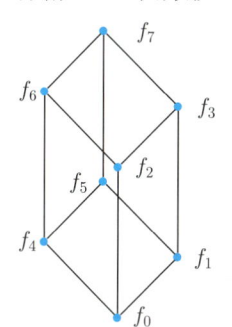

x_1	x_2	x_3	$f(x_1, x_2, x_3)$
0	0	0	f_0
0	0	1	f_1
0	1	0	f_2
0	1	1	f_3
1	0	0	f_4
1	0	1	f_5
1	1	0	f_6
1	1	1	f_7

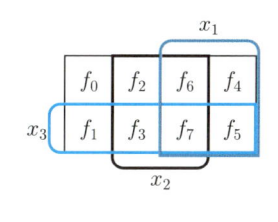

5.5.3 項の全文 (例 5.14, 5.15 を含む．全 4 ページ) および 5.4 節 (束とブール代数．全 8 ページ) の全文は次のウェブサイトからダウンロードできます：
http://www.edu.waseda.ac.jp/~moriya/education/books/DM/

[†] カルノー図は数変数までしか扱えないが，実用的方法にクワイン-マクラスキー法などがある．

5.3.2～5.3.3 項　理解度確認問題

問 5.32　x, y, z, a, b, c, d をブール変数とする．次のブール関数を簡単化して，AND-OR 2 段回路または OR-AND 2 段回路を構成せよ．
(1)　$(x + xy + xyz) + (x + y + z)(y + z)z$　　(2)　$x\overline{y} + y\overline{z} + \overline{y}z + \overline{x}y$
(3)　$b\overline{d} + ab\overline{c} + \overline{a}bc + ac\overline{(b + d)} + \overline{a + b + c + d}$

問 5.33　$f : \{0, 1\}^3 \to \{0, 1\}$ を次のように定義する．

$$\mathrm{MAJ}_n(x_1, \cdots, x_n) = \begin{cases} 1 & x_1, \cdots, x_n \text{ の中の 1 の個数} \geqq 0 \text{ の個数} \\ 0 & \text{その他のとき．} \end{cases}$$

MAJ_3 を実現する回路を作れ．MAJ_n は n 変数の**多数決関数**と呼ばれる．

問 5.34　5 つの箱があり，その中には次の表に示したようにいくつかの色球が入っている．

箱	赤玉	白玉	青玉	黄玉	緑玉	黒玉
x_1		○	○			
x_2	○		○		○	
x_3		○		○	○	
x_4	○		○			
x_5						○

(1)　箱をどのように選んだらどの色の玉も少なくとも 1 つ含むようにできるかを示す論理関数 $f(x_1, \cdots, x_5)$ を求めよ．ただし，

$$x_i = 1 \overset{\mathrm{def}}{\Longleftrightarrow} \text{箱 } x_i \text{ を選ぶ;}$$

$$f(x_1, \cdots, x_5) = 1 \overset{\mathrm{def}}{\Longleftrightarrow} \text{どの色の球も含んでいる．}$$

(2)　これを子供向けの知恵遊びゲームとするにはどのような回路を作ればよいか？できるだけ簡単な回路を設計せよ（$f(x_1, \cdots, x_5)$ を簡単化せよ）．

問 5.35　次の n 変数のブール関数を考える：

$$f_n(x_1, x_2, \cdots, x_n) = \overline{(x_1 x_2 \cdots x_n) \oplus (x_1 + x_2 + \cdots + x_n)}$$

(1)　$f_2(x_1, x_2)$ を式変形により簡単にせよ．
(2)　$f_3(x_1, x_2, x_3)$ の真理表を書き，主加法標準形と主乗法標準形を求めよ．
(3)　(2) に基づいて AND-OR 2 段回路と OR-AND 2 段回路を構成せよ．
(4)　$f_3(x_1, x_2, x_3)$ のリード-マラー標準形を求め，それに基づいて AND-XOR 2 段回路を示せ．

5.3 論理回路

問 5.36 符号のない 2 つの n ビット数の大小比較を行う回路を設計したい．$x = x_n \cdots x_1, y = y_n \cdots y_1$ $(x_i, y_i \in \{0,1\})$ とする（x_n, y_n が最上位ビット）．$1 \leqq k \leqq n$ に対して，

$$f_k(x_1, \cdots, x_n) := \begin{cases} 0 & x_k x_{k-1} \cdots x_1 < y_k y_{k-1} \cdots y_1 \text{ のとき} \\ 1 & \text{その他のとき} \end{cases}$$

と定義する．f_k は x, y の下位 k ビット目までの大小関係を表しており，f_n が求めるもの（$x \geqq y$ なら $f_n(x,y) = 1$, $x < y$ なら $f(x,y) = 0$）である．

f_1 と x_1, y_1 の間の関係，および f_k と x_k, y_k, f_{k-1} $(2 \leqq k \leqq n)$ の間の関係を求め，それに基づき回路を設計せよ．

問 5.37 例 5.13 の y_1 を主乗法標準形で表して回路を設計せよ．

問 5.38 次のブール関数のカルノー図を描け．
(1) $x + xy$ (2) $ab + \overline{b}c + \overline{(a+b+c)}$ (3) $x_1\overline{x}_2 + x_2 x_3 x_4 + \overline{x}_5$

問 5.39 次のカルノー図が表すブール関数をできるだけ簡単な形で示せ．

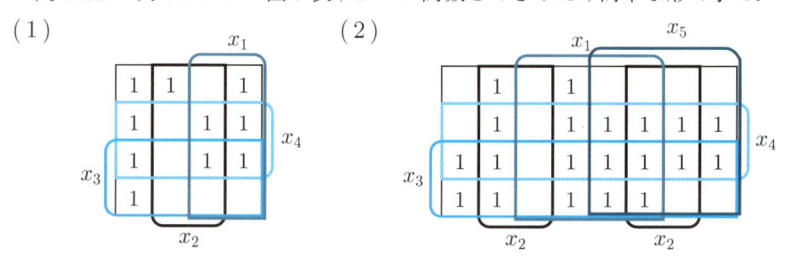

(1)

		x_1	
1	1	1	
1		1	1
1		1	1	x_4
1			

x_3 横，x_2 下

(2)

x_1, x_5 の範囲付き，x_3, x_4, x_2 付きのカルノー図

問 5.40 問 5.32 のブール関数をカルノー図を用いて簡単化せよ．

問 5.41 この節では，カルノー図は積和形の形で論理式の最小化を行うものとして説明した．カルノー図は和積形の最小化にも役立つか？

問 5.42 n ビット数 x の各ビットの 0 と 1 を逆にした数を $\overline{x}$ で表し，**1 の補数**という．例えば，$\overline{0111} = 1000$.

(1) $x > y \geqq 0$ のとき，$x + \overline{y}$ は $n+1$ ビット数（値は $x - y + 2^n - 1$）であることを示せ．

(2) (1) に基づいて，$x > y$ のとき，減算 $x - y$ を行う回路を設計せよ．

記号のまとめ (5.3 節)

$\alpha \cdot \beta$, $\alpha + \beta$, $\overline{\alpha}$, $\alpha \oplus \beta$	論理積，論理和，論理否定，排他的論理和
$f^*(x_1, \cdots, x_n)$	双対
HA, FA	半加算器，全加算器

第6章 アルゴリズムの解析

　アルゴリズム (algorithm) とは計算・操作・作業などの機械的実行手順のことであり，それを言語 (プログラミング言語，日本語，流れ図など) で記述したものがプログラムである．そもそもアルゴリズムとは何かといった理論的考察や，種々の問題に対する効率の良いアルゴリズムの紹介等は他書に譲って，この章では，アルゴリズムの効率良さの程度をどのように解析したり表したりするかを中心に学ぶ．そのための数学的道具として，組合わせ論や確率論からの基本的知識や漸近的記法などについても述べる．

6.1 関数の漸近的性質

　アルゴリズムの効率を比べるには，効率の良し悪しを測る尺度が必要であるが，それは解こうとしている問題のサイズの関数であると考えるのが自然である[†]．例えば，ソーティング (大きさ順に並べ替えること) の問題を考えると，問題のサイズはソートしたいデータの個数であり，アルゴリズムの効率の尺度としては実行に必要な時間とか実行時に使うメモリ量 (計算に必要な場所の広さ)[††]などが考えられる[†††]．これらは，データの個数の関数として表される．

例6.1　アルゴリズムの効率を表現する関数の性質．
　この章でアルゴリズムを記述するために用いる記法は，4.5節で用いたものと同じである．次のようなソーティングのアルゴリズムを考えよう．

[†] 問題のサイズが大きくなればなるほど，解く手間 (時間や作業場所の大きさ) がかかるのが普通であろう．
[††] 一般に，**資源** (リソース：resource) という．
[†††] 本書では基本的にこういったリソース量だけを考えるが，ソートの対象となる数値の大きさを問題のサイズと考えるとか，コンピュータを同時に何台でも使えるとして，何台のコンピュータとどのくらいの時間とメモリ量があれば最短時間で並べ替えることができるかを尺度とするとか，いろんな立場があり得る．

6.1 関数の漸近的性質

---

procedure selection-sort($\langle a_1, \cdots, a_n \rangle$)
/* 与えられたデータの列 $\langle a_1, \cdots, a_n \rangle$ [†]を昇順にソートする */
begin
  1. $i = 1, 2, \cdots, n-1$ について次の 1.1 を実行せよ．
     1.1. $j = i+1, i+2, \cdots, n$ について次のことを実行せよ．
          $a_i \leqq a_j$ なら何もしない．
          $a_i > a_j$ なら a_i と a_j を入れ替えよ．
  2. $\langle a_1, \cdots, a_n \rangle$ が求められる結果である．
end

このアルゴリズムの実行時間をデータ数 n の関数として正確に記述するのは困難である．なぜなら，この計算手順をどんなプログラミング言語で書くか(そのときのコンパイラは何か)とか，どのコンピュータを使って計算するか(そのコンピュータのハードウェアの仕様や OS は？) とか，プログラミング環境によって実行時間は一定でないからである．しかし，そのようなことに依存しない普遍的な尺度でしかも実行時間をきちんと反映するものとして，ソーティングの場合には「データの比較の回数」が考えられる．上述のアルゴリズム selection-sort におけるデータ比較回数 $f(n)$ は，$i = 1, 2, \cdots, n-1$ それぞれについて $n-i$ 回の比較が行われているので，

$$f(n) = (n-1) + (n-2) + \cdots + 1 = \frac{n(n-1)}{2}$$

である．実際の実行時間はどんなプログラミング環境下でもほぼ $f(n)$ に比例するが，その比例定数はどんな実行手段 (どのコンピュータ) を使うかによって異なる．このような場合，a, b が n に依存しない定数ならば，$f(n)$ と $af(n) + b$ とは本質的に異なるものとは考えにくい (実行時間の定数倍の差はコンピュータの演算速度比を反映するものであるから，コンピュータが違っていることや進歩したりすることで変わってしまうようなものを考えても，普遍的な理論は

[†]ここでは $\langle a_1, \cdots, a_n \rangle$ は固定されたものではなく，プログラムの実行にしたがって刻々と変化していき，実行終了時の $\langle a_1, \cdots, a_n \rangle$ は昇順にソートされた結果である (すなわち，$a_1 \leqq a_2 \leqq \cdots \leqq a_n$ となっていなければならない)．

生まれない).また,アルゴリズムによっては $f(n)$ が上述の場合のようにきちんと求められず,$f(n) \leqq g(n)$ となる $g(n)$ とか,$h(n) \leqq f(n)$ となる $h(n)$ しか求められないこともある. □

上の例に述べたような特徴を持つ $f(n)$ を表すための記法を以下で定義する.

● O 記法ほか　$f(n), g(n)$ を $\boldsymbol{N}$ から $\boldsymbol{R}_{0+}$ への関数とする[†].

$$\exists c \in \boldsymbol{R}_+ \; \exists n_0 \in \boldsymbol{N} \; \forall n \geqq n_0 \; [f(n) \leqq cg(n)]$$

が成り立つとき,すなわち,ある正の実数 c と自然数 n_0 が存在して,n_0 以上のどんな自然数 n に対しても $f(n) \leqq cg(n)$ が成り立つとき,

$$f(n) = \overset{\text{オー}}{O}(g(n))$$

と表し,$f(n)$ の**オーダー**[††]は $g(n)$ であるとか,$f(n)$ は高々 $g(n)$ のオーダーであるという.また,$g(n)$ を $f(n)$ の**漸近上界**[†††]ともいう.同様に,

$$f(n) = \overset{\text{オメガ}}{\Omega}(h(n)) \overset{\text{def}}{\Longleftrightarrow} \exists c \in \boldsymbol{R}_+ \; \exists n_0 \in \boldsymbol{N} \; \forall n \geqq n_0 \; [c \cdot h(n) \leqq f(n)]$$

と定義し,このとき $f(n)$ のオーダーは $h(n)$ 以上であるという.また,$h(n)$ を $f(n)$ の**漸近下界**[†††]ともいう.$f(n) = O(g(n))$ かつ $f(n) = \Omega(g(n))$ であるとき,

$$f(n) = \overset{\text{シータ}}{\Theta}(g(n))$$

と表し,$f(n)$ と $g(n)$ はオーダーが等しいという.また,$g(n)$ を $f(n)$ の**最良漸近上界**あるいは**最良漸近下界**ともいう.明らかに,

$$f(n) = \Theta(g(n)) \Longleftrightarrow \exists c_1 \in \boldsymbol{R}_+ \; \exists c_2 \in \boldsymbol{R}_+ \; \exists n_0 \in \boldsymbol{N}$$
$$\forall n \geqq n_0 \; [c_1 g(n) \leqq f(n) \leqq c_2 g(n)]$$

が成り立つ.

[†] $\boldsymbol{R}$ から $\boldsymbol{R}$ への任意の関数に対しても同様なことが定義できるが,実際に使われるのは $\boldsymbol{N}$ から $\boldsymbol{R}_{0+}$ への関数だけで十分である.$\boldsymbol{R}_{0+} := \{x \in \boldsymbol{R} \mid x \geqq 0\}$,$\boldsymbol{R}_+ := \{x \in \boldsymbol{R} \mid x > 0\}$ である(第 1 章参照).

[††] オーダー:order.$O(f(n))$ は「(ビッグ) オー $f(n)$」とか「オーダー $f(n)$」と読む.

[†††] 最良漸近上(下)界:asymptotic tight upper (lower) bound.

6.1 関数の漸近的性質

大雑把な言い方をすると, $f(n) = O(g(n))$ (あるいは, $f(n) = \Omega(g(n))$, あるいは $f(n) = \Theta(g(n))$) であるとは, n が十分大きいところでは $f(n)$ は $g(n)$ の定数倍以下である (あるいは定数倍以上である, あるいは定数倍の範囲内にある) ということである (下図参照).

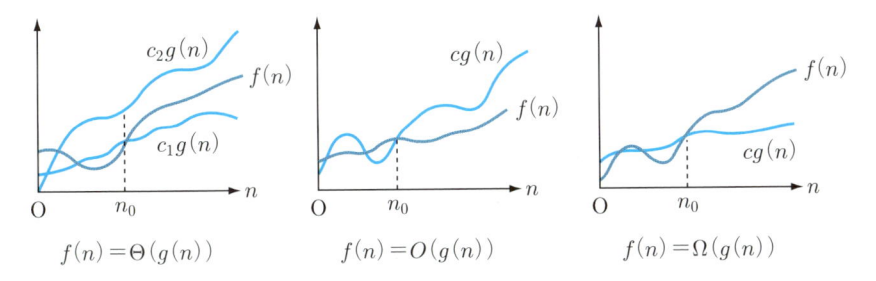

| $f(n) = \Theta(g(n))$ | $f(n) = O(g(n))$ | $f(n) = \Omega(g(n))$ |

例6.2 漸近記法 (O 記法, Θ 記法, Ω 記法).

(1) $c_1 = 5$, $c_2 = 6$ で, $n \geqq n_0 := 3$ ならば $c_1 n \leqq 5n + 3 \leqq c_2 n$ であるから, $5n + 3 = \Theta(n)$ である. 当然, $5n + 3 = O(n)$ でもあるし, $5n + 3 = \Omega(n)$ でもある.

さらに, $c = 1$ として $n \geqq 6$ ならば $5n + 6 \leqq cn^2$ なので, $5n + 6 = O(n^2)$ であるが, 正数 c をいかに小さくとっても, $n > n_0 := \frac{5 + \sqrt{25 + 24c}}{2c}$ とすれば $5n + 6 < cn^2$ となってしまうので, $5n + 6 = \Omega(n^2)$ は成り立たない. したがって, $5n + 6 \neq \Theta(n^2)$ である. 一方, $n^2 = \Omega(5n + 6)$ である.

(2) もっと一般に, 正数を係数とする k 次多項式 $p(n) = a_k n^k + \cdots + a_1 n + a_0$ ($a_k \neq 0$) に対して, $p(n) = \Theta(n^k)$ である. なぜなら, $c = a_k + \cdots + a_1 + a_0$ とすると, $a_k n^k \leqq p(n) \leqq cn^k$ となるからである.

また, 任意の正定数 c, d と任意の $k' \leqq k$ に対して, $n^{k'} = O(cp(n) \pm d)$ であり, $p(n) = \Omega(n^{k'})$ である.

(3) $f(n)$ が狭義単調増加関数ならば (または, $\forall n \exists m > n \, [f(n) < f(m)]$ が成り立つならば), 任意の定数 k に対して $f(n) + k = O(f(n))$ である. 例えば, $\log \log n + 5 = O(\log \log n)$.

(4) 任意の定数 $c > 0$ に対して, $c = O(1)$, $c = \Omega(1)$, $c = \Theta(1)$ である. このことから, $O(1)$ は定数を表すためにしばしば用いられる.

（5） $f(n) = O(g(n))$ ならば，任意の $c \in \mathbf{R}_+$ に対して $f(n) = O(cg(n))$ である．また，$f(n) = O(g(n))$ かつ $g(n) = O(h(n))$ であるならば，$f(n) = O(h(n))$ である (問 6.2 参照)．例えば，明らかに $f(n) = O(f(n))$ なので，$n = O(\frac{1}{5}n), n = O(500n)$．また，$n+3 = O(n^2 - 7), n^2 - 7 = O(0.03n^3)$ であることから $n+3 = O(0.03n^3)$ である，等．

同様に，$f(n) = \Omega(g(n))$ ならば，任意の $c \in \mathbf{R}_+$ に対して $f(n) = \Omega(cg(n))$ であり，$f(n) = \Omega(g(n))$ かつ $g(n) = \Omega(h(n))$ であるならば $f(n) = \Omega(h(n))$ である．例えば，$n^3 = \Omega(0.01n^3)$, $n^3 = \Omega(10^{10}n^3)$, $n^3 - 3 = \Omega(n^2 + 2)$, $n^2 + 2 = \Omega(200n)$ なので $n^3 - 3 = \Omega(200n)$ である，等． □

● **漸近記法の別定義**　$\mathbf{N}$ から $\mathbf{R}$ への関数 $f(n)$ に対して，$\{f(n), f(n+1), \cdots\}$ の上限の $n \to \infty$ としたときの極限値 (∞ となる場合を含む) を $f(n)$ の**上極限**といい，

$$\overline{\lim_{n \to \infty}} f(x) \quad あるいは \quad \sup_{n \to \infty} f(x)$$

で表す．また，$\{f(n), f(n+1), \cdots\}$ の下限の $n \to \infty$ としたときの極限値を $f(n)$ の**下極限**といい，

$$\underline{\lim_{n \to \infty}} f(x) \quad あるいは \quad \inf_{n \to \infty} f(n)$$

で表す．つまり，ある関数 $f(n)$ を $n \to \infty$ としたときの値は一定値に収束しない (振動する) けれど，ある値より大きくなる (小さくなる) ことがないとき，その上限値 (下限値) を上極限 (下極限) という．

例6.3　上極限と下極限．
（1）$f(n) = \frac{n}{n+1}$ とするとき，$\{f(n), f(n+1), \cdots\}$ の上限は 1，下限は $\frac{n}{n+1}$ であるから，$\sup_{n \to \infty} f(n) = 1, \inf_{n \to \infty} f(n) = \lim_{n \to \infty} \frac{n}{n+1} = 1$.
（2）$f(0) = 0, n > 0$ のとき $f(n) = \frac{(-1)^n n + 1}{n}$ と $f(n)$ を定義すると，$\sup_{n \to \infty} f(n) = 1, \inf_{n \to \infty} f(n) = -1$.
（3）$f(n) = \frac{1}{n} \sin n$ のとき，$\sup_{n \to \infty} f(n) = \inf_{n \to \infty} f(n) = 0$ (つまり，$n \to \infty$ としたとき $f(n)$ は 0 に収束する：$\lim_{n \to \infty} \frac{1}{n} \sin n = 0$). □

O 記法や Ω 記法はこの概念を使って次のように表すこともできる．

6.1 関数の漸近的性質

> f, g が $\boldsymbol{N}$ から $\boldsymbol{R}_{0+}$ への関数のとき，次が成り立つ (問 6.3)．
> - $f(n) = O(g(n)) \iff \sup_{n \to \infty} f(n)/g(n) < \infty$.
> - $f(n) = \Omega(g(n)) \iff \inf_{n \to \infty} f(n)/g(n) < \infty$.

また，類似の記法 $o(g(n))$ と $\omega(g(n))$ を次のように定義する[†]：

$$f(n) = o(g(n)) \stackrel{\mathrm{def}}{\iff} \lim_{n \to \infty} f(n)/g(n) = 0.$$

$$f(n) = \omega(g(n)) \stackrel{\mathrm{def}}{\iff} \lim_{n \to \infty} f(n)/g(n) = \infty.$$

$f(n) = o(g(n))$ であるとき，$f(n)$ のオーダーは $g(n)$ より真に低いといい，$f(n) = \omega(g(n))$ であるとき，$f(n)$ のオーダーは $g(n)$ より真に高いという．これらの定義は次と同値であり，次のような意味を持つ (問 6.6)．

> - $f(n) = o(g(n)) \iff \forall c \in \boldsymbol{R}_+ \ \exists n_0 \in \boldsymbol{N} \ \forall n \geq n_0 \ [cf(n) < g(n)]$.
>   意味：$f(n)$ にいくら大きい正定数 c を掛けても，有限個の例外 (n が小さいとき) を除いて $cf(n)$ は $g(n)$ よりも真に小さい．
> - $f(n) = \omega(g(n)) \iff \forall c \in \boldsymbol{R}_+ \ \exists n_0 \in \boldsymbol{N} \ \forall n \geq n_0 \ [cf(n) > g(n)]$.
>   意味：$f(n)$ にいくら小さい正定数 c を掛けても，有限個の例外 (n が小さいとき) を除いて $cf(n)$ は $g(n)$ よりも真に大きい．

例6.4 漸近記法 (o 記法，ω 記法)．

(1) 実数 c をいかに大きくとっても，$n > n_0 := c$ ならば $cn < n^2$ となるので，$n = o(n^2)$ である．

(2) (1) とは逆に，実数 c をいかに小さくとっても，$n > n_0 := \frac{1}{c}$ ならば $cn^2 > n$ となるので，$n^2 = \omega(n)$ である．

(3) 実数係数の k 次多項式 $p(n) = a_k n^k + \cdots + a_1 n + a_0$ ($a_k > 0$) と，任意の $k' < k$ に対して，$n^{k'} = o(p(n))$, $p(n) = \omega(n^{k'})$ である．

(4) $f(n) = o(g(n))$ かつ $g(n) = o(h(n)) \Longrightarrow f(n) = o(h(n))$．$\omega$ も同様．

[†] $O(f(n))$ は "big O of $f(n)$" と読み，$o(f(n))$ は "little O of $f(n)$" と読むが，日本的に large O とか small O $f(n)$ と読んでもよい．$\Omega(f(n))$, $\omega(f(n))$ についても同様である．$\Theta(f(n))$ と $\theta(f(n))$ は同じ意味で用いられる．

● **漸近記法を式の中で用いる**　O 記法などは，$n^2 + 2n + 3 = n^2 + O(n)$ とか $n^2 + \log n = n^2 + o(n)$ のように式の中で用いられることもある．一般に，$g(n) = O(h(n))$ であるとき，$f(n) + g(n) = f(n) + O(h(n))$ のように書く．$o, \omega, \Omega, \Theta$ などについても，また，積や巾乗などについても同様である：$2^n(3n+1) = 2^n O(n), n \log n = n^{O(1)}$ など．しかし，この場合の $=$ の使い方には向きがあって，

$$2n + 3n^2 + 4n^3 = O(n) + 3n^2 + 4n^3$$
$$= O(n) + O(n^2) + 4n^3$$
$$= O(n) + O(n^2) + O(n^3)$$
$$= O(n^2) + O(n^3)$$
$$= O(n^3)$$

とか，$n(n+1) = O(n)O(n) = O(n^2)$ のような使い方はできるが[†]，$O(n) = 2n + 3$ のように書くことはできない．

また，さらに特殊な使い方として，例えば $n^{O(1)}$ のように書くことがある．これは，$O(1)$ が任意の定数を表すことから，n の巾(ある k に対して n^k と表される関数)を一般に表す．

例6.5　ソーティングにおける比較回数の下界は $\Omega(n \log n)$ である．

「2 個のデータの大小比較」だけによって n 個のデータをソートするために必要な比較の回数について考えてみよう．例 6.1 の selection-sort は比較回数が $O(n^2)$ のアルゴリズムであった．もっと比較回数の少ない方法はないのであろうか？ また，比較は最低何回必要なのであろうか？

$n = 3$ の場合を考えてみる．次ページの図は，あるソーティングアルゴリズムの実行において，'比較' がどのような順序でなされたかを表した木である．内部頂点 $x:y$ において x と y の比較が行われ，その結果にしたがって，この木には示されていない何らかの処理が実行され，その後で 2 通りに分岐する．分岐後にどのデータ同士の比較を行うことになるかは入力データとアルゴリズムによって異なる．根から葉へ至る道は比較がどのような順序で行

[†] このような書き方のきちんとした定義はしていないが，容易に推測できるであろう．

6.1 関数の漸近的性質

われたかを表していて (どの道を通るかは入力データに依存して定まる),葉 □ にはその結果が示されている (このような木を**決定木**†と呼ぶ).このように,どんなソーティングアルゴリズムでも,どのような順序で比較が行われていくのかをこのような決定木として表すことができる.

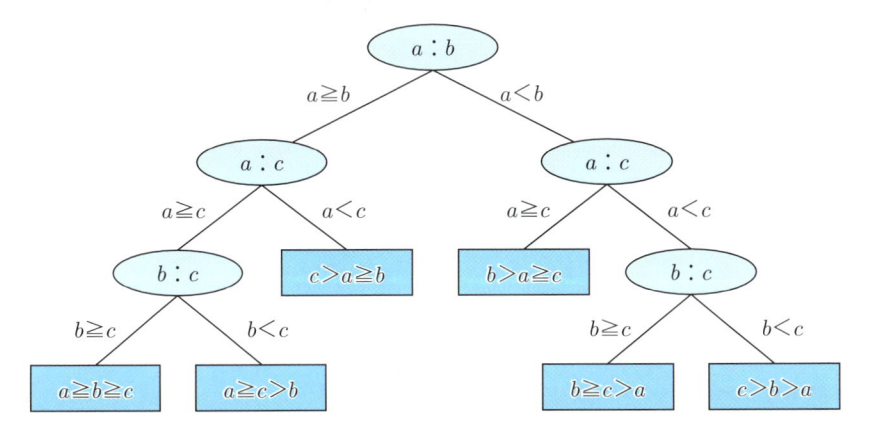

もしアルゴリズムが正しいものであるならば,入力として与えられるデータの間の大小関係がいかなるものであろうとも,それをソートした結果が得られなければならないはずだから,決定木の葉のところには n 個のデータの置換 ($n!$ 個ある) のすべてが現れていなければならない.根から葉への道はアルゴリズムの実行の過程に対応しているので,木の高さは最悪の場合の比較回数を表している.定理 4.16 により

$$\text{木の高さ} \geqq \log_2(\text{葉の数}) = \log_2 n!$$

であり,問 6.1 (6), 6.12 (2) により $\log_2 n! = \Omega(n \log n)$ であるから,ソーティングを正しく行うどんなアルゴリズムでも (n が十分大きいところでは) $n \log n$ に比例する回数の比較を行う必要のあることがわかる.このことを,ソーティング (を正しく行うため) の比較回数の**下界**は $\Omega(n \log n)$ であるという.一方,selection-sort を使うと $O(n^2)$ 回の比較を行うだけでソーティングができるので,ソーティングの比較回数の**上界**は $O(n^2)$ である.しかし,$O(n^2)$ は最良の上界ではなく,$\Omega(n \log n)$ が最良の下界であることを例 6.6 で述べる.

---

†決定木: decision tree.

6.1節 理解度確認問題

問 6.1 次の各関数のオーダーを求めよ．
(1) 定数関数 k (2) $\frac{1}{n}$ (3) $(2n+3)^4$ (4) $\sin n$
(5) $n + \log n$ (6) $\log n!$ (7) $\sum_{i=1}^n \frac{1}{i}$ (8) $\sum_{i=1}^n \frac{1}{i^2}$
(9) $\sum_{i=1}^n i^2$ (10) n が偶数のとき $f(n)=n^2$, n が奇数のとき $f(n)=n^3$

問 6.2 O, Ω, Θ に関する次の推移律を証明せよ．
(1) $f(n) = O(g(n))$ かつ $g(n) = O(h(n)) \implies f(n) = O(h(n))$
(2) $f(n) = \Omega(g(n))$ かつ $g(n) = \Omega(h(n)) \implies f(n) = \Omega(h(n))$
(3) $f(n) = \Theta(g(n))$ かつ $g(n) = \Theta(h(n)) \implies f(n) = \Theta(h(n))$

問 6.3 次のことを証明せよ．
(1) $f(n) = O(g(n)) \iff \sup_{n \to \infty} f(n)/g(n) < \infty$
(2) $f(n) = \Omega(g(n)) \iff \inf_{n \to \infty} f(n)/g(n) < \infty$

問 6.4 O と Ω, o と ω に関して，次のことを示せ．
(1) $f(n) = O(g(n)) \iff g(n) = \Omega(f(n))$
(2) $f(n) = o(g(n)) \iff g(n) = \omega(f(n))$

問 6.5 次の関数 $f(n)$ の上極限，下極限を求めよ．
(1) $f(n) = \frac{(-1)^n}{n}$ (2) $f(n) = \sin n$
(3) n が偶数のとき $f(n) = n$, n が奇数のとき $f(n) = \frac{1}{n}$

問 6.6 $o(f(n)), \omega(f(n))$ について，次のことを証明せよ．
(1) $f(n) = o(g(n)) \iff \forall c \in \boldsymbol{R}_+ \ \exists n_0 \in \boldsymbol{N} \ \forall n \geq n_0 \ [cf(n) < g(n)]$
(2) $f(n) = \omega(g(n)) \iff \forall c \in \boldsymbol{R}_+ \ \exists n_0 \in \boldsymbol{N} \ \forall n \geq n_0 \ [cf(n) > g(n)]$

問 6.7 $f(n) = o(g(n))$, $f(n) = \omega(g(n))$ となるペア $f(n)$ と $g(n)$ を求めよ．
(1) $\log n$ (2) $n^\varepsilon \ (\varepsilon > 0)$ (3) n (4) $\varepsilon^n \ (\varepsilon > 0)$

問 6.8 違いを説明せよ．
(1) $O(1), \Theta(1), \Omega(1)$ (2) $n^{O(1)}, n^{\Theta(1)}, n^{\Omega(1)}$

問 6.9 次の誤りを正せ：
(1) $f(n) = 1 + 2 + \cdots + n$ のとき，$1 = O(1), 2 = O(1), \cdots$ だから $n = O(1) + O(1) + \cdots + O(1) = nO(1) = O(n)$ である．
(2) $2 = O(1), 3 = O(1)$ だから $2 = O(1) = 3$, すなわち $2 = 3$ である．

問 6.10 次のことは正しいか？
(1) $2^{n+1} = O(2^n)$ (2) $2^{2n} = O(2^n)$ (3) $(2^2)^n = O(2^{2^n})$
(4) $n! = o(n^n)$ (5) $2^n = o(n!)$ (6) $\log \log n = \omega(\log n)$

問 6.11 $f(n) := n^{1+\sin n}$ とする．$f(n) = O(n)$ でも $f(n) = \Omega(n)$ でもないことを示せ．

問 6.12 $\lim_{n \to \infty} f(n)/g(n) = 1$ であるとき，$f(n)$ と $g(n)$ は**漸近的に等しい**といい，$f(n) \sim g(n)$ と表す．次のことを示せ．
(1) $\sum_{i=1}^n i^k \sim \frac{1}{k+1} n^{k+1}$ (2) ある定数 c に対し，$n! \sim c n^{n+1/2} e^{-n}$

6.1 関数の漸近的性質

(ヒント)：級数 $\sum_{i=1}^{n} f(i)$ が表す図形の面積 (幅 1 で高さ $f(n)$ の矩形の和) と定積分 $\int_0^n f(x)\,dx$ あるいは $\int_0^{n+1} f(x)\,dx$ が表す面積とを比較せよ．実は，$n! \sim \sqrt{2n\pi}\, n^n e^{-n}$ であることが知られている (スターリングの公式)[†]．

問 6.13 例 6.1 の selection-sort に対する決定木を求めよ．

問 6.14 自然数 a,b の最大公約数 $\gcd(a,b)$ が次式で与えられることは 2.2 節で学んだ (ユークリッドの互除法)．ここで，$a \bmod b$ は a を b で割った余りを表す：

$$\gcd(a,b) = \begin{cases} \gcd(b,a) & b > a > 0 \text{ のとき} \\ \gcd(b, a \bmod b) & a \geqq b > 0 \text{ のとき} \\ a & b = 0 \text{ のとき.} \end{cases}$$

上式の左辺を右辺のように変形することを 1 ステップと考えるとき，$\gcd(a,b)$ のステップ数の漸近上界を a,b で表せ．

● **漸近記法について**　O 記法は，数論に関する著書 (1892 年) の中で P.バッハマン(Bachmann) が用いたのが最初であり，ユダヤ系ドイツ人の数学者 E.ランダウ(Landau) が広めたといわれている．そのため，ランダウの記号と呼ばれることもある．コンピュータサイエンスの分野ではこの節で述べたような意味で広く使われているが，解析学の分野でも誤差項を記述するための記法としてよく用いられている．

o 記法も，1909 年にランダウが考え出した．Ω 記法や Θ 記法は，TeX の考案者として有名な D.E.クヌース(Knuth) が 1976 年の論文で提案したものである．$\Theta(f(n))$ の方がより厳密な上下界を表すが，どちらかというと，$\Theta(f(n))$ よりも $O(f(n))$ を用いることの方が一般的である．

ω 記法は，O 記法に対する o 記法の類似記法として，Ω 記法から自然に導入されたものである．

記号のまとめ(6.1 節)

$f(n) = O(g(n))$	$g(n)$ は $f(n)$ の漸近上界
$f(n) = \Omega(g(n))$	$g(n)$ は $f(n)$ の漸近下界
$f(n) = \Theta(g(n))$	$g(n)$ は $f(n)$ の最良漸近上下界
$f(n) = o(g(n))$	$g(n)$ は $f(n)$ より漸近的に真に大きい
$f(n) = \omega(g(n))$	$g(n)$ は $f(n)$ より漸近的に真に小さい
$\varlimsup_{n \to \infty} f(x),\ \sup_{n \to \infty} f(x)$	上極限
$\varliminf_{n \to \infty} f(x),\ \inf_{n \to \infty} f(x)$	下極限
$f(n) \sim g(n)$	$f(n)$ と $g(n)$ は漸近的に等しい

[†] J. スターリング．18 世紀のイギリスの数学者．

6.2 分割統治法

● **マージソート** すでに昇順に並んでいる 2 つのデータ列 $\langle a_1, a_2, \cdots, a_l \rangle$ と $\langle b_1, b_2, \cdots, b_m \rangle$ を一緒にして，新しく昇順に並べ替えられたデータ列 $\langle c_1, c_2, \cdots, c_{l+m} \rangle$ を得るには次のようにすればよい．

procedure merge($\langle a_1, \cdots, a_l \rangle, \langle b_1, \cdots, b_m \rangle, \langle c_1, \cdots, c_{l+m} \rangle$)
begin
　1. $i \leftarrow 1;\ j \leftarrow 1;\ k \leftarrow 1$ とせよ．
　2. $i \leqq l$ かつ $j \leqq m$ である限り，次のことを繰り返せ．
　　$a_i \leqq b_j$ ならば $c_k \leftarrow a_i;\ i \leftarrow i+1;\ k \leftarrow k+1$ とせよ．
　　$a_i > b_j$ ならば $c_k \leftarrow b_j;\ j \leftarrow j+1;\ k \leftarrow k+1$ とせよ．
　3. ($j = m+1$ かつ) $i \leqq l$ である限り，次のことを繰り返せ．
　　$c_k \leftarrow a_i;\ i \leftarrow i+1;\ k \leftarrow k+1$ とせよ．
　　($i = l+1$ かつ) $j \leqq m$ である限り，次のことを繰り返せ．
　　$c_k \leftarrow b_j;\ j \leftarrow j+1;\ k \leftarrow k+1$ とせよ．
end

merge の実行にかかる時間は，代入 $c_k \leftarrow a_i$ または $c_k \leftarrow b_j$ の実行回数にほぼ比例し，それは $\Theta(l+m)$ である．この手続き merge を用いた次のようなソーティングアルゴリズムを**マージソート**(併合ソート法) という．

procedure merge-sort($\langle a_1, \cdots, a_n \rangle, \langle b_1, \cdots, b_n \rangle$)
begin
/* $\langle a_1, \cdots, a_n \rangle$ をソートした結果を $\langle b_1, \cdots, b_n \rangle$ とする */
　1. $n = 1$ なら $b_1 \leftarrow a_1$ として，この手続きを終了せよ．
　2. $n > 1$ ならば次の 2 つの再帰呼出しを実行せよ．
　　ⓐ merge-sort($\langle a_1, \cdots, a_{\lfloor n/2 \rfloor} \rangle, \langle c_1, \cdots, c_{\lfloor n/2 \rfloor} \rangle$);
　　ⓑ merge-sort($\langle a_{\lfloor n/2 \rfloor+1}, \cdots, a_n \rangle, \langle c_{\lfloor n/2 \rfloor+1}, \cdots, c_n \rangle$);
　3. ⓒ merge($\langle c_1, \cdots, c_{\lfloor n/2 \rfloor} \rangle, \langle c_{\lfloor n/2 \rfloor+1}, \cdots, c_n \rangle, \langle b_1, \cdots, b_n \rangle$)を実行せよ．
end

6.2 分割統治法

マージソート法を用いて n 個のデータのソートを行うときの実行時間 ($f(n)$ とする) がどれくらいであるかを考えてみよう. 全体の実行時間はⓐ, ⓑ, ⓒそれぞれの実行時間の和 (+ 行 1 の実行時間) であるから, 次の関係式が得られる：

$$\begin{cases} f(1) = \Theta(1) \\ f(n) = f(\lfloor n/2 \rfloor) + f(\lceil n/2 \rceil) + \Theta(n) \quad (n \geqq 2) \end{cases}$$

このような形の関係式は**漸化式**あるいは**再帰方程式**[†]と呼ばれる. $f(1) = \Theta(1)$ をこの漸化式の**初期値**あるいは**境界条件**という. 漸化式の解法については次節で述べる.

● **分割統治法** さて, 上述の merge-sort は, 分割統治法[††]と呼ばれる次のような一般的な考え方に基づいて設計されたアルゴリズムである. それは,

「ある処理 p を対象 S に対して遂行しようとする際, S をより小さな対象 $S_1, \cdots, S_n$ に分割してそれぞれに対して p を遂行し, それらの結果をとりまとめて S に対する結果とする」

というように再帰的に行う考え方である. すなわち, 次のような再帰的手続きとして実現する.

---
procedure $p(S)$
begin
  1. もし S が十分小さいならば直接的な処理方法を適用して終了せよ.
  2. S がある程度大きいときは, S を $S_1, \cdots, S_n$ に分割せよ.
  3. $p(S_1); \cdots; p(S_n)$ をそれぞれ実行せよ.
  4. 3 の実行結果をとりまとめて, S 全体に対する処理結果を得よ.
end

$S_1, \cdots, S_n$ の大きさはほぼ等しくなるようにとるのがよい. このような考え方に基づいて多くの実行効率の良いアルゴリズムが設計されている.

[†]再帰方程式：recurrence equation.
[††]分割統治法：divide and conquer. ローマ帝国が領土を属国に分割して統治した手法に因む.

● **2分探索法** 分割統治法を用いた効率良いアルゴリズムの例をもう 1 つ示しておこう．

昇順に並んでいるデータ $a_1 \leqq a_2 \leqq \cdots \leqq a_n$ の中から x を探し出す次の方法は 2 分探索法[†]と呼ばれている．実用場面では，各 a_i は単純データではなく，複合データのキー (例えば，電話番号簿における電話番号のようにデータを特定するもののこと) である場合が多い．

procedure search($\langle a_1, \cdots, a_n \rangle, x$)
begin
1. $n = 0$ なら終了せよ ("x は存在しない")．
 $n = 1$ ならば，$x = a_1$ かどうか調べて終了せよ．
2. $n > 1$ のとき，$m \leftarrow \lceil n/2 \rceil$ とせよ．
 2.1. $x = a_m$ ならば "見つかった" ので終了せよ．
 2.2. $x < a_m$ ならば search($\langle a_1, \cdots, a_{m-1} \rangle, x$) を実行せよ．
 2.3. $x > a_m$ ならば search($\langle a_{m+1}, \cdots, a_n \rangle, x$) を実行せよ．
end

x を求めるまで (あるいは，x が存在しないことがわかるまで) に何回の比較が必要であるか考えてみよう．n 個のデータに対する最悪の場合の比較回数を $f(n)$ とする (実行時間はほぼ $f(n)$ に比例する) と，

$$\begin{cases} f(0) = 0, \ f(1) = 1 \\ f(n) \leqq f(\lceil n/2 \rceil) + 1 \quad (n \geqq 2) \end{cases}$$

である．これより，$f(n) = O(\log n)$ であることがわかる ($f(n)$ の求め方については次節で述べる)．x と $a_1, a_2, \cdots, a_n$ を順に比較していくという素朴な方法 (**逐次探索法**[†]とか**線形探索法**と呼ばれる) に比べたら，2 分探索法は圧倒的に効率が良い．

上の 2 つの例では分割統治法が劇的に効率良いアルゴリズムを生み出したが，どんな場合でもそうなるわけではないことは知っておきたい (問 6.17)．

[†]2 分探索法：binary search. 逐次探索法 (線形探索法)：linear search.

6.2 分割統治法

6.2 節　理解度確認問題

問 6.15　マージソートや 2 分探索法ではデータ集合を 2 つに分割した．3 つに分割した場合，より効率の良いアルゴリズムになるか？アルゴリズムと実行時間の漸化式 (とその解) を示して答えよ．

問 6.16　2 分探索法のアルゴリズムを再帰呼び出しを使わずに書け (再帰を使わずに実行手順を書き下したアルゴリズムを**逐次アルゴリズム**とか**反復アルゴリズム**という．再帰的なものと反復的なものではどちらが効率が良いと考えられるか？

問 6.17　$\langle a_1, \cdots, a_n \rangle$ の最大値を求めるアルゴリズムを考える．
(1)　反復的な方法でアルゴリズムを設計せよ．
(2)　分割統治法に基づいてアルゴリズムを設計せよ．
(3)　分割統治法により反復的な方法よりも高速なアルゴリズムが得られたか？

問 6.18　(ハノイの塔の問題) 5 円玉や 50 円玉のように，中心部に穴があいている円盤が n 枚あり，それらは大きさ (直径) がすべて異なる．3 本の杭 A, B, C があり，n 枚の円盤は大きさの順に A の杭に挿してある (下図)．1 回に 1 枚ずつの円盤 (各杭の 1 番上に置かれているもの) を他の杭に移し替えることによって，最初 A にあった n 枚すべてをそっくり C へ移し替えたい．ただし，杭 A, B, C は自由に使ってよいが，小さい円盤が大きい円盤の下になるようなことがあってはいけないものとする．

再帰的なアルゴリズムを考え，A から C へ移し替えるための移動回数 $f(n)$ に関する漸化式を求め，解け．

$n=3$ の例
A　　B　　C

問 6.19　(動的計画法) 再帰的アルゴリズムを用いたプログラムは時として実行時のメモリ不足や実行時間の爆発的増加を招く．
(1)　n 円を 1 円玉，5 円玉，10 円玉，50 円玉，100 円玉を使って何通りの方法で換金できるかを求める再帰的アルゴリズムを考えよ．例えば，$n = 20$ なら，$20 = 10+10 = 10+5+5 = 10+5+1+1+1+1+1 = 10+1+\cdots+1 = 5+5+5+5 = 5+5+5+1+1+1+1+1 = 5+5+1+\cdots+1 = 5+1+\cdots+1 = 1+\cdots+1$ であるから，9 通りである．
(2)　(1) のアルゴリズムの実行時間 $f(n)$ を漸化式で表せ．
(3)　(2) の漸化式にしたがって計算する過程を木で表し，ある $f(k)$ は何度も重複して計算されることを確かめよ．
(4)　(3) のような重複計算をなくすために，$f(n)$ を n の値が小さい方から順次求めていく逐次的アルゴリズムを考えよ．このような方法を一般に動的計画法[†] といい，この種の問題解決に用いられる有効な手法である．

[†]動的計画法：dynamic programming.

6.3 再帰方程式の解法*

分割統治法をはじめとして，再帰的な方法で設計されたアルゴリズムの実行時間はほとんどの場合，再帰方程式 (漸化式) で表すことができる．この節では，その解 (厳密解ではなく，漸近的な解) を求める方法のうち代表的なものをいくつか述べる．

6.3.1 展開法*

再帰方程式 (不等式の場合も含む) のもっとも自然な解法は，方程式の右辺をその方程式 (あるいは不等式) 自身にしたがって展開していく方法である．

6.3.2 漸近解の公式*

特定の形をした再帰方程式の場合，式の形から漸近解が即座に求められることがある．定理 6.1 はそのようなものを与える 1 つである．

6.3.3 母関数と線形差分方程式*

数列 $\{a_n\}$ の各項を係数とする級数

$$f(X) = \sum_{i=0}^{\infty} a_i X^i$$

をこの数列の**母関数**あるいは**生成関数**[†]という．母関数を使って再帰方程式を解くことができる．数列 $\{a_n\}$ は，$\mathbf{N}$ から $\mathbf{R}$ への関数 $f : n \mapsto a_n$ に他ならないことに注意する．

また，線形差分方程式と呼ばれる特殊な形

$$a_0 f(n) + a_1 f(n-1) + \cdots + a_k f(n-k) = g(n) \quad (n \geq k)$$

の再帰方程式の場合，解の形が決まる場合がある．

6.3 節の全文 (例 6.6〜6.10，定理 6.1 および理解度確認問題 6.20〜6.29 を含む．全 8 ページ) は次のウェブサイトからダウンロードできます：

　　　http://www.edu.waseda.ac.jp/~moriya/education/books/DM/

[†]生成関数：generating function. 形式的冪級数 (formal power series) ともいう．

6.4 数え上げ

事象とは、"何事か起こること"である。箱に玉を入れること、サイコロを振って1の目が出ること、委員会のメンバーの中から委員長を選ぶこと、ソーティングのプログラムの中で'比較'が行われること、などはすべて事象の例である。この節では、事象が発生する個数を数え上げるための原理の代表的なもの — 和と積の法則と鳩の巣原理 — および順列や組合わせの個数の数え方について述べる。このような、いろんな物事が起こる場合の数を数えることは、アルゴリズムの効率を確率的に計算するときの基本になる。

6.4.1 和と積の法則

● **和の法則** X と Y とは同時には起こらない事象とする(このような場合、X と Y は互いに**排反**あるいは**排他的**な事象という)。X の起こり方が m 通りあり、Y の起こり方が n 通りあるならば、X または Y のどちらか一方が起こる起こり方は $m+n$ 通りある。

● **積の法則** X と Y は互いに他とは無関係に起こる事象とする(このような場合、X と Y は互いに**独立**な事象であるという)。X の起こり方が m 通り、Y の起こり方が n 通りあるならば、X も Y もともに起こる起こり方は $m \times n$ 通りある。

例6.11 和事象と積事象。

(1) 2つのサイコロを振って、出た目の和が4の倍数となる場合の数を求めよう。目の和が4の倍数である事象は、目の和が4であるという事象 A_4 と、目の和が8であるという事象 A_8 と、目の和が12であるという事象 A_{12} の**和事象**(少なくともどれか1つが成り立つ事象のこと)である。

$$A_4 = \{(1,3), (2,2), (3,1)\}, \ A_8 = \{(4,4)\}, \ A_{12} = \{(6,6)\}$$

であり、これらは互いに排反な事象であるから、求める場合の数は $3+1+1=5$。

(2) 2つのサイコロを振って両方とも偶数の目が出る場合の数は、第1のサイコロの目が偶数であるという事象(3通りある)と第2のサイコロの目が偶数であるという事象(3通りある)の**積事象**(両方とも成り立つ事象のこと)であり、これらは互いに独立であるから、求める場合の数は $3 \times 3 = 9$ である。

（3） （1）や（2）のように"事象"という言葉を表に出さない例を考えよう (問：以下では，どのような事象を考えているか？)：A 組からの代表の選び方が 16 通り，B 組からの代表の選び方が 25 通りあるならば，A 組，B 組からそれぞれ 1 人ずつ代表を出す選び方は 16×25 通り，A 組または B 組から 1 人代表を出す選び方は $16 + 25$ 通りある． □

和と積の法則を次のように一般化できることは明らかであろう (上の例の (1) ですでに用いた)．

● 和と積の法則 (一般形)

> 事象 $X_1 \sim X_n$ について，X_i の起こり方は x_i 通りあるとする．
> （1） $X_1, \cdots, X_n$ が互いに排反な事象ならば，$X_1, \cdots, X_n$ のうちのどれか 1 つが起こる起こり方は $x_1 + \cdots + x_n$ 通りある．
> （2） $X_1, \cdots, X_n$ が互いに独立な事象ならば，$X_1, \cdots, X_n$ が同時に起こる起こり方は $x_1 \times \cdots \times x_n$ 通りある．

例6.12　和と積の法則の一般化．

（1） 3 桁の正整数 (0 で始まるものも含む) のうち，どこか 1 桁に 1 を含んでいるものの個数を求めたい．「1 を丁度 i 個含んでいる」という事象を X_i とすると，X_1, X_2, X_3 は互いに排反な事象である．X_1 の起こり方は $3 \times 9^2 = 243$ 通り，X_2 の起こり方は $3 \times 9 = 27$ 通り，X_3 の起こり方は 1 通りであるから，1 を 1 個以上含んでいる正整数は $243 + 27 + 1 = 271$ 個ある．

（2） 第 i 桁を 1 桁だけ考え，「i 桁目が 1 でない」という事象を Y_i とすると，Y_1, Y_2, Y_3 は互いに独立である．どの Y_i の起こり方も 9 通りであるから，どの桁も 1 ではない 3 桁の自然数は $9 \times 9 \times 9$ 個ある．したがって，1 を 1 つ以上含んでいる自然数の個数は $1000 - 9^3 = 271$ であり，（1）の結果と一致する． □

和と積の法則は，次に述べる和積原理の特別な場合である．事象 X_i の起こり方を元とする集合を A_i とする．
（1） $|A_i| = (X_i$ が起こる場合の数$)$
（2） $|A_i \cap A_j| = (X_i$ と X_j が同時に起こる場合の数$)$
（3） $A_i \cap A_j = \emptyset \iff X_i$ と X_j が互いに排反
であることに注意する．

6.4 数え上げ

定理 6.2 (和積原理,包含と排除の法則,包除原理) 任意の有限集合 $A_1, A_2, \cdots, A_n$ に対して次の等式が成り立つ.

$$|A_1 \cup A_2 \cup \cdots \cup A_n| = \sum_{1 \leqq i \leqq n} |A_i| - \sum_{1 \leqq i < j \leqq n} |A_i \cap A_j|$$
$$+ \sum_{1 \leqq i < j < k \leqq n} |A_i \cap A_j \cap A_k| + \cdots$$
$$+ (-1)^{n-1}|A_1 \cap A_2 \cap \cdots \cap A_n|.$$

特に,

$$|A_1 \cup A_2| = |A_1| + |A_2| - |A_1 \cap A_2|,$$
$$|A_1 \cup A_2 \cup A_3| = |A_1| + |A_2| + |A_3| - |A_1 \cap A_2|$$
$$- |A_1 \cap A_3| - |A_2 \cap A_3| + |A_1 \cap A_2 \cap A_3|.$$

証明は n に関する数学的帰納法でできるが,その本質は次に述べる $n = 2, 3$ の場合で理解できよう (図参照).

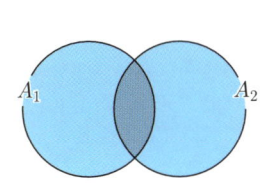

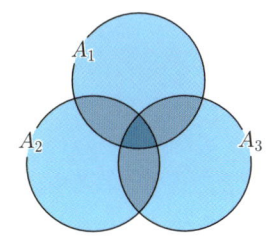

$n = 2$ のとき,$|A_1| + |A_2|$ は $A_1 \cap A_2$ の元を 2 度カウントしているので,それを差し引くと $A_1 \cup A_2$ の元の個数 $|A_1 \cup A_2|$ を得る.$n = 3$ のとき,$|A_1| + |A_2| + |A_3|$ は $A_1 \cap A_2, A_1 \cap A_3, A_2 \cap A_3$ の部分 (影の部分) の元を 2 度カウントしている.特に,$A_1 \cap A_2 \cap A_3$ (濃い影の部分) の元は 3 度カウントされている.そこで,$|A_1 \cap A_2|, |A_1 \cap A_3|, |A_2 \cap A_3|$ を $|A_1| + |A_2| + |A_3|$ から引くと,濃い影の部分は 3 度引かれるので結局カウントされていないことになる.よって,この部分の元の個数 $|A_1 \cap A_2 \cap A_3|$ を加えると $A_1 \cup A_2 \cup A_3$ の元の個数が得られる.

例6.13 和積原理の応用.

1 と 100 の間の整数のうちで $2, 3, 5$ のどれかで割り切れるものは何個あるか？
2 で割り切れる整数の集合を A_2 とすると，$|A_2| = 100/2 = 50$.
3 で割り切れる整数の集合を A_3 とすると，$|A_3| = \lfloor 100/3 \rfloor = 33$.
5 で割り切れる整数の集合を A_5 とすると，$|A_5| = 100/5 = 20$.
2 でも 3 でも割り切れる整数の個数は $|A_2 \cap A_3| = \lfloor 100/6 \rfloor = 16$.
同様に，$|A_2 \cap A_5| = 100/10 = 10$, $|A_3 \cap A_5| = \lfloor 100/15 \rfloor = 6$. また，2 でも 3 でも 5 でも割り切れる整数の個数は $|A_2 \cap A_3 \cap A_5| = \lfloor 100/30 \rfloor = 3$. よって，$2, 3, 5$ のどれかで割り切れる整数の個数は

$$|A_2 \cup A_3 \cup A_5| = 50 + 33 + 20 - 16 - 10 - 6 + 3 = 74. \qquad \square$$

● **対の個数 $\cdots$ もう 1 つの和積原理**　集合 A と集合 B の直積 $A \times B$ は，A の元 a と B の元 b の"順序付きの"対 (a, b) すべてからなる集合のことであった (1.1.2 項). この場合，$a \neq b$ ならば $(a, b) \neq (b, a)$ なので，$|A \times B| = |A| \cdot |B|$ であることは明らかである.

一方，順序のない対 (つまり，(a, b) と (b, a) を同一視する場合) の個数は $|A \times B| - \left|\binom{A \cap B}{2}\right|$ で与えられる (問 6.32 参照). ただし，

$$\binom{X}{k} \quad (X \text{ は集合}, k \text{ は正整数})$$

は X から異なる k 個の元を選んでできる集合 (つまり，X の部分集合で，元の個数が k であるもの) からなる集合を表す. $\left|\binom{X}{k}\right| = \binom{|X|}{k}$ が成り立つ. 記号 $\binom{n}{k}$ は ${}_n\mathrm{C}_k$ とも書かれるもので，6.4.4 項で登場する.

さらに，A, B それぞれから 1 つずつ"異なる"元をとってできる非順序対の個数は $|A \times B| - \left|\binom{A \cap B}{2}\right| - |A \cap B| = \left|\binom{A \cup B}{2}\right| - \left|\binom{A - B}{2}\right| - \left|\binom{B - A}{2}\right|$ である.

例6.14 対の個数を求める.

(1) トランプの札は，札の種類 $S := \{\clubsuit, \diamondsuit, \heartsuit, \spadesuit\}$ と数値の種類 $T := \{1, 2, \cdots, 10, \mathrm{J}, \mathrm{Q}, \mathrm{K}\}$ の直積で表すことができ，全部の枚数は $|S \times T| = |S| \cdot |T| = 4 \times 13 = 52$ である.

(2) $A = \{1, 2, 3, 4\}$, $B = \{2, 3, 4, 5, 6\}$ のとき，A, B それぞれから 1 つずつ異なる数を選んでできる対は $|A \times B| - \left|\binom{A \cap B}{2}\right| - |A \cap B| = 20 - 3 - 3 = 14$ 個で，これは $\left|\binom{A \cup B}{2}\right| - \left|\binom{A - B}{2}\right| - \left|\binom{B - A}{2}\right| = 15 - 0 - 1 = 14$ に等しい. $\square$

6.4.2 鳩の巣原理

n 個の巣に $n+1$ 羽の鳩が入っているとしたら，どれかの巣には 2 羽以上の鳩が入っていることは明らかである．この単純な原理を使った数学の証明法は**鳩の巣原理**とか**下駄箱論法**とか**ディリクレの引出し論法**とか部屋割り論法とか呼ばれている[†]．

例6.15 鳩の巣原理を使う．

（1） 13 人いたら，そのうちの少なくとも 2 人は同じ月生まれである．

（2） 分数を小数に直すと，有限小数か循環小数である．$\frac{n}{m}$ を考える．n が m で割り切れれば，明らかに有限小数である．割り切れない場合，余りは $1, 2, \cdots, m-1$ のどれかであるが，割り切れないのであるから，割り算を m 回繰り返すと，それらの割り算の余りの中には等しいものがなければならない (鳩の巣原理)．これは循環小数になることを意味する． □

● **一般化鳩の巣原理** 鳩の巣原理は次のように一般化できる：

> (a) n 個の巣に m 羽の鳩が入っているとき，$m > kn$ であるならば，どれかの巣には $k+1$ 羽以上の鳩が入っている．
>
> (b) $m > k_1 + \cdots + k_n$ で，それぞれの巣に高々 k_1 羽，$\cdots$，k_n 羽しか入っていないならば，どの巣にも入っていない鳩が $m - (k_1 + \cdots + k_n)$ 羽以上いる．特に，$m > kn$ で，どの巣にも高々 k 羽しか入っていないならば，どの巣にも入っていない鳩が $m - kn$ 羽以上いる．

例6.16 鳩の巣原理の一般化．

（1） k 個の整数 n について $\sin \frac{n\pi}{2}$ を考える．これらの値は $0, 1, -1$ のどれかなので，その中には同じ値のものが $\lfloor k/3 \rfloor$ 個以上ある．

（2） 1〜1024 の整数の中から 20 個の数をどのように選んでも，必ずその中には 2 の累乗でも 3 の累乗でもない数が 3 個以上存在する．1024 以下の正整数で，2 の累乗であるものは $2^0 = 1, \cdots, 2^{10} = 1024$ の 11 個しかなく，3 の累乗であるものは $3^0 = 1, \cdots, 3^6 = 729$ の 7 個しかない．これらの中で異なる数は 17 個である．よって，20 個選ぶとそのうちの 3 個は 2 の累乗でも 3 の累乗でもない． □

[†]P.G.L. ディリクレ，19 世紀のドイツの数学者．

6.4.3 順列

● **n 個から r 個を取り出す順列**　n 個の元からなる集合 Ω から r 個の相異なる元を次々と取り出してきて並べたもの (すなわち，Ω の r 個の元 $\omega_1,\cdots,\omega_r$ の列 $\langle \omega_1,\cdots,\omega_r \rangle$ のこと) を "Ω から (n 個から) r 個を取り出した順列" という[†]．特に，Ω の元全部を 1 列に並べたものを "Ω の順列" という．Ω から最初の 1 個を取り出す取り出し方は n 通りある．この元を Ω から取り去った残りの中から 1 個取り出す取り出し方は $n-1$ 通りある．これをさらに Ω から取り去った残りの中から 1 個取り出す取り出し方は $n-2$ 通りある．このように考えていくと，n 個から r 個を取り出した順列の総数 (これを $_n\mathrm{P}_r$ で表す) は $n(n-1)(n-2)\cdots(n-r+1)$ であることがわかる．特に，n 個のものの順列の総数は $_n\mathrm{P}_n = n!$ である．

$$_n\mathrm{P}_r = n(n-1)(n-2)\cdots(n-r+1) = \frac{n!}{(n-r)!}.$$

例6.17　順列 $_n\mathrm{P}_r$．

(1) 3 科目の試験をどの 2 つも同じ日とならないように 1 週間以内に割当てる方法は，$_7\mathrm{P}_3 = 7 \times 6 \times 5$ 通りある．

(2) $n \geqq m$ とする．m 個の元からなる集合 $\{a_1,\cdots,a_m\}$ から n 個の元からなる集合への単射 f は $\langle f(a_1),\cdots,f(a_m) \rangle$ と同一視できるから，その総数は $_n\mathrm{P}_m$ で与えられる．$m = n$ の場合が全単射であり，その総数は $n!$ である．

(3) n 個のものを円形に並べる並べ方は $(n-1)!$ 通りある．なぜなら，$\{a_1,a_2,\cdots,a_n\}$ を円形に並べたものは $a_1 — a_2 — \cdots — a_n — a_1$ の両端の a_1 をつなげたものと同一視できるから，$\{a_1,a_2,\cdots,a_n\}$ の円形配置と $\{a_2,\cdots,a_n\}$ の順列 (その両端に必ず a_1 があると考えよ) とは 1 対 1 に対応するからである．　□

● **重複を許す順列**　次に，n 個のものの中に同じものがある場合を考えよう．すなわち，この n 個の中には s 種類のものがそれぞれ $q_1,\cdots,q_s$ 個あるとする．$n = q_1 + \cdots + q_s$ である．この中から r 個を取り出して並べる並べ方は

$$\frac{_n\mathrm{P}_r}{q_1! q_2! \cdots q_s!}$$

[†]順列：permutation. $_n\mathrm{P}_r$ の P は permutation の頭文字．

である．なぜなら，n 個のものがすべて異なるとすると並べ方は ${}_nP_r$ 通りあるが，ある同種なものが q 個ある場合にそれらを入れ替えたもの ($q!$ 通りある) も同じ並べ方であるのに ${}_nP_r$ の中に重複してカウントされているので，重複度 $q!$ で割る必要があるからである．

例6.18 重複のある順列の個数．

(1) 白の碁石を 10 個と黒の碁石を 5 個並べる並べ方は $\frac{15!}{10!\,5!}$ 通りある．

(2) 将棋盤上を飛車が右方向か上方向にしか進まないとして，左下隅から右上隅まで移動する道筋の数は $\frac{16!}{8!\,8!}$ である．なぜなら，右方向に 1 ます進むことを → で，上方向に 1 ます進むことを ↑ で表すと，道筋は 8 個の → と 8 個の ↑ を並べる並べ方に対応するからである． □

● **いくらでもたくさん取り出せる場合** 最後に，n 種類のものがそれぞれ無限に多くあるとして，その中から r 個を取り出して並べる並べ方を考えよう．1 個目，2 個目，$\cdots$，r 個目のいずれのときも n 種類のものを取り出す方法があるので，全部で n^r 通りの並べ方がある．

例6.19 資源が無限にある場合の順列．

(1) 0 を含まない r 桁の正整数は 9^r 個ある．

(2) 26 個の文字 a～z を使って長さ r の文字列を作る．a, b, c のどれをも少なくとも 1 つは含んでいるものの個数を求めよう．文字 $x \in \{a, b, c\}$ を含んでいないで長さが r であるような文字列全部からなる集合を A_x で表すことにする．このとき，$A_a \cup A_b \cup A_c$ は a, b, c のうちの 1 つ以上を含んでいないで長さが r であるような文字列の集合である．

$$|A_a| = |A_b| = |A_c| = 25^r,$$
$$|A_a \cap A_b| = |A_b \cap A_c| = |A_c \cap A_a| = 24^r,$$
$$|A_a \cap A_b \cap A_c| = 23^r$$

であるから，定理 6.2 (包含と排除の原理) により

$$|A_a \cup A_b \cup A_c| = 3 \times 25^r - 3 \times 24^r + 23^r$$

を得る．したがって，求める個数は $26^r - 3 \times 25^r + 3 \times 24^r - 23^r$ である． □

6.4.4 組 合 わ せ

● **n 個から r 個を取り出す組合わせ**　順列はいくつかのものの順序を問題にしたが，n 個の元からなる集合 Ω から相異なる r 個を取り出し，順序は考慮に入れずに取り出されたものを元とする集合を考える．このとき，これを "Ω から (n 個から) r 個を取り出した組合わせ" という[†]．n 個から r 個を取り出す順列の総数は ${}_nP_r$ であるが，1 つの順列 $\langle \omega_1, \cdots, \omega_r \rangle$ の要素の順序を入れ替えたもの (全部で $r!$ 個ある) はそれぞれ異なる順列としてカウントされるのに対して，組合わせではこの $r!$ 個の順列はすべて同じものと考えるので，n 個から r 個を取り出す組合わせの総数 (${}_nC_r$ あるいは $\binom{n}{r}$ で表す) は $\frac{{}_nP_r}{r!}$ で与えられる：

$$ {}_nC_r = \binom{n}{r} = \frac{{}_nP_r}{r!} = \frac{n!}{(n-r)!\, r!}. $$

例 6.20　組合わせの個数．

(1) 0 を r 個，1 を $n-r$ 個，合計 n 個の 0 と 1 を並べる並べ方は，n 個の位置のうちの r 個に 0 を並べる並べ方の数に等しいから，${}_nC_r$ である．また，n 個の位置のうちの $n-r$ 個に 1 を並べる並べ方の数にも等しいから ${}_nC_{n-r}$ でもある．よって，${}_nC_r = {}_nC_{n-r}$ が成り立つ．

(2) ユリ，バラを含む 11 種類の花を使って花束を作りたい．
5 種類の花からなる花束の作り方は ${}_{11}C_5 = 462$ 通りある．
ユリを含む 5 種類の花からなる花束の作り方は ${}_{10}C_4 = 210$ 通りあり，
ユリを含まない 5 種類の花からなる花束の作り方は ${}_{10}C_5 = 252$ 通りある．
次に，ユリかバラの少なくとも一方を含む 5 種類の花からなる花束の作り方が何通りあるか求めたい．
ユリもバラも含む作り方は，${}_9C_3 = 84$ 通りある．
ユリを含むがバラを含まない作り方は ${}_9C_4 = 126$ 通りあり，
バラを含むがユリを含まない作り方も同じく 126 通りある．
したがって，求める作り方は $84 + 126 + 126 = 336$ 通りある．
別の考え方をすると，ユリもバラも含まない作り方が ${}_9C_5 = 126$ 通りであることから，${}_{11}C_5 - {}_9C_5 = 462 - 126 = 336$ と求めることもできる．　□

[†] 組合わせ：combination．${}_nC_r$ の C は combination (または choose) の頭文字．

定理 6.3　組合わせに関して，次の関係式が成り立つ．
(1) ${}_nC_r = {}_nC_{n-r}$
(2) ${}_nC_0 = 1$,　${}_nC_r = {}_{n-1}C_r + {}_{n-1}C_{r-1}$　$(r \geq 1)$
(3) $\displaystyle\sum_{r=0}^{n} {}_nC_r = 2^n$

［証明］（1）n 個から r 個選ぶことは，n 個から（その r 個以外の）$n-r$ 個を選ぶことと同じだから．
（2）n 個は特定の 1 個 a とそれ以外の $n-1$ 個との和である．n 個から r 個選ぶ選び方には，a を選ばず a を除いた $n-1$ 個から r 個を選ぶ選び方と，a を選び a を除いた $n-1$ 個から $r-1$ 個を選ぶ選び方とがあることによる．
（3）左辺は元が n 個の集合から元が $r = 0, 1, \cdots, n$ 個の部分集合を選ぶ総数に等しいから，定理 1.1 より導かれる．　□

${}_nC_r$ はしばしば **2 項係数** と呼ばれるが，その命名の由来は次の定理にある．

定理 6.4　（**2 項定理**）　任意の $n \in \boldsymbol{N}_+$ に対して次の式が成り立つ．
$$(x+y)^n = x^n + {}_nC_1 \, x^{n-1}y + {}_nC_2 \, x^{n-2}y^2 + \cdots + {}_nC_{n-1} \, xy^{n-1} + y^n$$
$$= \sum_{r=0}^{n} {}_nC_r \, x^{n-r} y^r$$

［証明］$(x+y)^n$ は因数 $(x+y)$ を n 個掛けた $(x+y)(x+y)\cdots(x+y)$ であるから，$x^{n-r}y^r$ は，n 個の因数のうちから r 個を選んで，その各々から y を取り出し，残りの $n-r$ 個の因数の各々から x を取り出して得られる．n 個の因数から r 個を取り出す取り出し方は ${}_nC_r$ であるから，$(x+y)^n$ の展開式において $x^{n-r}y^r$ は ${}_nC_r$ 回現れる．　□

● **重複して選ぶ組合わせ**　異なる n 個のものから，同じものを何度でも選んでもよいとして r 個選ぶ選び方を，n 個から r 個を選ぶ**重複組合わせ**[†]といい，その総数を ${}_nH_r$ で表す．例えば，$\{a, b, c\}$ から 2 個選ぶ重複組合わせは次の ${}_3H_2 = 6$ 個である：

$$aa \quad ab \quad ac \quad bb \quad bc \quad cc.$$

[†] 重複組合わせ：repeated combination.

> **定理 6.5**　n 個から r 個を選ぶ重複組合わせの総数は
> $$_n\mathrm{H}_r = {}_{n+r-1}\mathrm{C}_r = {}_{n+r-1}\mathrm{C}_{n-1}$$
> である.

[証明]　「$n-1$ 個の 0 を並べ，その中間に r 個の 1 を挿入したもの (1 は連続してもよい)」と，『$n-1$ 個の 0 と r 個の 1 とを合わせた $n+r-1$ 個から r 個を取り出した重複のある順列』とは次のように 1 対 1 に対応する:

$$0, 1 \text{ の列の } i \text{ 番目が } 1 \iff n+r-1 \text{ 個の中の } i \text{ 番目を取り出す.}$$

『$\cdots$』の個数は $\frac{(n+r-1)!}{(n-1)!\, r!} = {}_{n+r-1}\mathrm{C}_r$ である. 一方，「$\cdots$」の部分と, "n 個の要素 $a_1, \cdots, a_n$ から r 個を選ぶ重複組合わせ" とは次のように 1 対 1 に対応する ($0, 1$ 列の右端に 0 を付加して考えよ. そうすれば丁度 n 個の 0 が存在する):

$$\text{左から } i \text{ 番目の 0 の左側に } k \text{ 個の連続する 1 がある} \iff a_i \text{ を } k \text{ 個選ぶ.}$$

例えば，$n = r = 6$ のとき，001110100110 は a_3 を 3 個，a_4 を 1 個，a_6 を 2 個選ぶことに対応する.

最後に，${}_{n+r-1}\mathrm{C}_r = {}_{n+r-1}\mathrm{C}_{n-1}$ は，定理 6.3 (1) による. □

例 6.21　重複組合わせの個数.

(1) 40 人の投票者が 3 人の候補者に投票する. 棄権も無効票もなければ，可能な開票結果は ${}_3\mathrm{H}_{40} = {}_{42}\mathrm{C}_2$ 通りある. また，無効票も含めて分類すれば ${}_4\mathrm{H}_{40} = {}_{43}\mathrm{C}_3$ 通りあり，無効票も棄権も含めて分類すれば ${}_5\mathrm{H}_{40} = {}_{44}\mathrm{C}_4$ 通りある.

(2) 3 つのサイコロを同時に振るとき，目の出方の数は ${}_6\mathrm{H}_3 = {}_8\mathrm{C}_5 = 56$ 通りある. なぜなら，これは 6 つの数 1, 2, 3, 4, 5, 6 の中から重複を許して 3 つの数を選ぶことに等しいからである. □

● **順列の生成**　n 個のもの $a_1, \cdots, a_n$ の順列をすべて生成するアルゴリズムを考えよう.

再帰的アルゴリズム:　以下の考え方を用いる.

まず，$n = 1$ ならば $\{1\}$ の順列は $\langle 1 \rangle$ のみである. $n \geqq 2$ のとき，$\{1, \cdots, n-1\}$ の順列の 1 つを

6.4 数え上げ

$$\overbrace{(\wedge \bigcirc \wedge \bigcirc \wedge \cdots \wedge \bigcirc \wedge \bigcirc \wedge)}^{n-1}$$

とするとき，$\wedge$ のいずれかの箇所に n を挿入したものはどれも $\{1, \cdots, n-1, n\}$ の順列である．

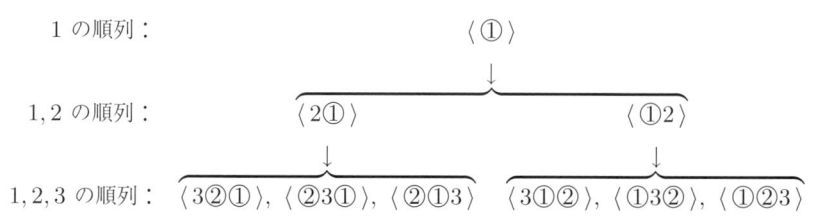

1 の順列： ⟨①⟩

↓

1, 2 の順列： ⟨2①⟩   ⟨①2⟩

↓   ↓

1, 2, 3 の順列： ⟨3②①⟩, ⟨②3①⟩, ⟨②①3⟩   ⟨3①②⟩, ⟨①3②⟩, ⟨①②3⟩

<u>反復的アルゴリズム</u>： 長さ n の順列すべてを辞書式順序 $\leqq$ (3.3 節の例 3.7 (4) 参照) にしたがって並べることにする．すなわち，

$$a_1 a_2 \cdots a_n < b_1 b_2 \cdots b_n$$
$$\stackrel{\text{def}}{\iff} \exists m \left[(a_1 = b_1) \wedge \cdots \wedge (a_{m-1} = b_{m-1}) \wedge (a_m < b_m) \right]$$

なので，順列 $a_1 a_2 \cdots a_n$ の次に大きい順列は，次の条件を満たしているような順列 $b_1 b_2 \cdots b_n$ である：

(1) $M = \max\{m \mid a_1 = b_1, \cdots, a_{m-1} = b_{m-1}, a_m < b_m\}$.

(2) $b_M = \min\{x \mid a_M < x, x \in \{a_{M+1}, a_{M+2}, \cdots, a_n\}\}$.

(3) $b_{M+1} < b_{M+2} < \cdots < b_n$.

例えば，$n = 7$ のとき，1457362 の次に大きい順列は 1457623 である．(1) を満たす M は，$a_1 \cdots a_n$ を右から順に見ていったとき，最初に $a_{m-1} < a_m$ となるような $m - 1$ である (問 6.43)．M が決まると，(2) を満たす b_M は容易に求められる．最後に，$\{a_M, a_{M+1}, \cdots, a_n\} - \{b_M\}$ を小さい順に並べれば $b_1 b_2 \cdots b_n$ が得られる．

例えば，$n = 4$ の場合，1234 が最小の順列であるから，これから始めると，

1234 → 1243 → 1324 → 1342 → 1423 → 1432 → 2134 → 2143
2314 → 2341 → 2413 → 2431 → 3124 → 3142 → 3214 → 3241
3412 → 3421 → 4123 → 4132 → 4213 → 4231 → 4312 → 4321

という順序ですべての順列が生成される．

6.4 節 理解度確認問題

問 6.30 場合の数を求めよ．
(1) 3つのサイコロを同時に振ったとき，どのサイコロの目も偶数である．
(2) 3つのサイコロを同時に振ったとき，出た目の和が偶数である．
(3) 3つのサイコロを同時に振ったとき，出た目の積が偶数である．

問 6.31 あるパソコンショップでは，ある日 33 セットのパソコンが売れた．このうち 18 セットは液晶ディスプレイを含み，12 セットはレーザープリンタを含み，6 セットはスキャナを含んだシステムであり，3 セットはすべてを含んでいた．どれも含んでいないものは何セットあったか？

問 6.32 対の個数に関して，以下のそれぞれを説明せよ．
(1) 集合 A, B それぞれから 1 つずつ元を取ってできる "順序のない" 対の個数は $|A \times B| - \left|\binom{A \cap B}{2}\right|$ である．
(2) A, B それぞれから 1 つずつ "異なる" 元を取ってできる非順序対の個数は $|A \times B| - \left|\binom{A \cap B}{2}\right| - |A \cap B|$ である．
(3) (2) は $\left|\binom{A \cup B}{2}\right| - \left|\binom{A - B}{2}\right| - \left|\binom{B - A}{2}\right|$ と等しい．

問 6.33 対の個数に関する和積原理を，集合の個数を n 個にした場合へ拡張せよ．

問 6.34 次のことを鳩の巣原理により証明せよ．
(1) 1 から 2005 までの 1003 個の奇数の中から 25 個をどのように選んでも，その中には積が 2005 以上である対が必ず存在する．
(2) 1 から 2000 までの 1000 個の奇数の中から 501 個をどのように選んでも，その中には和が 2000 となる 2 つの奇数が必ず存在する．
(3) 1〜200 の中から 101 個の整数を取ってくる．この中には一方が他方で割り切れるような整数の組が存在する．
(4) 1 辺が 2 の正三角形の内部または辺上に 5 つの点を取ると，2 点間の距離が 1 以下であるような 2 点が存在する．
(5) $n^2 + 1$ 個の相異なる整数からなる数列には，長さ $n+1$ の単調増加部分列があるか，または長さ $n+1$ の単調減少部分列がある．

問 6.35 4 桁の電話番号について答えよ．
(1) 異なるものはいくつあるか？ (2) 4 つの数字が異なるものはいくつあるか？
(3) どの桁も偶数であるものはいくつあるか？
(4) どの桁も偶数で，数字が異なるものはいくつあるか？

問 6.36 将棋盤は 9×9 個のます目からできている．'飛車' は上下左右のどの方向にも進むことができ，その進路上にある駒を攻撃することができる．9 個の飛車を将棋盤上に配置してどの 2 つも互いに進路を妨げないようにする方法の数を求めよ．

問 6.37 円周上の $2n$ 個の点を 2 つずつ結ぶ方法は何通りあるか？

問 6.38 15 の家の外壁のうち，5 つを白で，3 つをベージュで，3 つを緑で，残りを茶で塗るとき，その塗り方は何通りあるか？

問 6.39 r 桁の 2 進数のうち 1 を偶数個含むものの個数を求めよ．

6.4 数え上げ

問 6.40 $\{1, 2, \ldots, 100\}$ の中から和が偶数であるような 2 数を選ぶ選び方は何通りあるか？和が奇数となる選び方は何通りあるか？

問 6.41 次の式を証明せよ．$_n\mathrm{C}_r$ の代りに $\binom{n}{r}$ を用いた (式の形がわかりやすい)．
(1) $\binom{n+m}{r} = \binom{n}{0}\binom{m}{r} + \binom{n}{1}\binom{m}{r-1} + \binom{n}{2}\binom{m}{r-2} + \cdots + \binom{n}{r}\binom{m}{0}$.
(2) $\binom{r}{r} + \binom{r+1}{r} + \cdots + \binom{n}{r} = \binom{n+1}{r+1}$.

問 6.42 1000 円札, 100 円玉, 10 円玉, 1 円玉の 4 種類の金種 10 枚で表すことのできる金額は何通りあるか？

問 6.43 辞書式順序において，順列 $a_1 a_2 \cdots a_n$ の次に大きい順列 $b_1 b_2 \cdots b_n$ は，$a_1 \cdots a_n$ を右から順に見ていったとき，最初に $a_{m-1} < a_m$ となるような $M := m - 1$ に対して $b_M = \min\{x \mid a_M < x, x \in \{a_{M+1}, a_{M+2}, \cdots, a_n\}\}$ かつ $b_{M+1} < b_{M+2} < \cdots < b_n$ としたものであることを示せ．

問 6.44 次の個数を求めよ．
(1) 1 から 300 までの整数のうち，3 で割り切れて，5 でも 7 でも割り切れないものの個数．また，3 または 5 で割り切れて 7 では割り切れないものの個数．
(2) 80 人の子供が遊園地に行き，観覧車，メリーゴーランド，ジェットコースターに乗った．20 人はこれらすべてに乗り，55 人は 2 つ以上に乗った．料金はどれも 200 円で，支払い総額は 3 万円であった．どれにも乗らなかった子供は何人いたか？ただし，どの子供も同じ乗物に 2 度は乗らなかったとする．
(3) 10 人の男子と 5 人の女子を 1 列に並べる並べ方．
(4) 10 人の男子と 5 人の女子が 1 列に並ぶとき，どの 2 人の女子も隣り合わないように並べる並べ方． (5) 10 人の男子と 5 人の女子を円陣に並べる並べ方．
(6) 10 人の男子と 5 人の女子で円陣を組むとき，どの 2 人の女子も隣り合わないように並べる並べ方．

問 6.45 次のことを示せ．
(1) ルーレットの回転盤は 36 の部分に区切られていて各部分には $1, 2, \cdots, 36$ の番号が 1 つずつ不規則に書かれている．連続した 3 つの部分で番号の和が 56 以上となるものが存在する．
(2) n, r を自然数とする．$x_1 + x_2 + \cdots + x_{n+1} = r + 1$ となる正整数 $x_1, x_2, \cdots, x_{n+1}$ の選び方は $_r\mathrm{C}_n$ 通りある．

問 6.46 n 個から r 個を選び出す組合わせすべてを辞書式順序で生成せよ．

記号のまとめ(6.3 節 ～ 6.4 節)

$\binom{X}{k}$	集合 X の k 元部分集合からなる集合
$\binom{n}{r}, {}_n\mathrm{C}_r$	n 個から r 個を選ぶ組合わせの数 $\frac{n!}{(n-r)!\,r!}$
$_n\mathrm{P}_r$	n 個から r 個を取り出した順列の個数 $\frac{n!}{(n-r)!}$
$_n\mathrm{H}_r$	n 個から r 個を選ぶ重複組合わせの数 $_{n+r-1}\mathrm{C}_r$

6.5 確　　率

6.5.1 確率とは何か

　前節で述べたように，事象とは何らかの「起こること」である．例えば，サイコロを振って「偶数の目が出る」というのは事象の1つであり，この事象は，「2の目が出る」とか「4の目が出る」とか「3の目が出る」という事象のどれか (つまり，それらの和) を表している．一方，「2の目が出る」等はそれ以上細かい事象に分解できない事象である．

　では，事象とは一体何であろうか？「2の目が出る」という事象は本当にそれ以上分解できないものであろうか？そもそも，「起こること」とは何なのか自体が曖昧なものであるから，この問に数学的に答えることはできない．そこで，上に述べたことを逆に考えて，最初に，それ以上に分解できない基本的な事象を集合として与えてしまい，それをもとに，事象に関するいろんな概念を以下のように集合を使って定義する．

● **事象**　集合 $\overset{\text{オメガ}}{\Omega}$ が天降り的に与えられたとし，これを**標本空間**といい，Ω の元を**基本事象**あるいは**根元事象**と呼ぶ．根元事象は，それ以上分解できない事象を表す．Ω の部分集合 (つまり，いくつかの根元事象の集まり) を**事象**という．Ω 自身は必ず起こる事象を表し，これを**全事象**と呼ぶ．$\emptyset$ は決して起こることのない事象を表し，これを**空事象**と呼ぶ．

　2つの事象 A と B に対し，$A \cup B$ は「A または B が起こる」という事象 (**和事象**) であり (A と B が同時に起こることも含む)，$A \cap B$ は「A も B も起こる」という事象 (**積事象**) である，と定義する．また，A に対して，$\overline{A}$ は「A が起こらない」という事象であると定義し，これを A の**余事象**という．$A \cap B = \emptyset$ であるとき，A と B は互いに**排反**であるという．これは A と B が同時には起こらないことを意味する[†]．

　$\overset{\text{オメガ}}{\Omega}$ の元 (すなわち根元事象) $\overset{\text{オメガ}}{\omega}$ と集合 $\{\omega\}$ とを同一視する．したがって，根元事象同士は互いに排反する．つまり，どの根元事象も同時に起こることはない，ということを定義とする．

[†] 標本空間：sample space．事象：event．根元/全/空/和/積/余事象：elementary/whole/empty/sum/product/complementary event．「余」には「余り」「残り」という意味がある．排反：exclusive．

例6.22 標本空間,事象.

(1) 2枚のコインを投げて表が出るか裏が出るかを考えよう.表が出ることをH,裏が出ることをTで表せば,標本空間として $\Omega := \{HH, HT, TH, TT\}$ を考えればよい.例えば,$\{HH\}$ は2枚とも表が出たことを表し,$\{HT, TH\}$ は1枚が表,他の1枚は裏が出たことを表す.

(2) サイコロを2回振ってどういう目が出るかを考えよう.標本空間として $\Omega = \{1, 2, \cdots, 6\}^2$ を考える[†].$\{11\}$ は1の目が続けて出たことを,$\{21, 31, 41, 51, 61\}$ は2回目に初めて1の目が出たことを表す.

(3) トランプ1組から1枚引いたカードが何であるかを考える場合,標本空間としては $\{\clubsuit, \diamondsuit, \heartsuit, \spadesuit\} \times \{A, 2, \cdots, 10, J, Q, K\}$ を考えればよい.$(\heartsuit, A)$ は「ハートのエース」が出ることを表す[†].

● **確率とは** 「コインを投げて表の出る確率は $\frac{1}{2}$ である」とか,「サイコロを振って1の目が出る確率は $\frac{1}{6}$ である」とかいうが,これは経験に基づく(あるいは,統計に基づく)予測でしかない.つまり,何度も何度も(n 回とする)サイコロを振って1の目が出る回数(a とする)を観測すると,究極的に $\frac{1}{6}$ になる($\lim_{n \to \infty} \frac{a}{n} = \frac{1}{6}$)らしいことに基づいている.このような経験則に基づいたものではない数学的な確率の定義を考えてみよう.

> **(1) 事象に基づく定義**
> Ω を n 個の根元事象からなる標本空間(すなわち,$|\Omega| = n$)とし,どの根元事象も起こり方が同じ程度(つまり,$\frac{1}{n}$)であるとする.このとき,事象 $A \subseteq \Omega$ の起こる確率 $P(A)$ を
> $$P(A) := \frac{|A|}{n}$$
> と定義する[††].また,$A = \{a\}$ のとき,$P(\{a\})$ を $P(a)$ と略記する.

本書ではこの定義(1)を用いることにする.もっと厳密には,次の公理的定

[†] ここでは,$\{1, 2, \cdots, 6\}^2$ は $\{1, 2, \cdots, 6\}$ の直積ではなく,アルファベット $\{1, 2, \cdots, 6\}$ 2つの連接を表している.一方,$\{\clubsuit, \diamondsuit, \heartsuit, \spadesuit\} \times \{A, 2, \cdots, J, Q, K\}$ は直積である.

[††] 確率:probability.もちろん,記号 P はこれに由来する.P の代わりに *Prob* とか *Pr* とかを用いることもある.

義 (2) が使われるが, (1) の定義のもとでも (2) の公理 (i)〜(iii) が成り立つ (問 6.48) ので, 本書の範囲内では (1) の定義で十分である.

> **（2） 公理的定義**[†]
> 2^Ω から $\boldsymbol{R}$ への関数 P が次の条件を満たすとき, P を標本空間 $\boldsymbol{\Omega}$ 上の**確率分布**といい, $P(A)$ を事象 A の**確率**という.
> (i) どんな事象 $A \in 2^\Omega$ に対しても $P(A) \geqq 0$.
> (ii) $P(\boldsymbol{\Omega}) = 1$.
> (iii) A と B が互いに排反な事象であるならば, $P(A \cup B) = P(A) + P(B)$ である. したがって, もっと一般に, 高々可算個の事象 $A_1, A_2, \cdots, A_n$ がどの 2 つも互いに排反であるならば, $P\left(\bigcup_{i=1}^{n} A_i\right) = \sum_{i=1}^{n} P(A_i)$ が成り立つ.

> **定理 6.6** 公理的定義より次のことが導かれる.
> (iv) 任意の事象 A に対して, $0 \leqq P(A) \leqq 1$.
> (v) $P(\emptyset) = 0$.
> (vi) (**余事象**) A の補集合を $\overline{A}$ で表す. $\overline{A}$ は事象 A が起きないことを表す事象であり, $P(\overline{A}) = 1 - P(A)$ が成り立つ.
> (vii) (**加法定理**) 任意の事象 A, B に対して
> $$P(A \cup B) = P(A) + P(B) - P(A \cap B)$$
> が成り立つ. $A \cap B$ は A と B が同時に起こることを表す事象である.

［証明］ (iv)〜(vi) だけ証明する. (vii) は読者への演習問題とする (問 6.49).

先に (vi) を証明する. $A \cup \overline{A} = \boldsymbol{\Omega}$, $A \cap \overline{A} = \emptyset$ であり, A と $\overline{A}$ は排反であるから, 公理 (iii) より,

$$P(\boldsymbol{\Omega}) = P(A \cup \overline{A}) = P(A) + P(\overline{A})$$

が成り立つ. 一方, 公理 (ii) より, $P(\boldsymbol{\Omega}) = 1$ だから, $P(\overline{A}) = 1 - P(A)$ が得られる.

[†] ギャンブルの賭けに勝つために始まったともいえる確率の研究の歴史は古いが, 確率という曖昧なものに対するきちんとした定義は長い間なかった. ここに述べた公理的確率論を初めて提唱したのはロシアの数学者 A.N. コルモゴルフ (Kolmogorov) (1903〜1987) であり, それによって, 数学の一分野としての研究が盛んになった.

(iv) 公理 (i) より, $P(A) \geqq 0$. 一方, (vi) より $P(A) = 1 - P(\overline{A})$ であり, 公理 (i) より $P(\overline{A}) \geqq 0$ であるから, $P(A) \leqq 1$.
(v) (iv) と公理 (ii) より, $P(\emptyset) = 1 - P(\mathit{\Omega}) = 1$. □

例6.23 事象に基づく確率, 加法定理, 余事象の確率.

(1) 2個のサイコロを同時に振って, 出た目の和が 6 になる確率を求めよう. 標本空間として例 6.22 (2) を考える. 根元事象 36 個のうち, 目の和が 6 になるもの (目の和が 6 になる事象 A_6) は $15, 24, 33, 42, 51$ の 5 個 ($A_6 = \{15, 24, 33, 42, 51\}$) であるから, 事象に基づく確率の定義より, 求める確率は $P(A_6) = \frac{5}{36}$ である.

(2) (1) と同様に, 目の和が 5 になる事象 $A_5, \cdots$, 目の和が 1 になる事象 A_1 の確率を計算すると, $P(A_5) = \frac{4}{36}, P(A_4) = \frac{3}{36}, P(A_3) = \frac{2}{36}, P(A_2) = \frac{1}{36}$ であり, これらは互いに排反な事象であるから, 加法定理により, 目の和が 6 以下である事象 $A_{\leqq 6}$ の確率は

$$P(A_{\leqq 6}) = \frac{5}{36} + \frac{4}{36} + \frac{3}{36} + \frac{2}{36} + \frac{1}{36} = \frac{15}{36} = \frac{5}{12}$$

である. もちろん, これは $A_{\leqq 6} = \{15, 24, 33, 42, 51, 14, 23, 32, 41, 13, 22, 31, 12, 21, 11\}$ に対する, 事象に基づく確率 $\frac{|A_{\leqq 6}|}{36}$ に等しい.

(3) 目の和が 6 より大きい確率は, $A_{\leqq 6}$ の余事象の確率に等しく, それは $1 - \frac{5}{12} = \frac{7}{12}$ である. □

● **ランダムであるとは** 標本空間 $\mathit{\Omega}$ が有限集合かまたは可算集合であるとき, $\mathit{\Omega}$ 上の確率分布 P は**離散的**であるという[†]. このとき, 任意の事象 A に対して

$$P(A) = \sum_{a \in A} P(a)$$

が成り立つ. $P(a)$ は $P(\{a\})$ の略記である. 特に, $\mathit{\Omega}$ が有限集合であり, 任意の根元事象 $\omega \in \mathit{\Omega}$ について $P(\omega) = \frac{1}{|\mathit{\Omega}|}$ であるとき, この確率分布を $\mathit{\Omega}$ 上の**一様分布**という[††]. このような場合, "どの根元事象 $\omega \in \mathit{\Omega}$ もランダムに起こる" とか, "各 ω は**等確率**で起こる" とかいうことがある[†††].

[†] 離散的確率: discrete probability. 本書では離散的確率しか扱わない.

[††] 分布: distribution. 離散/一様分布: discrete/uniform distribution.

[†††] 等確率: equi-probabilistic.

例6.24 等確率で起こる排反事象の和事象.

例 6.22 (1) において, $P(\text{HH}) = P(\text{HT}) = P(\text{TH}) = P(\text{TT}) = \frac{1}{4}$ だとする (理想的なコインを考えていることに相当する). すなわち, "2 枚のコインの裏・表がランダムに出る" ("4 通りある裏・表の出方は等確率である") とする. $P(\{\text{HH}, \text{HT}, \text{TH}\})$ は 2 枚のうちの少なくとも一方が表になる確率で, HH, HT, TH は互いに排反な事象であるから, それは $P(\text{HH}) + P(\text{HT}) + P(\text{TH}) = \frac{3}{4}$ に等しい. □

● **条件付き確率と乗法定理** 標本空間 Ω の上の事象 A に含まれる事象だけを考えたいという場合には, 集合 A を改めて標本空間と考えることによって新しい確率を考えることができる. 例えば, 例 6.24 において $A = \{\text{HH}, \text{HT}, \text{TH}\}$ とすると, A を標本空間と考えることは, 2 枚のうちの少なくとも 1 枚は表が出たという条件のもとで起こる事象について確率的に考えたいということにあたる. 条件 A のもとで事象 B が起こることを $B|A$ と書き, その確率を $P(B|A)$ で表すと, 次の定理が成り立つ.

定理 6.7 (確率の乗法定理) $P(A \cap B) = P(A)P(B|A)$.

[証明] 標本空間を Ω とし, $|\Omega| = n$, $|A| = a$, $|B| = b$, $|A \cap B| = c$ とする. 確率の定義から $P(A) = \frac{a}{n}$, $P(A \cap B) = \frac{c}{n}$, $P(B|A) = \frac{c}{a}$ であるから, $P(A \cap B) = \frac{c}{n} = \frac{a}{n} \times \frac{c}{a} = P(A)P(B|A)$. □

$P(A \cap B) = P(A)P(B)$ であるとき, すなわち, $P(B|A) = P(B)$ であるとき, A と B は互いに**独立**であるという (問 6.51 参照).

例6.25 条件付確率, 確率の乗法定理.

(1) 例 6.24 において, $A = \{\text{HH}\}$ とすると, $P(A|B)$ は 2 枚のうちの少なくとも一方が表であるという条件のもとで 2 枚とも表が出る確率を表し, それは $\frac{1}{4}/\frac{3}{4} = \frac{1}{3}$ であることがわかる.

(2) 例 6.22 (1) を再び考える. $A_1 = \{\text{HH}, \text{HT}\}$ は 1 番目のコインの表が出ることを表し, $A_2 = \{\text{HH}, \text{TH}\}$ は 2 番目のコインの表が出ることを表す. $P(A_1) = P(A_2) = \frac{1}{2}$, $P(A_1 \cap A_2) = P(\text{HH}) = \frac{1}{4} = P(A_1)P(A_2)$ であり, A_1 と A_2 は独立である. □

● **試行の反復** 「サイコロを振る」とか「何枚かのカードの中から1枚引く」といった行為を試行†という．試行を繰り返したときに，それに伴う種々の確率を問題にすることがよくある．カードを1枚引く場合，次の(2)では試行のたびに標本空間が(したがって，問題としている事象の確率が)変わる．
 (1) 引いたカードを元に戻してから次の試行をする場合．
 (2) 引いたカードを元に戻さずに次の試行をする場合．

例6.26 場合(2)：試行のたびに標本空間が変わる場合．

壺の中に白玉が a 個と赤玉が b 個，合わせて $n = a+b$ 個入っているとき，これから1玉ずつ k 回取り出す．k 回とも白玉である確率を求めよう．取り出した玉は壺に戻さないものとする．

n 個の玉を $1, 2, \cdots, n$ (最初の a 個が白) とする．$\Omega := \{1, 2, \cdots, n\}$ とし，i 回目には玉 a_i が取り出されたとする．最初の標本空間は Ω であるが，2回目，3回目，$\cdots$ の標本空間は $\Omega - \{a_1\}$, $\Omega - \{a_1, a_2\}$, $\cdots$ である．

さて，k 回の試行をまとめたものを1つの試行と考えると，その標本空間は Ω から k 個を取り出して作られる順列の集合とすればよく，そのような順列の個数は ${}_n\mathrm{P}_k$ である．その中で，すべての玉が白であるような順列は $1, 2, \cdots, a$ から k 個取り出したものであるから，その個数は ${}_a\mathrm{P}_k$ である．よって，k 回とも白玉である確率は $\frac{{}_a\mathrm{P}_k}{{}_n\mathrm{P}_k}$ である．

例えば，トランプのカード52枚から5枚を取り出したとき，それが全部同じ種類である確率は，5枚とも ♡ である場合，$\cdots$，5枚とも ♠ である場合を合わせた $4 \cdot \frac{{}_{13}\mathrm{P}_5}{{}_{52}\mathrm{P}_5} = \frac{33}{1660}$ である． □

一方，(1)の場合，各回の試行が独立であれば，その事象が起こる('成功'する)確率は毎回変わらない．このような試行を**ベルヌーイ試行**†(Bernoulli)という．

> **定理 6.8** 各回の成功確率が p であるベルヌーイ試行を n 回行ったとき，そのうちの k 回が成功する確率は ${}_n\mathrm{C}_k p^k (1-p)^{n-k}$ である．

例えば，コインを10回振って，そのうちの5回が表である確率は ${}_{10}\mathrm{C}_5 (\frac{1}{2})^5 (\frac{1}{2})^5 = \frac{63}{256}$ である．

---
†試行：trial．ベルヌーイ試行：Bernoulli trial．J.ベルヌーイは17世紀のスイスの数学者．

6.5.2 期 待 値

Ω を標本空間とする．Ω からある集合 Δ への関数 X を Ω 上の**確率変数**という[†]．確率変数 X と Δ の元 x に対して，$P(\{\omega \in \Omega \mid X(\omega) = x\})$ を

$$P(X = x)$$

と表す．$P(X = x)$ は「X が値 x をとる確率」を表している．$P(X \leq x)$，$P(x_1 \leq X \leq x_2)$ なども同様に定義される．したがって，Ω が高々可算集合であるならば[††]，定義より

$$P(X = x) = \sum_{X(\omega) = x} P(\omega)$$

である．X が値 x をとる確率を各 $x \in \Delta$ について表したもの

$$\{P(X = x)\}_{x \in \Delta}$$

を確率変数 X の**確率分布**といい，X はこの確率分布にしたがうという．特に，$|\Delta| = n$ で，どの $x \in \Delta$ についても $P(X = x) = \frac{1}{n}$ であるとき，X は**一様分布**にしたがうという．これまで，確率の公理 (i)~(iii) を満たす関数 P のことを 'Ω 上の確率分布' と呼んできたが，$\Delta = \Omega$ として $X(\omega) = \omega$ とすると，任意の $x \in \Omega$ に対して $P(x) = P(X = x)$ である．すなわち，P はこのような確率変数 X の確率分布のことに他ならない．

例6.27 確率分布，特に，一様分布．

例 6.22 (2) において，サイコロの目の出方は等確率である (すなわち，任意の $\omega \in \Omega$ に対して $P(\omega) = \frac{1}{36}$ である) とする．このとき，「出た 2 つの目をペアとする順序対」を表す確率変数を X とすれば，X は一様分布にしたがっている．X は「目の出方」を表しているので，この事実を「サイコロの目の出方は一様分布にしたがっている」という言い方をする．

次に，「2 回振って出た目のうちの大きい方」を表す確率変数を Y とする．

[†] 確率変数：random variable.
[††] 一般に，Ω が連続濃度を持つ集合であっても同様に定義されるが，本書の範囲 (および多くの確率アルゴリズムの研究) においては高々可算で十分である．以後，そのような離散的確率分布しか考えない．

すなわち，事象 $ij \in \Omega$ に対して，$Y(ij) = \max\{i, j\}$ とする．$Y(\omega) = 3$ となるのは $\omega = 13, 23, 33, 32, 31$ だけであるから，「2 回振って出た目のうちの大きい方が 3 である」確率は $P(Y=3) = \frac{5}{36}$ である． □

● **平均とは** データによって実行効率が異なるようなアルゴリズムの実行効率を考える場合，6.1 節，6.2 節で考えたように最悪の場合にどうであるかということを問題にするよりも，(データの起こり方がどんな確率分布にしたがっているかによって，効率よく終了する場合も非効率に動作する場合もあるかもしれないが) "平均" にならしてみたときに効率が良いかどうかを問題にする方が実用的な観点からは重要である．"平均" とは何であろうか？

X を実数値をとる確率変数とするとき，

$$E[X] := \sum_x (x \cdot P(X = x))$$

と定義し，$E[X]$ を X の**期待値**という[†]．標本空間 $\Omega = \{\omega_1, \cdots, \omega_n\}$ 上の確率変数 X に対して，定義より

$$E[X] = \sum_x x P(X = x) = \sum_{i=1}^n X(\omega_i) P(\omega_i)$$

が成り立つ．したがって，X が一様分布にしたがっている (すなわち，($P(X = x) = \frac{1}{n}$) が成り立っている) とき，

$$E[X] = \frac{1}{n} \sum_{i=1}^n X(\omega_i)$$

が成り立つ．すなわち，$E[X]$ は $X(\omega_1), \cdots, X(\omega_n)$ の算術平均に等しい．この意味で，$E[X]$ のことを X の**平均**あるいは**平均値**ということがある．

例6.28 期待値を求める．

2 枚のコインを投げて行うゲームを考える．表 1 枚につき 300 円獲得でき，裏 1 枚につき 200 円支払わなければならないとする．表裏の出方 — 表表，表裏，裏表，裏裏 — が等確率で起こるとき，

$$E[X] = 600 \cdot P(\text{表表}) + 100 \cdot P(\text{表裏}) + 100 \cdot P(\text{裏表}) - 400 \cdot P(\text{裏裏})$$
$$= \frac{1}{4}(600 + 100 + 100 - 400) = 100$$

[†]期待値：expectation. $E[X]$ の E は expectation の頭文字．

であるから，期待できる獲得金額 (何回もゲームをやった結果獲得できる金額の平均) は 100 円である．

● **分散と標準偏差**　平均値とならんで重要な値に分散と標準偏差がある．これらは分布のばらつきの度合いを示すためのもので，確率変数 X の分散[†]は

$$Var[X] = E[(X - E[X])^2]$$

によって定義され，$Var[X]$ の平方根を X の標準偏差という．これらの値が大きいほど平均値 (期待値) からのかけ離れ程度やばらつきが大きいことを表している．

● **期待値と分散の性質**

> **定理 6.9**　X, Y を確率変数，a を定数する．次の関係が成り立つ．
> (1)　$E[X + Y] = E[X] + E[Y]$．
> (2)　任意の関数 $g(x)$ に対し，$E[g(X)] = \sum_x g(x)P(X = x)$．
> 　　　特に，$g(x) = ax$ とすると，$E[aX] = aE[X]$．
> (3)　X と Y が独立ならば，$E[XY] = E[X]\,E[Y]$．
> (4)　$Var[X] = E[X^2] - E[X]^2$．
> (5)　$Var[aX] = a^2 Var[X]$．
> (6)　X と Y が独立ならば，$Var[X + Y] = Var[X] + Var[Y]$．

[証明]　(1), (2) は定義からほとんど明らか．例えば，Ω を標本空間とするとき，

$$\begin{aligned}E[X + Y] &= \sum_{\omega \in \Omega}(X(\omega) + Y(\omega))P(\omega) \\ &= \sum_{\omega \in \Omega} X(\omega)P(\omega) + \sum_\omega Y(\omega)P(\omega) = E(X) + E(Y).\end{aligned}$$

(3)　X, Y が独立なら，$P(X = x\ かつ\ Y = y) = P(X = x)P(Y = y)$ だから，

$$\begin{aligned}E[XY] &= \sum_x \sum_y xyP(X = x\ かつ\ Y = y) = \sum_x \sum_y xyP(X = x)P(Y = y) \\ &= \left(\sum_x xP(X = x)\right)\left(\sum_y yP(Y = y)\right) = E[X]\,E[Y].\end{aligned}$$

(4)〜(6) は読者への演習問題とする (問 6.62)．　　□

[†]分散：variation．$Var[X]$ の Var は variation の頭 3 文字．

● **幾何分布と 2 項分布**　各回の成功確率が p であるベルヌーイ試行において，初めて成功するまでに行う試行の回数を値に取る確率変数を X とする．$q := 1-p$ は各回において失敗する確率を表す．正整数 k に対し，

$$P(X = k) = q^{k-1} p \tag{6.7}$$

である．(6.7) を満たす確率分布を幾何分布という[†]．幾何分布にしたがう確率変数 X の期待値と分散は次の式で与えられる：

$$E[X] = \frac{1}{p}, \quad Var[X] = \frac{q}{p}.$$

一方，n 回の試行のうち何回成功するかを値にとる確率変数を X とすると，すでに学んだように，

$$P(X = k) = {}_n C_k \, p^k q^{n-k} \tag{6.8}$$

である．(6.8) を満たす確率分布を 2 項分布という[††]．2 項分布にしたがう確率変数 X の期待値と分散は次の式で与えられる：

$$E[X] = np, \quad Var[X] = npq.$$

例6.29　幾何分布，2 項分布の期待値．

（1）2 つのサイコロを同時に振って目の和が 5 または 10 になるまでには，平均何回振ればよいだろうか？ 2 つの目の出方 36 通りのうち，和が 5 になるのは 4 通り，和が 10 になるのは 3 通りだから，1 回の成功確率は $p = \frac{7}{36}$．したがって，目の和が 5 または 10 になるまでには平均 $\frac{1}{p} = 5.14$ 回振ればよい．

（2）祭りの夜店の 1 つで，コインを 10 回投げて表が出た回数 × 10 円相当の商品を出すゲームをやろうと思う．このゲームで損を出さないためにはゲーム代金を 1 回いくらに設定したらよいだろうか？

ゲームをやる人が取得する商品の平均額は

$$10\text{円} \times \text{表が出る平均回数} = 10 \cdot np = 10 \cdot (10 \cdot \tfrac{1}{2}) = 50 \text{円}$$

だから，50 円以上に設定するとよい． □

[†] 幾何分布：geometric distribution.

[††] 2 項分布：binomial distribution. '2 項' 分布という名称は，(6.8) が $(p+q)^n$ の k 次の項に等しいことに由来する．

6.5.3 アルゴリズムの確率的解析

すでに述べたように，実行効率 (実行時間) がデータに依存するアルゴリズムの場合には，たとえある種のデータに対しては実行効率が悪くても，あらゆるデータに対する実行効率の平均が良ければ実用上は良いアルゴリズムといえる．そのような典型的な例が，次に述べるソーティング用のアルゴリズム quicksort (クイックソート) である．

---

procedure quicksort($\langle a_1, \cdots, a_n \rangle, \langle a'_1, \cdots, a'_n \rangle$)
/* $\langle a_1, \cdots, a_n \rangle$ をソートした結果を $\langle a'_1, \cdots, a'_n \rangle$ とする */
begin
1. $n \leqq 1$ なら $a'_n \leftarrow a_n$ として実行を終了せよ．
2. $n > 1$ のとき，
    2.1. $1, 2, \cdots, n$ の中から 1 つの値 m をランダムに選ぶ．
    2.2. $j \leftarrow 0;\ k \leftarrow 0;\ l \leftarrow 0;$ とせよ．
    $i = 1, 2, \cdots, n$ について以下を実行せよ．
       2.2.1. $a_i < a_m$ なら $j \leftarrow j+1;\ b_j \leftarrow a_i$ とせよ．
       2.2.2. $a_i = a_m$ なら $k \leftarrow k+1;\ c_k \leftarrow a_i$ とせよ．
       2.2.3. $a_m < a_i$ なら $l \leftarrow l+1;\ d_l \leftarrow a_i$ とせよ．
    2.3. ① quicksort($\langle b_1, \cdots, b_j \rangle, \langle b'_1, \cdots, b'_j \rangle$) および
        ② quicksort($\langle d_1, \cdots, d_l \rangle, \langle d'_1, \cdots, d'_l \rangle$) を実行せよ．
    2.4. $\langle a'_1, \cdots, a'_n \rangle \leftarrow \langle b'_1, \cdots, b'_j, c_1, \cdots, c_k, d'_1, \cdots, d'_l \rangle$ とせよ．
end

注意 このプログラムは，$\langle a_1, \cdots, a_n \rangle$ 以外に作業用領域をまったく使わないプログラムに直すことができる．

n 個のデータ $a_1, \cdots, a_n$ を quicksort でソートするのに何回 'データ同士の比較' が行われるかを考えてみる．最悪の場合は，再帰呼び出しで呼ばれるたびに (ステップ 2.2 が終了したときの j, k, l の値が) $j = 0,\ k = 1,\ l = n - 1$ または $j = n - 1,\ k = 1,\ l = 0$ となる場合 (すなわち，分割が毎回 $0 : 1 : n - 1$ と極端に偏る場合) で，このときの比較の回数 $f(n)$ は

$$f(0) = f(1) = 0, \quad f(n) = n + f(n-1)$$

を満たすので，これを解くと $f(n) = n+n-1+\cdots+2 = \frac{(n-1)(n+2)}{2} = O(n^2)$ である．

次に，平均の比較回数 $F(n)$ を求めよう．n 個のデータの並べ方 $n!$ 通りがすべて等確率 $\frac{1}{n!}$ で起こるとする．このとき，ステップ 2.1 で選ばれた m に対し，「a_m が $a_1, \cdots, a_n$ を昇順に並べたときの何番目であるか」を表す確率変数を X とすると，$X(\omega) = r$ となる事象 ω ($a_1, \cdots, a_n$ の並べ方) は $(n-1)!$ 通り (a_m を r 番目の位置に置くことを固定して，それ以外の $n-1$ 個を並べる並べ方の個数) あるから，

$$P(X = r) = \sum_{X(\omega)=r} \frac{1}{n!} = \frac{(n-1)!}{n!} = \frac{1}{n}$$

である．すなわち，a_m が $a_1, \cdots, a_n$ の中で r 番目に大きい確率は $\frac{1}{n}$ である．議論を簡単にするために $a_1, \cdots, a_n$ はすべて異なるとすると，漸化式

$$F(0) = F(1) = 0, \quad F(n) = \underline{n} + \sum_{r=1}^{n} \frac{1}{n}[F(r-1) + F(n-r)] \quad (6.9)$$

を得る．__部の n はステップ 2.2 で行われる比較の回数を表し，$F(r-1), F(n-r)$ はそれぞれステップ 2.3 の①，②に対する平均比較回数を表している．これに $\frac{1}{n}$ が掛けられて和 $\sum_{r=1}^{n}$ をとっているのは，r が $1, \cdots, n$ である確率がそれぞれ $\frac{1}{n}$ なので，それらすべての場合の平均を求めるためである．(6.9) を変形すると

$$F(n) = n + \frac{2}{n} \sum_{i=0}^{n-1} F(i).$$

$$\therefore \quad \frac{F(n)}{n+1} - \frac{F(n-1)}{n} = \frac{2n-1}{n(n+1)} < \frac{2}{n}.$$

n を $n, n-1, \cdots, 3, 2$ とした不等式を辺々加えると

$$\frac{F(n)}{n+1} - \frac{F(1)}{2} < 2\left(\frac{1}{n} + \cdots + \frac{1}{3} + \frac{1}{2}\right)$$

を得る．よって，問 6.1 (7) に注意すると，

$$F(n) < 2(n+1) \sum_{i=2}^{n} \frac{1}{i} = \Theta(n \log n).$$

したがって，平均的には quicksort はソーティングの比較回数の下界を実現している漸近的に最良のアルゴリズムである．

6.5節　理解度確認問題

問 6.47 次を表す適当な標本空間を考え，その部分集合としての事象を考えよ．
(1) 赤・青・白のボールが1つずつある．これを大中小3つの箱に入れる．赤，青，白の順に小，中，大の箱に入る事象．
(2) サイコロを6の目が出るまで振りつづける．3回目で初めて6が出る事象．

問 6.48 事象による確率の定義は公理的定義の (i)〜(iii) を満たすことを証明せよ．

問 6.49 公理的確率について，(vii) を公理 (i)〜(iii) から導け．

問 6.50 トランプ1組52枚のカードから任意に5枚を取り出すとき，そのうちの3枚以上がハートである確率を求めたい．
(1) 標本空間を考えよ．「3枚以上がハートである」事象と「5枚ともハートである」事象は，それぞれこの標本空間のどのような部分集合か？
(2) 3枚以上がハートである確率と，5枚ともハートである確率を求めよ．

問 6.51 事象 A と B が互いに独立なら，$P(B|A) = P(B)$ かつ $P(A|B) = P(A)$ であることを示せ．

問 6.52 例 6.22 (2) において，$B = \{21, 31, 41, 51, 61\}$，$A = \{21, 31\}$ とするとき，$A|B$ の意味をいい，その確率 $P(A|B)$ を求めよ．

問 6.53 2つのサイコロを同時に振ったら少なくとも一方は1の目であったという．2つの目の和が偶数である (すなわち，組合わせ 11, 13, 15, 31, 51 のどれかとなる) 確率を求めよ．また，これら5つの事象は互いに独立ではないことを示せ．

問 6.54 1組52枚のトランプのカードから1枚を抜き，それを元に戻してから，また1枚を抜く．次のそれぞれの確率を求めよ．
(1) 2枚ともハートである．　　(2) 2枚のうち少なくとも一方がハートである．
また，1枚目のカードを元に戻さないとしたとき，次のそれぞれの確率を求めよ．
(3) 2枚ともハートである．　　(4) 2枚のうち少なくとも一方がハートである．

問 6.55 次の確率を求めよ．
(1) n 人いるとき，少なくとも2人が同じ月日である確率．ただし，$n \leq 365$ とし，2月は28日までであるとする．
(2) n 人いるとき，少なくとも2人が同じ曜日である確率．2月は28日までとするが，$n \geq 1$ に制限はないものとする．
(3) サイコロ2個を同時に振ったとき，出た目の和が10である確率．
(4) サイコロ2個を同時に振ったとき，少なくとも1つの目が5であって，2つの目の和が10である確率．
(5) サイコロ2個を同時に振ったとき，出た目の和が10であって，そのうちの少なくとも1つが5である確率．

問 6.56 定理 6.8 を証明せよ．

問 6.57 例 6.26 において，壺の中に白玉が a 個と赤玉が b 個，合わせて $n = a+b$ 個入っているとき，これから k 玉を同時に取り出すとき，その k 個すべてが白玉で

6.5 確率

ある確率を求めよ．

問 6.58 ベルヌーイ試行を念頭において，以下の確率を求めよ．
(1) 10 円玉 1 個を 10 回続けて投げて，10 回とも表になる確率．
(2) 10 円玉 10 個を同時に投げて，全部が表になる確率．
(3) サイコロを n 回続けて振って，1 の目が出る回数が r である確率．
(4) サイコロ n 個を同時に振って，1 の目が出ているサイコロの数が r である確率．
(5) 5 人でジャンケンをして，1 回で勝者が決まる確率．

問 6.59 2 つのサイコロを同時に振るとき，出た目の和を表す確率変数を X とする．X の確率分布を求めよ．目の出方は一様分布にしたがっているとする．

問 6.60 1 回につき 800 円払って行う次のようなゲームがある．2 個のサイコロを振り，2 つの目の和が r だったら $100r$ 円獲得でき，特に目が $(1,1)$ の場合と $(6,6)$ の場合にはさらにボーナスとして 1000 円獲得できる．このゲームをやってもうけることができるか？

問 6.61 事象 $B_1, \cdots, B_n$ は排反で，$B_1 \cup \cdots \cup B_n = \Omega$ (全事象) であるとする．また，$A \subseteq \Omega$ である．次のことを示せ．
(1) $P(B_i|A) = \dfrac{P(A|B_i)P(B_i)}{P(A|B_1)P(B_1)+\cdots+P(A|B_n)P(B_n)}$. (ベイズの定理)[†]
(2) 佐藤氏はパソコンを買いに秋葉原の電気街に出かけた．彼が A 店，B 店，C 店に行く確率はそれぞれ 0.3, 0.2, 0.5 である．もし A 店に行ったとすると，そこでプリンタも買う確率は 0.2 である．B 店に行ったとしてそこでプリンタも買う確率は 0.4，C 店に行ったとしてそこでプリンタも買う確率は 0.3 である．佐藤氏がプリンタも買ったとしたとき，それを B 店で買った確率を求めよ．

問 6.62 定理 6.9 の (4)〜(6) を証明せよ．

問 6.63 大小のサイコロを振り，次のような事象を考える．
 A：大の目が奇数 B：小の目が奇数 C：大小の目の和が奇数
このとき，任意の 2 つの事象は互いに独立であるが，$P(A \cap B \cap C) = P(A)P(B)P(C)$ は成り立たないことを示せ．

問 6.64 コンビニでアルバイトを雇うために n 人と面接した．それまでに面接した人より良い印象の人がいた時点で雇うとすると，平均何人目で雇うことになるか？

記号のまとめ (6.5 節)

Ω	標本空間
$A \cap B, \ A \cup B, \ \overline{A}, \ \emptyset$	積事象，和事象，余事象，空事象
$P(A)$	A の確率
$P(X = x)$	確率変数 X が値 x を取る確率
$E[X]$	確率変数 X の期待値
$Var[X]$	X の分散

[†] R.T. ベイズ．18 世紀のイギリスの牧師・数学者．

理解度確認問題解答

● 第 1 章

問 1.1 （1） $0, 1$ （2） -1 （3） $5, 7, 11, 15$ （4） $4, 5, 6, 7, 8, 9, 10$
（5） $0.1, 0.2, \cdots, 0.9$ （6） 1 （7） 0 （8） ない （9） $0, 4, 8$ （10） $\emptyset$

問 1.2 （1） x が 2 でも 3 でも割り切れるなら 6 でも割り切れる．
（2） x が素数なら x は 4 の倍数ではない． （3） x が実数のとき，$x^3 > 0$ であることと $x > 0$ であることとは同値 (等価，必要十分条件) である．
（4） どんな 2 つの異なる実数の間にもそれらと異なる実数が存在する．
（5） x は素数である． （6） a_0 は実数の部分集合 A の最大元である．

問 1.3 （1） $\forall x \in \boldsymbol{R} \ \forall y \in \boldsymbol{R} \, [\, xy = 0 \implies (x = 0 \lor y = 0) \,]$
（2） $\exists x \forall y \, [\, love(y, x) \,]$ （3） $\forall n \in \boldsymbol{N} \ \exists m \in \boldsymbol{N} \, [\, m > n \,]$
（4） $x \mid z \land y \mid z \land \forall w \in \boldsymbol{N} \, [\, x \mid w \land y \mid w \implies z \leqq w \,]$

問 1.5 （1） 必要条件 （2） 必要十分条件 （3） 必要条件
（4） 十分条件

問 1.6 (a), (e), (g) は互いに同値．(b) と (c) は同値．(a), (e), (g) は (b), (c) の十分条件．(d) は (a), (e), (g) の必要条件であり，(b), (c) の十分条件．(f) は (a), (e), (g) の必要条件．

問 1.7 （1） A （2） $\{0, 3, 6\}$ （3） $\{1, 2, 4, 5, 7, 8\}$ （4） B （5） $\emptyset$
（6） $\{2, 3, 4, 8, 9\}$ （7） $\{(1,2), (1,4), (1,8), (3,2), (3,4), (3,8), (5,2), (5,4), (5,8), (7,2), (7,4), (7,8)\}$ （8） $\{\emptyset, \{0\}, \{6\}, \{0,6\}\}$

問 1.8 （1） $= \emptyset \subsetneq$ （2） $\subsetneq$ （3） $= E$ (偶数の集合) $\subsetneq$ （4） $= \boldsymbol{Z} \subsetneq$ （5） $\subsetneq \boldsymbol{Q}$ $=$ （6） $\subsetneq$ （7） $=$ （8） $= \boldsymbol{R}$

問 1.9 （1） 成り立たない （2） 成り立たない （3） 成り立たない
（4） 成り立つ （5） 成り立たない （6） 成り立つ

問 1.12 （1） 成り立たない （2） 成り立たない （3） 成り立つ
（4） 成り立つ

問 1.13 $|2^{2^A}| = 2^{|2^A|} = 2^{2^{|A|}}$． $2^{2^{\{2\}}} = \{\emptyset, \{\emptyset\}, \{\{2\}\}, \{\emptyset, \{2\}\}\}$．

問 1.14 $|2^{\overline{A}}| \geqq |2^{\overline{B}}|$

問 1.15 （1） $f(1) = 1, \ g(10) = 81, \ f(100) = 100^2, \ g(1000) = 999^2$
（2） $f^{-1}(81) = \{9\}, \ g^{-1}(81) = \{10\}, \ f^{-1}(18) = \emptyset$
（3） $f(\{1,2,3\}) = \{1, 4, 9\}, \ g(\{4, 5\}) = \{9, 16\}$
（4） $f^{-1}(\{0, 1, 4\}) = \{0, 1, 2\}, \ g^{-1}(\{0, 1, 2\}) = \{1, 2\}$

理解度確認問題解答

問 **1.16** （1） -4 （2） -3 （3） -5 （4） 10 （5） n
（6） n が偶数なら 0, 奇数なら 1.

問 **1.17** love も wife も関数ではない.

問 **1.19** （1） 定数関数 （2） $\{x \in \mathbf{N} \mid x は奇数\}$ の特性関数
（3） 射影 $(x,y,z) \mapsto y$ （4） 恒等関数

問 **1.22** （1） 全単射 （2） 単射 （3） いずれでもない （4） 全単射
（5） 全射 （6） いずれでもない

問 **1.23** $id_X : X \to X \cup Y,\ Y \neq \emptyset$.

問 **1.24** （1） (i) いずれでもない (ii) $\mathbf{N}$ (iii) $\{1,-1\}$
(iv) 全単射でない
（2） (i) 狭義単調増加 (ii) $(0,1]$ (iii) $[0,\infty)$ (iv) $\log_2 x$
（3） (i) 単調増加 (単調減少) (ii) $\{3\}$ (iii) $\mathbf{R}$ (iv) 全単射でない
（4） (i) 単調性は言及不可 (ii) $\mathbf{Z}$ (iii) $\{(x,x) \mid x \in \mathbf{Z} - \{0\}\}$
(iv) 全単射でない
（5） (i) 狭義単調減少 (ii) $\mathbf{R}_{0+}$ (iii) $(0,1)$
(iv) $\frac{1}{2} + \frac{1}{2x} + \sqrt{x^2+1}\ (x<0),\ \frac{1}{2}\ (x=0),\ \frac{1}{2} + \frac{1}{2x} - \sqrt{x^2+1}\ (x>0)$

問 **1.25** （1） $\{1,2,3,4,5\}$ （2） $\{1,2,3,4\}$
（3） $f(1)=1,\ f(\{2\})=\{3\},\ f(\{3,4\})=\{1,4\}$
（4） $f^{-1}(\{5\})=\emptyset,\ f^{-1}(\{4\})=\{3\},\ f^{-1}(\{3,2,1\})=\{1,2,4,5\}$
（5） $f^{-1}(f(A))=f^{-1}(\{1,2,3,4\})=\{1,2,3,4,5\}$
（6） $(f \circ f)(5) = f(f(5)) = f(2) = 3$
（7） $(f^{-1} \circ f^{-1})(1) = f^{-1}(f^{-1}(1)) = f^{-1}(\{1,4\}) = \{1,3,4\}$
（8） $\{1\}$ (因みに, $f(A)=\{1,2,3,4\},\ (f\circ f)(A)=\{1,3,4\},\ (f\circ f\circ f)(A)=\{1,4\},\ (f\circ f\circ f\circ f)(A)=\{1\},\ (f\circ f\circ f\circ f\circ f)(A)=\{1\}$ である)

問 **1.60** （1） No （2） Yes, $\mathbf{T}$ （3） No （4） Yes, $\mathbf{T}$
（5） Yes, $\mathbf{F}$ （6） Yes ($\mathbf{T}$ か $\mathbf{F}$ であるが, どちらかであるかは不明)

問 **1.61** （1） $p=$「ピーターパンはネバーランドに住んでいる」とすると,
$$\neg\neg p \iff p.\quad \mathbf{T}$$
（2） $p=$「天候は晴れ」, $q=$「海は青い」とすると,
$$(p \implies q) \implies (\neg q \implies \neg p).\quad \mathbf{T}$$
（3） $p=$「政治家である」, $q=$「嘘つきである」とすると,
$$(p \implies q) \implies \neg(q \implies p).\quad \mathbf{T} でも \mathbf{F} でもない$$

問 **1.62** （1） $\neg(p \implies p \land q)$ （2） $p \land q \implies p$
（3） $\neg(p \land q) \implies \neg p$ （4） $\neg p \lor (p \land q)$ あるいは $\neg p \lor q$

問 **1.63** (1) は $p \Longrightarrow q$ に論理的に等しい　　(2) は $\neg p$ に論理的に等しい

p	q	$p \wedge p \Longrightarrow q$
F	F	T
F	T	T
T	F	F
T	T	T

p	q	$\neg(q \wedge \neg q) \Longrightarrow \neg p$
F	F	T
F	T	T
T	F	F
T	T	F

(3) は T に論理的に等しい　　(4) は $\neg p \vee \neg q \vee r$ に論理的に等しい

p	$\neg\neg p \Longleftrightarrow p$
F	T
T	T

p	q	r	$(p \Longleftrightarrow q) \Longrightarrow (p \Longrightarrow r)$
F	F	F	T
F	F	T	T
F	T	F	T
F	T	T	T
T	F	F	T
T	F	T	T
T	T	F	F
T	T	T	T

(5) は $p \Longrightarrow q$ に論理的に等しい　　(6) はトートロジー (ド・モルガンの法則)

p	q	$p \Longrightarrow (p \Longrightarrow q)$
F	F	T
F	T	T
T	F	F
T	T	T

p	q	$\neg(p \vee q) \Longleftrightarrow \neg p \wedge \neg q$
F	F	T
F	T	T
T	F	T
T	T	T

問 **1.64** (1) 論理的に等しくない　　(2) 論理的に等しい
(3) 論理的に等しい　　(4) 論理的に等しくない　　(5) 論理的に等しい
(6) 論理的に等しくない

問 **1.65** (2), (4), (5) は正しくないが, (1), (3) は正しい推論である.

問 **1.66** (1) y, z は $y+z=0$ を満たす自然数であること (すなわち, $y=z=0$ であること) を表わす述語.　　(2) $x \geqq y$ を表す述語.
(3) 「x と y の差は整数でない」を表す述語.
(4) 2 つの実数の和は実数であることを表す, 真な命題.
(5) 「$x = x+12.3$ を満たす実数 x が存在する」を表す, 偽な命題.

問 **1.67**　(1)　$S(11)$　　(2)　$\neg Q(x,2)$
(3)　$\forall x \, [(Q(x,2) \Longrightarrow \neg S(x)]$　　(4)　$\forall x \, [S(x) \Longrightarrow \exists y \, [y > x \wedge S(y)]]$
(5)　$\forall z \, [(Q(x,z) \wedge Q(y,z)) \Longrightarrow z=1]$

問 **1.70** （1） (a) 「誰でも誰かと結婚している」を表す，偽な命題．
(b) 「誰かは誰とも結婚している」を表す，偽な命題．
（2） 「x は 2 つの実数の平方の和である」ことを表す述語．
（3） 「x, y が正の実数で $x = y^2$ なら，y とは異なる実数 z が存在して $x = z^2$ である」ことを表す，真な命題．
（4） 実数 x, y, z が $x \leqq y < z < 2x$ を満たすことを表す述語．
（5） (a) $Q(x, y)$ は「x は y で割り切れ，かつ y は x で割り切れる」ことを表す述語． (b) $R(x)$ は $x = x^2$ を表す述語．

問 **1.71** （1） $\{\lambda\}$　　（2） $\{\lambda, 0, 00\}$
（3） $\{111, 0111, 1011, 1101, 01011, 01101, 10101, 010101\}$　　（4） $\{1, 01, 001\}$
（5） $\{\lambda, 0, 00, 000, \cdots\}$　　（6） $\{\lambda, 0, 00, 000, \cdots\}$　　（7） $\{1, 10, 100\}$
（8） $\{\lambda\}$

問 **1.72** （1） k^n　　（2） 接頭語も接尾語も $l + 1$
（3） 最大で $l(l+1)/2 + 1$ 個，最小で $l + 1$ 個

問 **1.73** （1） yes　　（2） no

問 **1.75** 任意の言語 C に対し，$A^*(B \cup C)$ など．

問 **1.76** a, b, c を文字とする．(1) 成り立つ例 $A = a^*$，成り立たない例 $A = a^+ b^+$　　(2) 成り立つ例 $A = \{a\}$，成り立たない例 $A = a^*$　　(3) 成り立つ例 $A = B$，成り立たない例 $A = \{a\}, B = \{b\}$　　(4) 成り立つ例 $B \subseteq C$，成り立たない例 $A = \{a, aa\}, B = \{a, b, aba\}, C = \{a, ba\}$　　(5) 成り立つ例 $B \subseteq C$，成り立たない例 $A = \{a, aa\}, B = \{a, b, bb\}, C = \{a, ba\}$

問 **1.77** $A = \{1, 2, 3, 4, 5, 6, 7, 8, 9\}$, $B = \{0, 1, 2, 3, 4, 5, 6, 7, 8, 9\}$ とする．
（1） $\{0\} \cup AB^*$　　（2） $\{0, 2, 4, 6, 8\} \cup AB^* \{0, 2, 4, 6, 8\}$
（3） $\{0, 5\} \cup AB^* \{0, 5\}$　　（4） $AB^* - B^3$ あるいは $AB^* B^3$
（5） $B \cup (A^+ \{0\} A^+)^*$

問 **1.80** 手旗信号，自然数のローマ数字表記，日本語のローマ字表記，バーコード，コンピュータ内部ではすべての情報が 0, 1 で符号化されている，楽譜 (絵文字)，等々．

問 **1.83** （1）　△

問 **1.85** （1） ASCII　　（2） SOS 12

問 **1.86**

a	101	e	111	i	110	n	011
s	010	t	001	h	1001	p	1000
c	00011	d	00010	l	00001	r	00000

問 **1.87** （1） isthatapen

● 第2章

問 2.6 数学的帰納法の第2原理で証明する．$P(0)$ は仮定より成立．$P(0), \cdots, P(k)$ が成立するとして $P(k+1)$ を考える．$\lfloor (k+1)/2 \rfloor \leqq k$ だから $P(\lfloor (k+1)/2 \rfloor)$ は成立している．よって，仮定より $P(k+1)$ も成立する．

問 2.7 「すべての n について $P(m,n)$ が成り立つ」を m に関する帰納法で示す．

問 2.10 （1）(i) $3 \in T$ (ii) $x \in T \Longrightarrow x + 6 \in T$ （2）(i) $\mathrm{sum}(0) = 0$ (ii) $n > 0 \Longrightarrow \mathrm{sum}(n) = \mathrm{sum}(n-1) + n$ （3）(i) $a_0 = 3$ (ii) $a_{n+1} = a_n$ （4）(i) $0 \geqq 0$ (ii) $x \geqq y \Longrightarrow x + 1 \geqq y$ （5）(i) 1 は2の累乗 (2 の 0 乗) である． (ii) 2^n が2の累乗なら 2^{n+1} も2の累乗である． （6）(i) $0 \in B$ かつ $1 \in B$ (ii) $x \in B$ かつ $x \neq 0$ ならば $x0, x1 \in B$ （7）(i) $0, 1, 00, 11$ のどれも回文． (ii) x が回文なら $0x0, 1x1$ のどちらも回文． （9）(i) $\max(\{a_1\}) = a_1$ (ii) $n \geqq 2 \Longrightarrow \max(\{a_1, \cdots, a_n\}) = a_1$ と $\max(\{a_2, \cdots, a_n\})$ の大きい方． （10）(i) $n \leqq 3$ のとき，$\mathrm{comma}(x,n)$ は何もしない． (ii) $n \geqq 4$ のとき，$\mathrm{comma}(x,n)$ は $\mathrm{comma}(x \div 1000$ の商, $n-3)$ を行った結果の後ろにコンマを1つ書き，それに続けて $x \bmod 1000$ を書く．

問 2.11 （1） a さんと a さんの子孫すべてからなる集合 （2） 定数関数 $f(n) = 1 \ (n \in \boldsymbol{N})$ （3） $L = \{1, 10\}^*\{0\}$ （4） $q(m,n) = q(0,n) + m = n + m$, $p(m,n) = q(m,n) = m + n$ （5） $d(x,y) = x$ を y で割った商 （6） n の桁数

問 2.14 (i) $\lambda \in D_1$ (ii) $x, y \in D_1 \Longrightarrow (x), xy \in D_1$

● 第3章

問 3.1 関数ではない

問 3.2 （1） $R \circ S = \{(a,c), (a,b), (b,b), (b,c), (c,b), (c,c)\}$, $S \circ R = \{(a,c), (a,d), (b,d), (d,c), (d,d)\}$, $R^2 = \{(a,c), (d,c)\}$, $S^2 = \{(a,c), (a,d), (b,d)\}$, $(R \cup S)^{-1} = \{(b,a), (b,d), (c,a), (c,b), (c,d), (d,a), (d,b)\}$, $R \cap S = \{(a,b), (b,c)\}$ （2） $i = 3, j = 4$ （3） $R^* \cup S^* = R^0 \cup R \cup R^2 \cup S^0 \cup S \cup S^2 \cup S^3 = \{a,b,c,d\} \times \{a,b,c,d\} - \{(b,a), (c,a), (c,b), (d,a)\}$, $R^* \cap S^* = \{(a,a), (a,b), (a,c), (b,b), (b,c), (c,c), (d,d)\}$, $(R \cup S)^* = \{a,b,c,d\} \times \{a,b,c,d\} - \{(b,a), (c,a), (d,a)\}$, $(R \cap S)^* = \{(a,a), (a,b), (a,c), (b,b), (b,c), (c,c), (d,d)\}$

問 3.5 J_2 の元は東京駅の1つおいて隣りの駅と東京駅自身．J_* は JR の駅すべてからなる集合．

問 3.6 xR^*0 は x が非負の偶数であることを，xR^+1 は x が正の奇数であることを表す．

問 **3.7** $|x-y| \leqq i$

問 **3.8** m に関する数学的帰納法

問 **3.9** 例えば，$R = \{(a,b),(b,b)\}$

問 **3.11** 正しくない

問 **3.14** （1） yes. 同値類は，'月曜日である日の集合'，'火曜日である日の集合'，$\cdots$，'日曜日である日の集合'，の 7 つ． （2） no （3） no （4） yes. 同値類は，'a を頭文字とする単語の集合'，$\cdots$，'z を頭文字とする単語の集合'
（5） yes

問 **3.15** （2） $\{a,b,c,d,e\}/R' = \{\{a,b\}, \{c,d\}, \{e\}\}$

問 **3.16** （1） no （2） no （3） yes （4） yes （5） yes

問 **3.19** a,b,c を $\boldsymbol{N}_+$ の任意の元とする．反射律：$ab = ba$ だから $(a,b) \approx (a,b)$．
対称律：$(a,b) \approx (c,d) \implies ad = bc \implies da = cb \implies (c,d) \approx (a,b)$．
推移律：$(a,b) \approx (c,d) \wedge (c,d) \approx (e,f) \implies (ad = bc) \wedge (cf = de) \implies adcf = bcde \implies af = be$ ($cd \neq 0$ に注意) $\implies (a,b) \approx (e,f)$．

問 **3.20** この論法では (i),(ii) が成り立つ前提として xRy となる y が存在することが必要である．よって，R が A の上の関係の場合，$\mathrm{Dom}\, R = A$ であることが必要である．

問 **3.23** （1） P$\to^k$Q：コマ位置 P からコマ位置 Q へ k ステップで行ける．
P$\to^*$Q：P から Q へ 0 ステップ以上で行ける．

（2） $\begin{cases} u = x + k - 2i & (i = 0, 1, \cdots, k) \\ v = y + 2k - 4j & (j = 0, 1, \cdots, k) \end{cases}$

（3） $(\boldsymbol{Z} \times \boldsymbol{Z})/\to^* = \{\,[(0,0)],\ [(0,1)],\ [(1,0)],\ [(1,1)]\,\}$

（4） (x,y) から $(x+1,y+1)$, $(x+1,y-1)$, $(x-1,y+1)$, $(x-1,y-1)$ のどれか一箇所へ跳べさえすればよい．

問 **3.24** （1） いえない　（2） 存在する　（3） いえない

問 **3.27**

	反射的	対称的	反対称的	推移的	同値関係	半順序	擬順序	全順序
(1)	○	○	×	×	×	×	×	×
(2)	×	○	×	×	×	×	×	×
(3)	○	×	○	○	×	○	×	×
(4)	○	○	×	×	×	×	×	×
(5)	×	○	×	×	×	×	×	×
(6a)	×	×	×	○	×	×	○	×
(6b)	○	×	○	○	×	○	×	○
(7a)	○	×	×	×	×	×	×	×
(7b)	○	×	○	○	×	○	×	×

(8)	○	○	×	○	○	×	×	×
(9)	○	×	○	○	×	○	×	×
(10)	○	×	○	○	×	○	×	×
(11)	○	×	○	○	×	○	×	×

問 3.31 最大元は (a_1, b_1), 最小元は (a_2, b_2). 複数の極大 (極小) 元がある場合, $A \times B$ の極大元は (A の極大元, B の極大元). 極小元についても同様.

問 3.32 (1) $\{n, m\}$ の上限は n と m の最小公倍数, 下限は m と n の最大公約数. $\{18, 20, 40\}$ の上界すべての集合は $\{360n \mid n \in \boldsymbol{N}\}$, 下界は 1 と 2 だけ. 上限は 360, 下限は 2.
(2) $60 \vee 55 = 660$, $60 \wedge 55 = 5$, $13 \vee 31 = 403$, $13 \wedge 31 = 1$
(3) $\max A$ は存在しない, $\min A = 1$, $\sup A = 10920$, $\inf A = 1$

問 3.33 (1) 次のように順序を定義すると整列順序である：$0 < -1 < 1 < -2 < 2 < -3 < \cdots < n < -n < \cdots$
(2) $\cdots < aaab < aab < ab < b$ であるから.

問 3.34 (2) 27

問 3.36 (i) 自己ループ以外に閉路がない． (ii) 極大元へ接続する辺および極小元から接続する辺は自己ループだけである． (iii) 頂点 u から頂点 v へ道があれば辺 (u, v) もある ($u = v$ の場合，すなわち，自己ループを含む)． (iv) 最大元からは任意の頂点への道があり，任意の頂点から最小元への道がある，etc.

問 3.40 (1) 正しい (2) 正しくない (3) 正しくない

問 3.41 行の和は各頂点の出次数を，列の和は各頂点の入次数を表す．

問 3.42 $A^{|V|}$ のどの成分も正であること．

問 3.44 例えば，⟨ 祖父，父，母，叔父，本人，兄，弟，従兄，長男，長女，孫 ⟩ など．

● **第 4 章**

問 4.1 どの辺 uv も u 側からと v 側からと二重にカウントされている．

問 4.2 (1) $G_1 = (\{a, b, c, d, e\}, \{ab, ac, ae, bd, be, cd, ce, de\})$
(2) $|V(G_2)| = 4$, $|E(G_2)| = 4$
(3) $\Delta(G_1) = \deg(e) = 4$, $\delta(G_1) = \deg(a) = \deg(b) = \deg(c) = \deg(d) = 3$
(4) $E(\overline{G_3}) = \{a''b'', b''c'', c''d'', d''a''\}$
(5) 2 本の辺 ad, bc を追加するのが最小
(6) 2 部グラフ：G_2, G_3. 部は，例えば $\{a', d'\}, \{b', c'\}, \{a'', b''\}, \{c'', d''\}$.
3 部グラフ：G_1, G_2, G_3. 部は，例えば $\{a, d\}, \{b, c\}, \{e\}, \{a'\}, \{d'\}, \{b', c'\}$,

$\{a''\}, \{b''\}, \{c'', d''\}$. （7） $G_1 - \{e\} \cong G_2 \cong \langle \{a,b,c,d\} \rangle_{G_1} \cong (G_3 + a''d'') + b''c'' \cong (G_1 - a) - de$, $G_1 \cong K_{2,2} + K_1$, $\overline{G_2} \cong G_3$

問 4.3 $G - e := (V(G), E(G) - \{e\})$, $G + w := (V(G) \cup \{w\}, E(G) \cup \{vw \mid v \in V(G)\}$, $G + e := (V(G), E(G) \cup \{e\})$

問 4.8 位数 $p_1 + \cdots + p_n$, サイズ $\sum_{i \neq j} p_i p_j$

問 4.9 （1） 3   （2） 3   （3） 例えば $\langle v_1, v_4, v_5, v_1, v_2, v_5, v_6, v_2, v_3, v_6, v_7 \rangle$
（4） $\langle v_1, v_4, v_5, v_2, v_3, v_6, v_7 \rangle$ （5） $\langle v_1, v_2, v_3, v_6, v_5, v_4, v_1 \rangle$
（6） 10   （7） 2   （8） 3   （9） v_2, v_5, v_6

問 4.10

考察項目	隣接行列	隣接リスト
プログラム上での実現法	(2 次元) 配列	(線形) リスト
1 つの辺へのアクセス時間	$O(1)$	$O(q)$
必要メモリ量	$O(p^2)$	$O(p + 2q)$
辺の追加にかかる時間	$O(1)$	$O(1)$
辺の削除にかかる時間	$O(1)$	$O(q)$

問 4.11 ある頂点に接続している辺を知りたいときには有用だが，$p^2 q \sim p^3$ に比例するメモリ量が最悪でかかり，しかも有効に使われていない（どの列にも 1 がちょうど 2 個しかない）のは大きなデメリット．接続している辺は隣接行列から $O(p)$ 時間で求められる．

問 4.12 （1） どちらでも同じ   （2） 隣接リスト表現が得
（3） 隣接リスト表現が得   （4） 扱いやすさを考えれば，この場合には隣接行列の方が得であろう   （5） 隣接リストの方が得の場合が多い

問 4.20 各部の最小次数は $3n, 4n, 5n$ であるから，$\delta(K_{n,2n,3n}) = 3n \geq 3n - \frac{1}{2} = \frac{p-1}{2}$．よって，定理 4.5（2） が適用できる．

問 4.24 （1） なし   （2） なし   （3） 3   （4） 3
（5） $\{\langle b, i \rangle, \langle b, a, i \rangle, \langle b, c, i \rangle, \langle b, h, i \rangle\}$ （6） $\{\langle a, b, c, d, j \rangle, \langle a, i, j \rangle, \langle a, h, f, g, j \rangle\}$

問 4.26 $p - 1$ 本．

問 4.34 （1） $\kappa(P_1) = \lambda(P_1) = 0$. $n \geq 2$ なら $\kappa(P_n) = \lambda(P_n) = 1$
（2） 連結度 4, 辺連結度 4   （3） 連結度 $3n$, 辺連結度 $3n$ （4） 連結度 3, 辺連結度 3   （5） 定理 4.7 の直後の注意 (1) により，$\kappa(C_n^2) \leq \lambda(C_n^2) = \delta(G)$

問 4.35 $\kappa(G) \geq n$ なので，定理 4.7 より，$\delta(G) \geq n$. つまり，どの頂点からも辺が n 本以上出ている．よって，$|E(G)| \geq n|V(G)|/2$ (2 で割っているのは各辺がその両端の頂点で二重にカウントされるため)．

問 4.37 （1） 成り立つ例はない．成り立たない例：任意の G_1 と G_2.

(2) 成り立つ例：$G_1 = G_2 = K_1$. 成り立たない例：$G_1 = K_n$, $G_2 = K_m$.

問 4.39 存在する．1回ずつの場合は存在しない．

問 4.40 （1） C_n ($n \geqq 5$) （2） $(\{a, b, c, d\}, \{ab, ac, ad, bc\})$

問 4.41 科目を頂点とし，教えている先生が異なる科目を辺で結んだグラフを考えよ．

問 4.43 （1） 正しくない （2） 正しい

問 4.44 招待者を頂点とし，知り合い同士である2人を辺で結んだグラフを考える．

問 4.45 n 本のプログラムを頂点とし，$c_i \geqq p_j$ なら頂点 i から頂点 j へ向かう辺が引かれている有向グラフを考えよ．

問 4.46 n に関する帰納法

問 4.53 （1） 正しい （2） 正しくない （3） 正しくない

問 4.54 $V(G) = \{v_1, \cdots, v_n\}$ とするとき，$S_i := \{v_i\} \cup \{v_j \mid v_i v_j \in E(G)\}$ と定義する．G は $\mathcal{S} := \{S_1, \cdots, S_n\}$ の交わりグラフである．

問 4.60 6

問 4.61 無閉路で辺数が最大なのは木である．中心を求めてから，各サイクル上の辺のうち中心からの距離が最も大きいものを1つ除けばよい．中心を根とする．

問 4.62 根以外のどの頂点もある頂点の子であり，どの頂点も丁度2個ずつ子を持つので，根以外の頂点の個数は2の倍数である．これに頂点を足すと総計で奇数個．

問 4.63 $h(n-1) + 1$

問 4.68 （2） (c) $|x|$ は x の深さ (根からの距離)，$\max\{|x| \mid x \in T\}$ は木 T の高さ． (d) T が正則 $\iff \forall x \in T [x1, x2 \in T$ または $x1, x2 \notin T]$．T' は T における x の左部分木 $\iff T' = \{y \mid x1y \in T\}$．

問 4.69 ○ = 平面的グラフ，× = 非平面的グラフ （1） ○, $q = p-1$, $r = 1$ （2） ○, $p = q = n$, $r = 2$ （3） × （4） ×, $p = 6$, $q = 11$ （5） ×, $p = 6$, $q = 18$ （6） ○, 2つの K_3 が頂点を共有しない場合 $p = 6$, $q = 6$, $r = 3$

問 4.70 例えば，$C_3 \cup C_3$ (独立した2つの3辺形) では $p - q + r = 6 - 6 + 3 = 3$

問 4.71 例えば右のグラフ (ペテルセン^{Petersen}グラフ)

問 4.72 no

問 4.76 （1） 各辺は丁度2つの領域の境界として数えられるので $2q = 5r$．これと $p - q + r = 2$, $p = 8$ より $q = 10$, $r = 4$.
（2） どの領域も少なくとも4辺で囲まれているので $2q \leqq 4r$．これと $p - q + r = 2$ より． （3） どの領域も3辺形ではないことと (2) より．

問 4.77 G' は G の細分 $\iff G \rightarrowtail^* G'$, が成り立つ．一方，$G \leftarrowtail G' \implies G$

理解度確認問題解答

問 4.95 初めてたどられる頂点順を示す．
(1) DFS：I-J-K-E-G-H-B-C-F-D-A， BFS：I-J-B-K-E-C-G-F-H-D-A
(2) DFS：I-J-K-E-G-H-F-C-B-A-D， BFS：I-J-B-K-E-C-A-G-F-D-H

問 4.96 (1) $f(n)$ は n の各桁の数字の和を値とする． (2) $g(x) = |x|$

問 4.97 左側がトップ： 空 $\to$ 12 $\to$ 3, 12 $\to$ 15 $\to$ 15
左側がフロント： 空 $\to$ 5 $\to$ 5, 4 $\to$ 4, 5 $\to$ 5

問 4.98 式を左から順に読みながら，オペランドはスタックにプッシュし，演算子が現われたらスタックの先頭要素と2番目の要素をポップアップしてその演算を適用した結果をスタックにプッシュする．最終的に，式の値だけがスタックに残る．

問 4.99 ポーランド(前置)記法：(1) $-*a+b/cde$ (2) $-+1*-234-56$.
逆ポーランド(後置)記法：(1) $abcd/+*e-$ (2) $123-4*+56--$

問 4.102 (1) 最小値：根から左の枝だけをたどってたどり着いたところにある．最大値：根から右の枝だけをたどってたどり着いたところにある．
(2) 根から左の枝だけをたどってたどり着いた頂点を x とする．x に右の子があれば，そこを始点として左の枝だけをたどってたどり着いたところに2番目に小さいデータがある．x に右の子がなければ，x の親のところ．

問 4.103 (1) × (2) ○ (3) × (4) ×

問 4.106 根から始めて順次，頂点のラベルと x とを比較する．x の方が小さかったら左部分木について同じことを，x の方が大きかったら右部分木について同じことを再帰的に行う．これを x が見つかるまでくり返す．x が存在しない場合が最悪の場合 (葉からはみ出してしまう) で，実行時間は比較の回数に比例し，比較の回数は最悪で (2分探索木の高さ) $+1$ である．

問 4.107 連結であるかどうかと，閉路が存在するかどうかを判定できればよい．それには，G の任意の頂点を始点として DFS すればよい．その途中で，すでにたどった頂点に再度出会ったら no と判定する．すべての頂点を1度だけたどって始点に戻ることができたら，yes と判定する．

問 4.108 クラスカルのアルゴリズムにおいて，'重み最小' の辺の代りに '重み最大' の辺を考える．

問 4.113 ダイクストラのアルゴリズムでは1ステップごとに新たに1つの頂点について始点 s からの最短道が定まる．ステップ数に関する帰納法で，そのステップで定まる最短道が正しいことを示す．

問 4.116 高さ h の完全2分木の樹形は $T_h := \bigcup_{i=0}^{h}\{1,2\}^i$ である．高さ h のヒープの樹形は T_{h-1} に葉として $\{0,1\}^{h+1}$ の元を次の順序で途中まで加えた

ものである：$h+1$ 桁の 2 進数を値の小さい順に $00\cdots00, 00\cdots01, 00\cdots10,$ $001\cdots11,\cdots,011\cdots11, 101\cdots11, 111\cdots11$ と並べて，$0 \to 1, 1 \to 2$ と置き換えたもの．

問 **4.118** (a) はマッチングの辺の選び方，(b) は完全マッチングが存在する条件．
(1)(a) 頂点を 2 個ずつ $\lfloor n/2 \rfloor$ 個の組を作り，それら 2 頂点間を結ぶ辺を選べばよい． (b) n が偶数のとき   (2)(a) $m > n$ とする．2 つの部からそれぞれ n 個ずつ頂点 $a_1,\cdots,a_n; b_1,\cdots,b_n$ を選び，n 個の組 (a_i,b_i), $1 \leqq i \leqq n$, にし，各組の 2 頂点を結ぶ辺を選ぶ． (b) $m = n$
(3)(a) P_n の左端から 1 つおきに辺を選ぶ． (b) n が偶数   (4)(a) 1 つおきに辺を選ぶ． (b) n が偶数   (5)(a) 略   (b) 存在しない

問 **4.120** (1) できない   (2) 可能

● **第 5 章**

問 **5.1** (1) 偽な命題   (2) 命題でない   (3) 真な命題
(4) 命題でない

問 **5.2** (1) トートロジー   (2) トートロジー

A	$\to$	A
T	T	T
F	T	F

$(A$	$\to$	$\neg A)$	$\to$	$(A$	$\to$	$B)$
T	F	F	T	T	T	T
T	F	F	T	T	F	F
F	T	T	T	F	T	T
F	T	T	T	F	T	F

(3) トートロジーでない

問 **5.3** (1) 成り立つ   (2) 成り立つ

$(A$	$\to$	$\neg B)$	$\wedge$	B	$\to$	$\neg A$
T	F	F	F	T	T	F
T	T	T	F	F	T	F
F	T	F	T	T	T	T
F	T	T	F	F	T	T

(3) 成り立たない   (4) 成り立つ

$\neg$	$(A$	$\vee$	$\neg$	$B)$	$\leftrightarrow$	$\neg A$
F	T	T	F	T	T	F
F	T	T	T	F	T	F
T	F	F	F	T	T	T
F	F	T	T	F	F	T

問 **5.4** 主張は正しくない．

問 5.8 求める条件は「条件 a と b を満たすこと」である．

問 5.9 (1) 次の命題変数を考える：Y: 良いレストランである，R: 料理がおいしい，S: サービスが良い，T: 楽しい．このとき，仮定は，(i) $Y \to R \land S$，(ii) $T \to R \lor S$ である． (2)(a) 必ずしも正しくない　(b) 必ずしも正しくない

問 5.10 変形の仕方によっていろいろな形のものが得られるが，それぞれの一例を示す．　(1) $\neg(\neg(\neg A \land \neg B) \land \neg(A \land B))$　(2) $\neg(A \lor B) \lor \neg(\neg A \lor \neg B)$
(3) $(\neg A \to B) \to \neg(A \to \neg B)$　(4) $((A \mid A) \mid (B \mid B)) \mid (A \mid B)$
(5) $((A \downarrow B) \downarrow ((A \downarrow A) \downarrow (B \downarrow B))) \downarrow ((A \downarrow B) \downarrow ((A \downarrow A) \downarrow (B \downarrow B)))$

問 5.12 2項演算 α だけでどんな論理式も表すことができるとする．$T\alpha T = T$ だとすると，論理式 $\mathcal{A}$ の中のすべての命題変数に値 T を与えたとき $\mathcal{A}$ の値は T となるはずである．ところが，$\mathcal{A} = \neg A$ に対してこのことは正しくない．よって，$T\alpha T = F$ でなければならない．

同様に，$F\alpha F = T$ でなければならない．もし $T\alpha F = T$, $F\alpha T = F$ だとすると $A\alpha B \equiv \neg B$ であり，$T\alpha F = F$, $F\alpha T = T$ だとすると $A\alpha B \equiv \neg A$ であり，いずれにしても α が $\neg$ だけで表すことができることを意味する．しかし，$\neg$ だけではすべての論理式を表すことはできない (例えばトートロジーを表せない) ので，これは矛盾である．

問 5.13 (1) 2項演算 α を $A\alpha B := \neg A \lor \neg B$ で定義すると，$\neg A \equiv \neg A \lor \neg A = A\alpha A$ であり，$A \to B \equiv \neg A \lor \neg\neg B \equiv A\alpha \neg B \equiv A\alpha (B\alpha B)$ であるから，$\neg$ も $\to$ も α だけで表すことができる．よって，すべての論理式が $\neg$ と $\to$ だけで表せるとすると，すべての論理式は α だけで表すことができることになる．ところが，前問で証明したように，α だけではすべての論理式を表すことはできない (α は $\mid$ とも $\downarrow$ とも異なる) から，これは矛盾である．

問 5.15 (1) $\neg A \lor B$ は加法標準形であると同時に主乗法標準形でもある．主加法標準形は $(A \land B) \lor (\neg A \land B) \lor (\neg A \land \neg B)$　(2) 主加法標準形は $(A \land B \land C) \lor (\neg A \land B \land C) \lor (\neg A \land B \land \neg C) \land (\neg A \land \neg B \land C) \lor (\neg A \land \neg B \land \neg C)$, 主乗法標準形は $(\neg A \lor \neg B \lor C) \land (\neg A \lor B \lor \neg C) \land (\neg A \lor B \lor C)$　(3) $\neg(\neg B \to A) \to \neg A$ はトートロジーであるから，主加法標準形は $(A \land B) \lor (A \land \neg B) \lor (\neg A \land B) \lor (\neg A \land \neg B)$. 主乗法標準形はない．

問 5.18 $\mathcal{A}$:「x は日本の首相が好きである」．恒真でない．　$\mathcal{B}$:「どんな人 x でも，もし x が誰でも好きなのであれば x が好きな人 y がいる」．恒真．　$\mathcal{C}$:「どんな人 x, y, z でも，x が y を好きで y が z を好きなら x は z を好きである」．恒真でない．

問 5.19 (1) 正しい　(2) 正しくない　(3) 正しい

問 5.20 (1) $x^2 + y^2 \leqq 0 \implies x = 0 \land y = 0$　(2) T

（3） $(x\cup x)\cap(y\cup y)\subseteq\emptyset\implies x=\emptyset\wedge y=\emptyset$　　（4） $\{0\}$　　（5） $\{0\}\cap\{1,2\}$
（6） **T**　　（7） **F**　　（8） **F**　　（9） ない　　（10） できる

問 **5.21**　（1）「任意の 0 でない実数 x に対して，$x\cdot\frac{1}{y}=1$ となる 0 でない実数 y が存在する」　　（2） $\mathcal{I}'\vDash\mathcal{A}$ ではない
（3） 例えば，$\exists x\exists y\exists z\,(P(a,x,y)\wedge P(x,z,b))$. これと $\forall x\forall y\forall z\,(P(x,y,z)\to P(y,x,z))$ を $\wedge$ で結ぶともっとよい．　　（4） $\exists x\forall y\forall z(P(x,y,a)\wedge\neg P(x,y,z))$

問 **5.23**　$A(x):x$ は運がある，$B(x):x$ は出世する，とすると 2 つの主張は $\forall x(\neg A(x)\to\neg B(x))$ と $\forall x(B(x)\to A(x))$ であり，この 2 つは論理的に等しい．

問 **5.24**　（1）$L(x,y):x$ は y を愛す，とする．求める論理式は $\forall x[\neg\exists yL(x,y)\to\forall y\neg L(y,x)]$ あるいは $\forall x[\neg\exists yL(x,y)\to\neg\exists yL(y,x)]$.

問 **5.25**　（1） $\exists x\forall y\,(\neg P(x)\vee Q(y))$　　（2） 与式は恒真な論理式であり，冠頭標準形は存在しない (冠頭標準形の形をしたものを無理やり作ることはできる)
（3） $\exists v\exists u(\neg P(x,y)\vee\neg Q(v)\vee Q(u)\vee R(v))$

問 **5.26**　吸収律より $a+aa=a$. よって，$aa=a(a+aa)=a$. 最後の等号は吸収律．また，双対の原理により，吸収律 $a(a+a)=a$ より $a+a=a$ が得られる．

問 **5.28**　（1） $x+\overline{y}$　　（2）

x	y	$f(x,y)$
0	0	1
0	1	0
1	0	1
1	1	1

（3） 主加法標準形：$f(x,y)=xy+x\overline{y}+\overline{x}\,\overline{y}$,　　主乗法標準形：$f(x,y)=x+\overline{y}$,
リード-マラー標準形：$f(x,y)=1\oplus x(1\oplus 1)x\oplus y(1\oplus 0)\oplus xy(1\oplus 0\oplus 1\oplus 1)=1\oplus y\oplus xy$

問 **5.29**　（1）$x=y=z=0$ ならば $x\oplus y\oplus z=0=xyz$. $x=y=z=1$ ならば $x\oplus y\oplus z=1=xyz$.　　（2） はじめに，$1\oplus x=\overline{x}$ であること，および $\oplus$ は可換で結合律を満たすことに注意する．すると，$1\oplus 1\oplus(x\oplus y)\oplus 1=(1\oplus 1\oplus 1)\oplus(x\oplus y)=1\oplus(x\oplus y)=\overline{x\oplus y}=\overline{\overline{xy}+\overline{x}y}=(\overline{x}+y)(x+\overline{y})=\overline{x}x+\overline{x}\,\overline{y}+yx+y\overline{y}=xy+\overline{x}\,\overline{y}$
（3） 分配律と吸収律を使うと，$(x+u)(x+v)=x(x+v)+u(x+v)=x+u(x+v)=x+ux+uv=x+uv$. 同様に，$(y+u)(y+v)=y+uv$. よって，$(x+u)(x+v)(y+u)(y+v)=(x+uv)(y+uv)=xy+xuv+yuv+uv=xy+uv$. 最後の等号は，吸収律により $yuv+uv=uv, xuv+uv=uv$ を用いている．

問 **5.30**　（1）$x_1\oplus x_2$　　（2） 主加法標準形：$\overline{x}_1\overline{x}_2x_3+\overline{x}_1x_2\overline{x}_3+x_1\overline{x}_2x_3+x_1x_2\overline{x}_3$,　　主乗法標準形：$(x_1+x_2+x_3)(x_1+\overline{x}_2+\overline{x}_3)(\overline{x}_1+x_2+x_3)(\overline{x}_1+\overline{x}_2+\overline{x}_3)$,
リード-マラー標準形：$x_2\oplus x_3$

問 5.31 シャノン展開が正しいことは, $x_1 = 0, 1$ それぞれに対して左右両辺が等しいことを確かめればよい.

問 5.32 (1) $x + z = \overline{x}z + x\overline{z} + xz$ (2) 変形の仕方によっていろんな形が得られる: $x\overline{y} + y\overline{z} + z\overline{x} = \overline{x}y + \overline{y}z + \overline{z}x = (x+y+z)(\overline{x}+\overline{y}+\overline{z})$
(3) $bc\overline{d} + ab\overline{c} + \overline{a}\,\overline{c}\,\overline{d} + ac\overline{d}$

問 5.33 $\mathrm{MAJ}_3 = \overline{x}_1x_2x_3 + x_1\overline{x}_2x_3 + x_1x_2\overline{x}_3 + x_1x_2x_3$. これは $(x_1\overline{x}_2 + \overline{x}_1x_2)x_3 + x_1x_2(\overline{x}_3 + x_3) = x_1x_2 + (x_1 \oplus x_2)x_3$ と簡単化される.

問 5.34 (1) $f(x_1, x_2, x_3, x_4, x_5) = (x_2 + x_4)(x_1 + x_3)(x_1 + x_2 + x_4)(x_1 + x_3 + x_4)(x_2 + x_3)x_5 = (x_1x_2 + x_2x_3 + x_3x_4)x_5$.

問 5.35 (1) $f_n(x_1, \cdots, x_n) = x_1 \cdots x_n + \overline{x}_1 \cdots \overline{x}_n$. 特に, $f_3(x_1, x_2, x_3) = x_1x_2x_3 + \overline{x}_1\overline{x}_2\overline{x}_3$

(2)

x_1	x_2	x_3	$f(x_1, x_2, x_3)$
0	0	0	1
0	0	1	0
0	1	0	0
0	1	1	0
1	0	0	0
1	0	1	0
1	1	0	0
1	1	1	1

主加法標準形は $x_1x_2x_3 + \overline{x}_1\overline{x}_2\overline{x}_3$,
主乗法標準形は $(x_1+x_2+\overline{x}_3)(x_1+\overline{x}_2+x_3)$
$\cdot(x_1+\overline{x}_2+\overline{x}_3)(\overline{x}_1+x_2+x_3)$
$\cdot(\overline{x}_1+x_2+\overline{x}_3)(\overline{x}_1+\overline{x}_2+x_3)$

(4) $x_1x_2x_3 + \overline{x}_1\overline{x}_2\overline{x}_3 = x_1x_2x_3 \oplus \overline{x}_1\overline{x}_2\overline{x}_3$

問 5.36

x_1	y_1	f_1
0	0	0
0	1	1
1	0	0
1	1	0

x_k	y_k	f_{k-1}	f_k
0	0	0	0
0	0	1	1
0	1	0	1
0	1	1	1
1	0	0	0
1	0	1	0
1	1	0	0
1	1	1	1

$f_1 = \overline{x}_1y_1$. $k \geqq 2$ のとき, $f_k = \overline{x}_k(y_k \oplus f_{k-1}) + y_kf_{k-1}$ または $f_k = \overline{x}_ky_k + \overline{x}_kf_{k-1} + y_kf_{k-1} = \overline{x}_ky_k + \overline{x}_kf_{k-1} + y_kf_{k-1}$ $(2 \leqq k \leqq n)$

問 5.37 $y_1 = (x_1+x_2+x_3+x_4)(x_1+x_2+\overline{x}_3+x_4)(x_1+x_2+\overline{x}_3+\overline{x}_4)(x_1+\overline{x}_2+x_3+x_4)(x_1+\overline{x}_2+x_3+\overline{x}_4)(x_1+\overline{x}_2+\overline{x}_3+\overline{x}_4)(\overline{x}_1+x_2+x_3+x_4)(\overline{x}_1+x_2+\overline{x}_3+x_4)(\overline{x}_1+x_2+\overline{x}_3+\overline{x}_4)(\overline{x}_1+\overline{x}_2+x_3+x_4)(\overline{x}_1+\overline{x}_2+x_3+\overline{x}_4)(\overline{x}_1+

$\overline{x}_2 + \overline{x}_3 + x_4)(\overline{x}_1 + \overline{x}_2 + \overline{x}_3 + \overline{x}_4)$
カルノー図を用いて簡単化すると, $y_1 = (x_1 + x_2 + \overline{x}_3)(\overline{x}_1 + \overline{x}_3)(\overline{x}_1 + \overline{x}_4)(\overline{x}_2 + \overline{x}_3)(\overline{x}_2 + \overline{x}_4)(x_1 + x_3 + x_4)$

● 第 6 章

問 6.1 （1） $k = \Theta(1)$ であるから, $k = O(1)$ でもある. 以下, 同様.
（2） $\Theta(1)$ でも正しいが, $O(\frac{1}{n})$ の方がより精確　（3） $\Theta(n^4)$　（4） $\Theta(1)$
（5） $\Theta(n)$　（6） $\Theta(n \log n)$　（7） $\Theta(\log n)$　（8） $\Theta(1)$　（9） $\Theta(n^3)$
（10） $O(n^3)$ かつ $\Omega(n^2)$

問 6.5 （1） $\sup_{n \to \infty} f(n) = \inf_{n \to \infty} f(n) = 0$
（2） $\sup_{n \to \infty} \sin n = 1$, $\inf_{n \to \infty} \sin n = -1$　（3） $\sup_{n \to \infty} f(n) = \infty$, $\inf_{n \to \infty} f(n) = 0$

問 6.7 $f(n) = \text{op}(g(n))$ の表 ($\text{op} \in \{o, \omega, \Theta\}$).

$g(n)$ \ $f(n)$	$\log n$	n^ε	n	ε^n
$\log n$	Θ	o	o	o
n^ε	ω	Θ	$\varepsilon > 1$ のとき ω $\varepsilon = 1$ のとき Θ $\varepsilon < 1$ のとき o	o
n	ω	$\varepsilon > 1$ のとき o $\varepsilon = 1$ のとき Θ $\varepsilon < 1$ のとき ω	Θ	o
ε^n	ω	ω	ω	Θ

問 6.8 （1） $O(1)$ と $\Theta(1)$ は同じ意味で,「(正の) 定数」を表す. $\Omega(1)$ は「n が十分大きければ正の値である」ことを表す.　（2） $n^{O(1)}$ は, (n が十分大きければ) n の多項式 (「n の巾」といってもよい) で上からおさえられる (換言すると, 高々多項式である) ことを意味する. $n^{\Theta(1)}$ は, (n が十分大きければ) n の多項式 (「n の巾」) であることを意味し, $n^{\Omega(1)}$ は, (n が十分大きければ) n の多項式 (「n の巾」) で下から押さえられる (すなわち, 多項式よりも増加速度が遅くはない) ことを意味する.

問 6.9 （1） n がどんなに大きい値 (例えば $n = 10^{10000}$) であっても, $10^{10000} = O(1)$ であるが, この場合のように変数であるときには, $O(n) = 1$ ではない. 実際, $f(n) = O(n^2)$ である.
（2） 例 6.5 の直前で述べたように, 漸近記法における = の使い方には向きがあり, 推移律は成り立つが, 対称律は成り立たない (例えば, $2 = O(1)$ であるが, $O(1) = 2$

理解度確認問題解答

ではない) ので，この問のような結論を導くことはできない．

問 6.10 （1） 正しい （2） 正しくない （3） 正しくない （4） 正しい （5） 正しい （6） 正しい

問 6.13 高さが $n(n-1)/2$ の完全2分木．深さが同じ頂点における比較はすべて同じものであり，深さが $(2n-i)(i-1)/2 + j - i - 1$ の頂点 ($1 \leqq i < j \leqq n$) では a_i と a_j の比較が行われる．

問 6.14 $N = O(\log \max\{a, b\})$

問 6.19 （1） n 円をコイン $C_1 \sim C_k$ (C_i は i 円のコイン) だけを使って換金する方法の数を $ex(n, k)$ で表すと，

$$\begin{cases} ex(n, 1) = 1 & (n > 0) \\ ex(n, k) = 0 & (n < 0,\ 1 \leqq k \leqq 5) \\ ex(n, k) = ex(n, k-1) + ex(n - C_k, k) & (n \geqq 0,\ 2 \leqq k \leqq 5) \end{cases}$$

問 6.30 （1） 27 通り （2） 108 通り （3） 189 通り

問 6.31 3 セット以上

問 6.34 （1） 積が 2005 以下になるものは $1 \cdot 2005, 3 \cdot 668, 5 \cdot 401, 7 \cdot 286, \cdots, 43 \cdot 45$ の 22 通りしかない．よって，25 個を選ぶとこの組合せに入らないものが必ず存在する．

問 6.35 （1） 10^4 個 （2） $_{10}P_4 = 5040$ 個 （3） 5^4 個 （4） $_5P_4 = 120$ 個

問 6.36 9!

問 6.37 $(2n-1)(2n-3)(2n-5)\cdots 3\cdot 1$ 通り

問 6.38 $\frac{15!}{5!\,3!\,3!\,4!}$

問 6.39 2^{r-1}

問 6.40 和が偶数となるのは $2 \times {}_{50}C_2$ 通り．和が奇数となるのは ${}_{100}C_2 - 2 \times {}_{50}C_2$ 通り．

問 6.41 （1） $(1+x)^n(1+x)^m = (1+x)^{n+m}$ において，両辺の x^r の係数を比較する．
（2） ${}_nC_r = {}_{n-1}C_{r-1} + {}_{n-2}C_{r-1} + \cdots + {}_{r-1}C_{r-1}$ を示せばよい．n 個の元 $\{a_1, \cdots, a_n\}$ から r 個を取り出した組合わせにおいて，a_1 を含むものは ${}_{n-1}C_{r-1}$ 個あり，a_1 を含まず a_2 を含むものは ${}_{n-2}C_{r-1}$ 個あり，a_1 も a_2 も含まず a_3 を含むものは ${}_{n-3}C_{r-1}$ 個あり，$\cdots$ であることから．

問 6.42 ${}_4H_{10}$ 通り

問 6.44 （1） 3 で割り切れて，5 でも 7 でも割り切れずないものは 68 個．3 また

は 5 で割り切れて 7 では割り切れないものは 120 個　　（2）5 人　　（3）15! 通り　（4）$10! \times {}_{11}C_5 \times 5!$　　（5）14! 通り　　（6）$9! \times {}_{10}C_5 \times 5!$

問 6.45　（1）$36/3 = 12$ で $(1+2+\cdots+36)/12 = 55.5$ なので, どれか 3 つの番号の和は 56 以上でなければならない. 　（2）x_i は正だから $x_i = x'_i + 1$ ($x'_i \geqq 0$) とおくと, $(x'_1 + 1) + \cdots + (x'_{n+1} + 1) = x_1 + \cdots + x_{n+1} = r + 1$ であるから $x'_1 + \cdots + x'_{n+1} = r - n$. 一般に, 不定方程式 $z_1 + \cdots + z_n = r$ の非負整数解 $(z_1, \cdots, z_n)$ の個数は, n 個の中から重複を許して r 個を選ぶ (すなわち, i 番目のものを z_i 個選ぶ) 選び方の個数に等しいから, それは ${}_n H_r$ である. したがって, 求める個数は ${}_{n+1} H_{r-n} = {}_r C_n$ である.

問 6.47　（1）標本空間:{赤, 青, 白}×{大, 中, 小}　　事象:{(赤, 小), (青, 中), (白, 大)}
（2）アルファベット $\{1, 2, \cdots, 6\}$ 上の言語 $\{1, 2, \cdots, 5\}^* \{1, 2, \cdots, 6\}$
事象: $\{116, 126, 136, 146, 156, 216, 226, 236, 246, 256, 316, 326, 336, 346, 356,$
$416, 426, 436, 446, 456, 516, 526, 536, 546, 556\}$

問 6.50　（1）標本空間 Ω としては, 52 種のカードを表す ($\{\clubsuit, \diamondsuit, \heartsuit, \spadesuit\} \times \{A, 2, \cdots, 10, J, Q, K\}$) の異なる元 5 個 (選ばれた 5 枚のカードを表す) の組 (順序は考慮しない) からなる集合を考えればよい.　　（2）3 枚以上がハートである確率は $({}_{13}C_3 + {}_{13}C_4 + {}_{13}C_5)/{}_{52}C_5 = \frac{286}{324875}$, 5 枚ともハートである確率は ${}_{13}C_5 / {}_{52}C_5 = \frac{33}{66640}$.

問 6.52　「2 回目に初めて 1 の目が出るという条件のもとで 1 回目に 2 の目または 3 の目か出る」ことを表し, $P(A|B) = (2/36)/(5/36) = 2/5$.

問 6.53　$(5/36)/(11/36) = 5/11$

問 6.54　（1）$\frac{1}{16}$　　（2）$\frac{7}{16}$　　（3）$\frac{1}{17}$　　（4）$\frac{15}{34}$

問 6.55　（1）$1 - \frac{365!}{365^n (365-n)!}$　　（2）$n \leqq 7$ のときは $1 - \frac{7!}{7^n (7-n)!}$, $n > 7$ のときは 1　　（3）$\frac{1}{11}$　　（4）$\frac{1}{3}$

問 6.57　${}_a P_k$

問 6.58　（1）$\frac{1}{1024}$　　（2）$\frac{1}{1024}$　　（3）${}_n C_r (\frac{1}{6})^r (\frac{5}{6})^{n-r}$　（4）（3）と等しい　　（5）$\frac{5}{81}$

問 6.60　平均 $800 - 755.5 \cdots \fallingdotseq 44.4$ 円損する

問 6.61　（2）$\frac{8}{29}$

問 6.64　$O(\log n)$ 人目

参 考 書 案 内

原則として 1980 年以前のものは省略したが，今でも優れた参考書として使えるものは残した．最近出版されたものをすべて網羅しているわけではない．°印を付けたものは，特に推薦できるものである．

本書と同じような題材を扱った本
(1)° C. L. Liu, "Elements of Discrete Mathematics", McGraw-Hill, 1977 (成嶋弘・秋山仁訳,「コンピュータサイエンスのための離散数学入門」, マグロウヒル, 1995).
(2) M. A. Arbib, A. J. Kfoury & R. N. Moll, "A Basis for Theoretical Computer Science", Springer-Verlag, 1981 (甘利俊一・金谷健一・嶋田晋訳, 「計算機科学入門」, サイエンス社, 1984 年).
(3) 榎本彦衛,「情報数学入門」, 新曜社, 1982.
(4) S. Lipschutz (成島弘監訳), マグロウヒル大学演習シリーズ「離散数学」, マグロウヒル, 1984.
(5) 斎藤伸自他,「離散数学」, 朝倉書店, 1989.
(6) R. L. Graham, D. E. Knuth & O. Patashnik, "Concrete Mathematics", Addison-Wesley, 1989 (有澤誠・安村通晃・萩野達也・石畑清訳,「コンピュータの数学」, 共立出版, 1993).
(7) A. V. Aho & J. D. Ullman, "Foundations of Computer Science", Computer Scince Press, 1992.
(8) 寺田文行他,「情報数学の基礎」, サイエンス社, 1999.
(9)° R. P. Grimaldi, "Discrete Combinatorial Mathematics", 4th ed., Addison-Wesley, 1999 (論理, 集合・関数, 関係, オートマトン, 再帰, グラフ, 代数系, ブール代数).
(10) K. A. Ross & C. R. B. Wright, "Discrete Mathematics", 4th ed., Prentice-Hall, 1999 (集合・関数, 関係, 論理, 再帰, 数え上げ, グラフ, ブール代数).
(11)° J. Tress, "Discrete Mathematics for Computer Science", 2nd ed., Addison-Wesley, 1999 (論理, 関数, 関係, 代数系, 組合せ, グラフ, オートマトン, アルゴリズム, 符号理論).
(12) R. Johnsonbaugh, "Discrete Mathematics", 5th ed., Prentice-Hall, 2001

(論理・論証，アルゴリズム，再帰，数えあげ，組合せ，グラフ，オートマトン，ブール代数).
- (13)° J. A. Anderson, "Discrete Mathematics with Combinatorics", Prentice-Hall, 2001 (論理・論証，集合・関数，再帰，グラフ，数論，確率，代数系，数えあげ，ネットワーク，計算論，符号).
- (14) 渡辺治，「教養としてのコンピュータ・サイエンス」，サイエンス社，2001.
- (15) E. G. Goodaire & M. M. Parmenta, "Discrete Mathematics with Graph Theory", 2nd ed., Computer Science Press, 2002 (論証，集合・関数，再帰，数えあげ，組合せ，アルゴリズム，グラフ).
- (16) J. A. Dossy, A. D. Otto, L. E. Spence & C. V. Eynden, "Discrete Mathematics", 4th ed., Addison-Wesley, 2002 (集合・関数，グラフ，組合せ論，論理).

以下，各章に数冊ずつ参考書を挙げておく．

1章
- (17) 上記 (1),(9)〜(13),(15),(16) など．
- (18) 難波完爾，「集合論」，サイエンス社，1975.
- (19) 井関清志，「集合と論理」，新曜社，1979.
- (20) 志賀浩二，「集合への30講」，朝倉書店，1988.
- (21) 難波莞爾，「数学と論理」，朝倉書店，2003.

2章
- (22) 上記 (9),(10),(12),(13),(15) など．
- (23)° 細井勉，「計算の基礎理論」，教育出版，1975.
- (24) M. Sipser, "Introduction to the Theory of Computation", PWS Publishing, 1997 (渡辺治・太田和夫監訳，「計算理論の基礎」，共立出版，2005).
- (25) 守屋悦朗，「形式言語とオートマトン」，サイエンス社，2001.
- (26) 米田政明他，「オートマトン・言語理論の基礎」，近代科学社，2003.
- (27) 岩間一雄，「オートマトン・言語と計算理論」，コロナ社，2003.
- (28) 丸岡章，「計算理論とオートマトン言語理論」，サイエンス社，2005.

3章
- (29) 上記 (1),(3),(9),(10),(11) など，および第4章の参考書．
- (30) J. D. Ullman, "Principles of Database Systems", 2nd ed., Computer Science Press, 1982.

(31) 上林弥彦,「データベース」, 昭晃堂, 1986.
(32) J. D. Ullman, "Principles of Database and Knowledge-base Systems", Computer Science Press, 1988.
(33) 増永良文,「リレーショナルデータベース入門 [新訂版]」, サイエンス社, 2003.

4 章

(34)° M. Behzad, G. Chartrand & L. Lesniak-Foster, Graphs and Digraphs, Prindle, Weber & Schmidt, 1979 (秋山仁・西関隆夫訳,「グラフとダイグラフの理論」, 共立出版). 4th ed. 2005.
(35) A. Gibbons, "Algorithmic Graph Theory", Cambridge Univ. Press, 1985.
(36) N. Hartsfield & G.Ringel, "Pearls in Graph Theory", Academic Press, 1990 (鈴木晋一訳,「グラフ理論入門」, サイエンス社, 1992).
(37) 根上生也,「離散構造」, 共立出版, 1993.
(38) M. H. Alsuwaiyel, "Algorithms, Design Technique and Analysis, World Scientific, 1999.
(39) 藤重悟,「グラフ・ネットワーク・組合せ論」, 共立出版, 2002.
(40) 第 6 章の参考書.

5 章

(41) 上記 (9),(10),(11),(12),(13),(16) など.
(42) 松本和夫,「数理論理学」, 共立出版, 初版 1970, 復刊 2001.
(43) 野崎昭弘,「スイッチング理論」, 共立出版, 1972.
(44) J. H. Gallier, "Logic for Computer Science", Happer & Row, 1986.
(45) 小野寛晰,「情報科学における論理」, 日本評論社, 1994.
(46) 萩谷昌己,「ソフトウェア科学のための論理学」, 岩波書店, 1995.
(47) 笹尾勤,「論理設計 スイッチング回路理論」第 2 版, 近代科学社, 1998.
(48) 前原昭二,「記号論理入門」, 日本評論社, 1988.
(49) 林晋,「数理論理学」, コロナ社, 1989.
(50) 細井勉,「情報科学のための論理数学」, 日本評論社, 1992.

6 章

(51)° A. V. Aho, J. E. Hopcroft & J. D. Ullman, "The Design and Analysis of Computer Algorithms", Addison-Wesley, 1974 (野崎昭弘・野下浩平訳,「アルゴリズムの設計と解析 I・II」, サイエンス社, 1977).

(52) 浅野孝夫・今井浩，「計算とアルゴリズム」，オーム社，1986.
(53) 茨木俊秀，「アルゴリズムとデータ構造」，昭晃堂，1989.
(54) 石畑清，「アルゴリズムとデータ構造」，岩波書店，1989.
(55) 浅野哲夫，「データ構造」，近代科学社，1992.
(56) 藤重悟編，「離散構造とアルゴリズム 1〜7」，近代科学社，1992〜2000.
(57) 茨木俊秀，「C によるアルゴリズムとデータ構造」，昭晃堂，1999.
(58) 横森貴，「アルゴリズム　データ構造　計算論」，サイエンス社，2005.
(59)° T. H. Cormen, C. E. Leiserson, R. L. Rivest & C.Stein, "Introduction to Algorithms", 2nd ed., The MIT Press, 2001 (浅野哲夫・梅尾博司・山下雅史・和田幸一・岩野和生共訳，「アルゴリズムイントロダクション 1〜3」，初版，近代科学社，1995).
(60) 山本幸一，「順列・組合せと確率」，岩波書店，1983.
(61) G. Polya, R. E. Tarjan, D. R. Woods & R. Donald, "Notes on Introductory Combinatorics", Birkhauser, 1983 (今宮淳美訳，「組合せ論入門」，近代科学社，1986).
(62) 上記 (1),(11),(12),(13),(15),(16), (39) など.

索　引

ページ番号に w が付いている項目を含む節の全文は以下のウェブサイトからダウンロードできます：http://www.edu.waseda.ac.jp/~moriya/education/books/DM/

● あ 行

握手補題　97, 107
後順序　158
アルゴリズム　150, 208
　　——の確率的解析　246
　　確率——　166w
　　近似——　166w
　　再帰——　219, 232
　　線形時間——　156
　　逐次——, 反復——　221
アルファベット　38
アレフ・ゼロ　24

位数　88, 102
位相同型　143
位置木　136
一様分布　239, 242
一貫性制約　100w
一般連続体仮説　23w

上への　17

枝　135
エンティティ　100w

オアの定理　126
オーダー　210
オートマトン　148
オイラー　124
　　——道, ——閉路, ——グラフ　124
　　——の公式　140
　　——の多面体公式　142
横断　166w, 167
オペランド　146
重み, ——付きグラフ　145
親　135, 150

● か 行

解釈　186
階乗　56
階数　26
階段関数　19
回路素子　200
下界　**85**, 215
　　(最良) 漸近——　210
可換律　7, 172
下極限　212
確率　**236**, 238
　　——アルゴリズム　166w
　　——の乗法定理　240
　　——分布　**238**, 239, 242
　　——変数　242
　　条件付——　240
　　等——　239
下限　85
可算　24
数え挙げ　223
片方向連結　92
カット　120
仮定　28
　　帰納法の——　48
加法定理 (確率の)　238
加法標準形　**179**, 196
可約グラフ　99w
カルノー図　205
関係　62–64
　　——代数, ——データベース　100
　　——表　100
　　同値——　71
関数　**13**–22, 152
　　——記号　184
　　——従属　100w
　　状態遷移——　148
　　生成——　222

多数決　206
パリティ——　199
ブール——　194
母——　222
論理——　169
関節点　118
完全グラフ　104
　　有向——　89
完全 n 分木　136
完全帰納法　50
完全マッチング　166
簡単化 (ブール関数の)　205
冠頭標準形　191
外点　135
外領域　140
合併 (関係表の)　100w
含意　28

木　133
　　位置——, n 分——, 正則——　136
　　決定——　215
　　構文——　61w
　　最小全域——　160
　　順序——　135
　　自由——　133
　　2 分探索——　159
　　根付き——, 部分——　135
キー　100w
幾何分布　245
帰結　28
基礎 (帰納法の)　48
期待値　241, 243
奇頂点　104
帰納ステップ　48
帰納的定義　55
帰納法 → 数学的帰納法
帰謬法　29
記法　159

索　引

基本事象　236
基本道, ——閉路　91, 108
基本変形 (行列の)　26
キュー　**153**, 165
吸収律　7, 172
境界条件　219
狭義単調減少/増加　19
鏡像　**40**, 56
兄弟　**135**, 150
共通部分　7
　　関係の——　66
　　関係表の——　100w
橋辺　118
強連結　92
極小/極大　84
距離　112
　　ハミング——　205w
近似アルゴリズム　166w
偽　27
擬順序　81
逆 (命題の)　4, 29
　　——関係　63
　　——関数　**20**, 22
　　——行列　26
　　——写像　20
　　——像　14
　　——ポーランド記法　159
行　25w
行列　25
　　——の基本変形　26
　　——の次数　111
　　逆——, 係数——　26
　　交代——　25w
　　正則——　26
　　正方——　25
　　接続——　111
　　零——　25
　　対称——　25w
　　単位——, 転置——　25
　　到達可能性——　94
　　隣接——　94, 109
クイックシート　246
空 (リストが)　153
　　——関係　64

——グラフ　102
——語　39
——集合　2
——事象　236
区間　2
　　——グラフ　130
組合わせ　230
　　——回路　200
　　重複——　231
クラスカルのアルゴリズム　160
クラトウスキーの定理　143
クリーク　131
クリーン閉包　40
偶頂点　104
グラフ (無向グラフ)　43w, **101**
　　オイラー——　124
　　重み付き——　145
　　可約——　99w
　　完全——　104
　　空——　102
　　区間——, 弦——　130
　　自己補——　107
　　自明——　102
　　準完全 n 部——　132
　　正則——　104
　　遷移——　148
　　全非連結——　105
　　多重/多辺——　102
　　2 部——　106, 129
　　ハイパー——　102
　　ハミルトン——　126
　　部分——　104
　　平面——, 平面的——　140
　　ペテルセン——　149w
　　補——　105
　　交わり——　130
　　無限——　102
　　有向——　88
　　誘導部分——　104
　　有閉路——　108
　　ラベル付き——　145
　　連結——　114

係数行列　26
結婚問題　166
決定木　215
決定性有限オートマトン　148
結合　100w
　　——律　7, 19, 30, 172
結論　28
ケーニヒの定理　129
ゲート　200
下駄箱論法　227
元　1
　　代表——　73
弦, ——グラフ　130
言語　38, **39**, 148
原像　14
限定句　55
原理
　　双対の——　195
　　鳩の巣——　227
　　包含と排除の——, 和積——　225

弧　88
子　135, 136
コード　43w
項　179, 184, 196
交換律　172
交互道　166w
後者　46
恒真　187
　　——式　170
交代行列　25w
後置記法　159
恒等関係　64
恒等関数/写像　15
構文　61
　　——木　61w
　　——図　147
公理 (数学的帰納法の)　47
　　整列順序の——　52
　　事象の——的定義　238
孤立点　103
根源事象　236
語　39
　　——記号　61w

索　引

符号── 43
合成 (関数の)　**17**, 19
　── 関係の── 64
合同　72

● さ 行

差 (関係表の)　100w
　── 集合　7
　── 行列の── 25w
　── グラフの── 123
　── 濃度の── 23w
再帰 (的)　55
　── アルゴリズム　219, 232
　── 定義　55
　── 手続き　152
　── 方程式　219, **222**
　── 呼出し　152
サイクル　91, **108**
最小　84
　── 項　179, 196
　── 公倍数　**6**, 19
　── 次数　104
　── 上界　84
　── 全域木　160
彩色, 辺──　149
サイズ　88,102
最短道/経路　163
最大　84
　── 下界　85
　── 項　179, 196
　── 公約数　**5**, 19, 60
　── 次数　104
　── 全域木　160
　── マッチング　166
細分 (同値類/グラフ)　75/144
最良漸近上界/下界　210
サフィックス　40
三角不等式　112
三段論法　30, 172

資源　208
試行　241
自然結合 (関係表の)　100w
自然数　2, 46
子孫　135
したがう (確率分布に)　242
下に有界　85
始点　91
　── 道の── 108
射影　15, 100w
写像　**13**, 103
シャノン展開　199
車輪　123w
集合　1
　── 族　9, 74
　── 可算── 24
　── 差── 7
　── 商── 74
　── 整列── 52, **87**
　── 積── 8
　── 全順序── 81
　── 頂点── 102
　── 半順序── **81**, 96
　── 部分── 7
　── 辺── 102
　── 巾 (べき, 冪)── 9
　── 補── 8
　── 無限/有限── 9, 23
　── 和── 7
終端記号　61w
終点　91, 99, 108
主加法標準形　**179**, 196
縮約 (グラフの)　144
主乗法標準形　**179**, 196
出次数　90
商 (関係表の)　100w
商集合　74
初期状態　148
初期ステップ　55
初期値 (再帰方程式の)　219
真　27
シンタックス　61
真に含まれる (含む)　7
真理値　27
真理 (値) 表　28
自己補グラフ　107
自己ループ　88
事象　223, **236**, 238

辞書式順序　82, 233
次数　90, 103, 104
　── 行列　111
　── 最小/最大　104
　── 入/出── 90
実数　2
自明グラフ　102
弱連結　92
従属 (関数)　100w
十分条件　3
樹形　138
述語　32, 183
　── 記号　184
　── 論理　183
受理, ── 状態　148
巡回　150
　── セールスマン問題　166w
　2 分木の──　158
準完全 n 部グラフ　132
順序　80
　── 木　135
　── 対　10
　擬──, 線形──, 全──　81
　辞書式──　82
　整列──　52, 87
　半──　80
　前──, 中──, 後──　158
順列　228
　── の生成　232
自由木　133
自由頂点/辺　166w
自由変数　185
上界　**84**, 215
　(最良) 漸近──　210
上極限　212
条件式　100w
条件付確率　240
上限　84
状態, ── 遷移関数　148
乗法定理 (確率の)　240
乗法標準形　**179**, 196
剰余類　75

索 引

推移閉包 67, 98
推移律 **71**, 80, 81
スイッチング代数 194
数学的帰納法 47
　　——の第2原理 50
数列 (フィボナッチ) 54
スカラー倍 25
スコープ 185
スターリングの公式 217
スタック 153

正規形 (関係データベースの) 100w
整数 2
生成 (言語の) 61w
　　——関数 222
　　——順列の—— 61w
　　——組合わせの—— 232
正則木 136
正則行列 26
正則グラフ 104
正多面体 130
成分 15
　　行列の—— 25
　　連結—— 92, 114
正閉包 40
正方行列 25
整列集合 87
整列順序 (の原理) 52, 87
積
　　——集合 8
　　——事象 223, 236
　　——の法則 223
　　関係の—— 64
　　行列の—— 25
　　語の—— 39
　　濃度の—— 23w
　　論理—— 27, 169, 194
積和標準形 179
接頭語 40
接続 90, 102
　　——行列 111
切断点/辺 118
　　——集合 119
接尾語 40

セマンティックス 61
遷移図 148
線形
　　——差分方程式 222
　　——時間 156
　　——順序 81
　　——探索 220
　　——リスト **111**, 153
選出公理 87
染色数, 辺——, 領域—— 149
選択 (関係表の) 100w
選択公理 23w
零行列 25
全域関数 14
全域有向部分グラフ 91
遷移グラフ 148
全加算器 201
漸化式 219
全関係 64
漸近解の公式 222
漸近下界/上界 210
漸近的に等しい 216
全射 17
全称記号 3, 32, 185
全事象 236
全順序, ——集合 81
全単射 17
前置記法 159
前提 28
全非連結グラフ 105

ソーティング 96w, 159, 214
ソート 96w
双対 82
　　——の原理 175, 195
　　グラフの—— 149w
　　ブール関数の—— 195
　　論理式の—— 175
束 205w
束縛変数 185
底 153
素子 200
祖先 135

素論理式 184
存在記号 3, 32, 185
像 13
属す 1
属性 100

● た 行 ━━━

ターゲット 13
対角線論法 24
対偶 29, 172
対称
　　——行列 25w
　　——差 9
　　——閉包 98
　　——律 71
対象
　　——定数, ——変数, ——領域 184
多価関数 14
高さ (木の) 136
多重帰納法 51
多重グラフ 102
多数決関数 206
タップル 10, 100
多辺グラフ 102
多面体 130
単位行列 25
探索 220
単射 17
単純道/閉路 91, 108
単調減少/増加 19
端点 103
第1正規形 100w
ダイクストラのアルゴリズム 164
ダイグラフ 88
第2原理 (数学的帰納法の) 50
代表系 166w, 167
代表元 73

値域 13, 64
置換 22
逐次アルゴリズム 221
逐次探索 220

索　引

チャーチ-ロッサー　99
中心　112
中置記法　159
超式　61w
頂点　88, **102**, 104
　　自由——　166w
重複組合わせ　231
超変数　61w
直積　10
　　関係表の——　100w
　　グラフの——　123
直径　112
直和　123

ツォルンの補題　87

定義域　13, 64, 186
定数関数　15
定数記号　184
適用範囲　185
手続き　151–152
点　88, 102
　　関節——, 切断——　118
展開法　222
天井　16
転置行列　25
データ構造　153
データベース　100
ディリクレ　227
デカルト積　10
デデキント無限/有限　23w

トートロジー　170
トーナメント　127
等価　3
等確率　239
到達可能　**92**, 99
　　——性行列　94
渡河問題　146
特殊解　222w
特性関数　15
特性方程式　222w
閉じている (道が)　108
トップ　153

トポロジカルソート　96w, 97
同型 (位相)　143
　　——(グラフの), ——写像　103
同次解　222w
同次線形差分方程式　222w
同値　3
　　——関係　71
　　——類　73
動的計画法　221
独立 (事象が)　223, 240
　　——代表系　166w, 167
　　辺が——　166
ド・モルガンの法則 (律)　7, 30, 172
貪欲法　161

● な 行

内積　25w
内点　120, 135
　　——素　120
内包的論理和　28
中順序　158
長さ (語の)　39
長さ (道の)　90, 108
入次数　90
二重否定の原理　172
根　135
ネットワーク型データベース　100w
根付き木　135
ノード　135
濃度　23–24

● は 行

葉　135
排他的　223
　　——論理和　28
排中律　172
排反　223, 236
ハイパーグラフ　102
背理法　29

配列　96w
ハッセ図　96
鳩の巣原理　227
ハノイの塔の問題　221
幅優先探索　156
ハフマン符号　43
ハミルトングラフ/道/閉路　126
ハミング距離　205w
林　133
半加算器　201
半径　112
反射推移閉包　67, 98
反射閉包　98
反射律　71, 80
半順序　80
　　——集合　**81**, 96
反対称律　80
反復アルゴリズム　221
反例　12
バッカス (-ナウア) 記法　**61**, 147
バックトラック　150
パラドックス　11
パリティ関数　199

ヒープ　165
比較可能/不能　8, 81
引数　151
引出し論法　227
非決定性有限オートマトン　148
非終端記号　61w
非対称律　81
左
　　——逆関数　22
　　——の子, ——部分木　136
必要条件, 必要十分条件　3
否定　3, 169, 194
等しい　18, 71
　　関数が——　18
　　濃度が——　23
　　グラフが——　103
　　語が——　39
　　漸近的に——　216

索　引

論理的に——　**29**, 35, **170**, 187
一筆書き　124
非反射律　81
標高 (木の)　137
標準形
　——定理　196
　冠頭——　191
　(主) 加法——, (主) 乗法
　　　——　179
　行列の——　26w
　リード-マラー——　198
　和積——, 積和——　179
標準偏差　244
標本空間　236
非連結　92

ファンイン/アウト　200
フィールド　100w
フィボナッチ数列　54
深さ (木の)　136
深さ優先探索　150
復号　43
含まれる (含む)　1, 7
符号, 符号化　43
節　135
付値　169, 186
ブロック　74
フロント　153
ブール関数　194
ブール代数　194, 205w
部分
　——関数　14
　——木　135–136
　——グラフ　104
　——語　40
　(真)——集合　7
　——チャーチ-ロッサー　99
　——有向グラフ　91
　——論理式　172
ブロック　74, 122
文　61w
分割　74
　——統治法　218
分散　244

分配律　7, 172
分布
　一様——, 確率——　239, 242
　幾何——, 2 項——　245
(文脈自由) 文法/言語　61, 61w
分離する　120
プッシュ　154
プリムのアルゴリズム　161
プレフィックス　40

平均　243
閉包　40, 67, 98
平面グラフ　**140**, 144, 149
平面的グラフ　140
閉路　91, 108
　オイラー——　124
　基本——, 単純——　91, 108
　ハミルトン——　126
辺　88, 102
　——彩色　149
　——集合　102
　——染色数　149
　——素　120
　——誘導部分グラフ　104
　——連結度　119
　橋——　118
　自由——　166w
　切断——　118
変数　184
　——記号　184
　——変換　222w
　確率——　242
　自由——, 束縛——　185
　超——　61w
　ブール——　194
　命題——, 論理——　168
ベイズの定理　249
巾 (べき/冪) 集合　9
巾等律　7, 172
ベルヌーイ試行　241
ベン図　8
ペアノの公理　46

ペテルセングラフ　149w
法　72
包含と排除の原理　225
方程式　26, 42, 219, 222
補グラフ/自己——
　　　105/107
星グラフ　123w
補集合　7
母関数　222
ポーランド記法, 逆——　159
ポップ (アップ)　154

●ま　行

マージソート　218
枚挙　23w
前順序　158
交わり　85
　——グラフ　130
マッチング　166

右
　——逆関数　22
　——の子, ——部分木　136
道　90, 108
　オイラー——　124
　基本——　91, 108
　交互——　166w
　最短——　163
　単純——　91, 108
　ハミルトン——　126
未知数ベクトル　26w

無限　23–24
　——グラフ　102
　——集合　9, 23
　デデキント——　23w
無向グラフ　101
矛盾律　172
結び　8, 85

命題　27
　——変数, ——論理　168
メンガーの定理　121

索　引

● や 行

モールス符号　43
文字列　38
森　133

ユークリッドの互除法　217
有界　84
有限　9, 23
　　——オートマトン　148
　　——集合　9
　　——的　99
　　デデキント——　23w
有向グラフ　88
　　部分——　91
有向辺　88
優先順位キュー　165
(辺) 誘導部分グラフ　104
有閉路グラフ　108
有理数　2
床　16

予約語　61w
要素　1, 153
欲張り法　161
余事象　**236**, 238

● ら 行

ラベル (付きグラフ)　145
ランダム　239

リード-マラー展開/標準形　198
リア　153
離散的 (確率分布が)　239
離心数　112
リスト　110, 111, 153
リソース　208
立方体 (n 次元)　123
リテラル　179, 196
領域　140
　　——染色数　149
量化記号　185
リレーショナルデータベース　100

隣接　90, 102
　　——行列　94, 109
　　——リスト　110
ループ　205w
　　——グラフ　102
類　74–75
累乗
　　関係の——　66
　　行列の——　25w
　　グラフの——　123
　　言語の——, 語の——　40
　　濃度の——　23w
類別　74

レコード　100w
列 (ベクトル)　25w
レベル (木の)　136
連結　92, 114
　　——グラフ　114
　　——成分　92, 114
　　——度, n 重 (辺)——　119
　　片方向——, 強——, 弱——　92
連接　39–40
連続体仮説, 連続の濃度　23w
連立 1 次方程式　26

論理
　　——演算子　169
　　——回路　194
　　——関数　169
　　——結合子　27
　　——式　100w, **168**, **184**
　　——積　27, 169
　　——値　27
　　——的に等しい　170, 187
　　——否定　169
　　——変数　168
　　——和　28, 169
　　——素——式　184
　　排他的——和　28
　　部分——式　172

● わ 行

和
　　——集合　7
　　——事象　223, 236
　　——積原理　225
　　——積標準形　179
　　——と積の法則　224
　　——の法則　223
　　関係の——　66
　　行列の——　25
　　グラフの——　123
　　濃度の——　23w
　　論理——　28, 169, 194

● 欧数字

AND 素子　200
ASCII コード　43
BFS　156
BNF　**61**, 147
CFG/CFL　61, 61w
CNF　179
DBMS　100w
DFS　150
DNF　179
F　27, 168
FA　201
FIFO　153
gcd　5
HA　201
lcm　6
LIFO　153
n 項関数　62
n 次元立方体　123
n 重連結, n 重辺連結　119
n 部グラフ　**106**, 132
n 分木　136
n 辺形　108
n 変数関数　15
NAND(素子)　178, 200
NOR(素子)　178, 200
NOT 素子　200
NP 完全問題　166w
O 記法　210
OR 素子　200

索　引

quicksort　246
selection-sort　204
SQL　100w
T　27, 168
XOR 素子　200

1 対 1　17
1 の補数　207
2 項関係　62
2 項係数/定理　231
2 項分布　245
2 重帰納法　51

2 部グラフ　**106**, 129, 166
2 分探索　220
　——木　159
4 色問題　149
5 色定理　149w

著者略歴

守屋悦朗
もりや　えつろう

1970年　早稲田大学理工学部数学科卒業
現　在　早稲田大学名誉教授
　　　　理学博士

主要著訳書
最近の計算理論（訳，近代科学社）
パソコンで数学（上）（下）（共訳，共立出版）
チューリングマシンと計算量の理論（培風館）
数学教育とコンピュータ（編著，学文社）
コンピュータサイエンスのための離散数学
（サイエンス社）
形式言語とオートマトン（サイエンス社）

情報系のための数学＝1
離散数学入門

2006年6月10日 ⓒ	初　版　発　行
2018年3月10日	初版第12刷発行

著　者　守屋悦朗　　　　発行者　森平敏孝
　　　　　　　　　　　　印刷者　小宮山恒敏

発行所　　　株式会社　サイエンス社
〒151-0051　東京都渋谷区千駄ヶ谷1丁目3番25号
営　業　☎(03)5474-8500(代)　振替 00170-7-2387
編　集　☎(03)5474-8600(代)
FAX　☎(03)5474-8900

印刷・製本　小宮山印刷工業（株）
≪検印省略≫

本書の内容を無断で複写複製することは，著作者および出版社の権利を侵害することがありますので，その場合にはあらかじめ小社あて許諾をお求めください．

サイエンス社のホームページのご案内
http://www.saiensu.co.jp
ご意見・ご要望は
rikei@saiensu.co.jp　まで．

ISBN 4-7819-1131-5

PRINTED IN JAPAN

離散数学
浅野孝夫著　2色刷・Ａ5・本体2300円

基礎 情報数学
横森　貴・小林　聡共著　2色刷・Ａ5・本体1700円

応用 情報数学
横森　貴・小林　聡共著　2色刷・Ａ5・本体2000円

ヴィジュアルでやさしい グラフへの入門
守屋悦朗著　2色刷・Ａ5・本体2200円

情報・符号・暗号の理論入門
守屋悦朗著　2色刷・Ａ5・本体1800円

例解と演習 離散数学
守屋悦朗著　2色刷・Ａ5・本体2400円

計算量理論Ⅰ・Ⅱ（電子版）
Ⅰ：アルゴリズムの数学的定義からP≠NP予想まで
Ⅱ：P≠NP予想の解決に向けて：近似/並列/確率性アルゴリズム
守屋悦朗著　電子書籍（PDF）・本体各2500円

電子書籍は弊社ホームページ（http://www.saiensu.co.jp）のみでご注文を承っております．ご注文の際には「電子書籍ご利用のご案内」をご一読いただきますようお願い申し上げます．

＊表示価格は全て税抜きです．

サイエンス社